影视动画后期非线性编辑

（Premiere Pro CC）

李铁 黄临川 徐丕文 编著

ANIMATION
NON-LINEAR EDITING

普通高等教育
艺术类『十二五』规划教材

人民邮电出版社
北京

图书在版编目（CIP）数据

影视动画后期非线性编辑 : Premiere Pro CC / 李铁, 黄临川, 徐丕文编著. -- 北京 : 人民邮电出版社, 2016.5(2024.1重印)
普通高等教育艺术类“十二五”规划教材
ISBN 978-7-115-38379-2

Ⅰ. ①影… Ⅱ. ①李… ②黄… ③徐… Ⅲ. ①视频编辑软件－高等学校－教材 Ⅳ. ①TN94

中国版本图书馆CIP数据核字(2016)第015623号

内容提要

本书包含11章，注重理论与实践相结合，一方面以任务带功能的方式，结合典型实例详尽讲述了Premiere Pro CC的使用方法和实际操作，使读者可以快速上手，熟悉软件功能和后期非线性编辑思路。另一方面还在相应的环节讲述了数字非线性编辑的主要特点、动画后期工作室的硬件基础、运动感觉的获得、电视制式、模拟与数字、SMPTE时码、压缩、数字动画的制作流程等方面的内容。

本书取材新颖，把握学科发展的前沿，内容讲解通俗易懂，图文并茂，列举典型的实例，指导性强。既可以作为高等院校动画、影视等相关专业的教材，也可作为动漫、影视制作人员及广大业余爱好者的专业参考书。

◆ 编　　著　李　铁　黄临川　徐丕文
　责任编辑　刘　博
　责任印制　沈　蓉　彭志环
◆ 人民邮电出版社出版发行　　北京市丰台区成寿寺路11号
　邮编　100164　　电子邮件　315@ptpress.com.cn
　网址　https://www.ptpress.com.cn
　涿州市般润文化传播有限公司印刷
◆ 开本：787×1092　1/16
　印张：16.25　　　　　　2016年5月第1版
　字数：398千字　　　　　2024年1月河北第12次印刷

定价：39.80元

读者服务热线：(010)81055256　印装质量热线：(010)81055316

反盗版热线：(010)81055315

前言

动画作为艺术的一个门类，是汇集了绘画、漫画、电影、数字媒体、摄影、音乐、文学等很多艺术门类的综合艺术表现形式。同时，动画也是一项具有辉煌前景的产业，存在着巨大的发展潜力和广阔的市场空间，国家也在大力发展动画产业，在政策、投资、技术、教育等多方面提供了有力的支持。动画产业的发展离不开人才的培养，在动画产业飞速发展的今天，国内的动画教育也在走向一个大发展的新时期。然而，在新的历史时期，中国的动画艺术要再现《大闹天宫》《哪吒闹海》《三个和尚》的辉煌，却并非一朝一夕的事情。单就动画人才培养而言，新技术、新意识形态、新艺术表现形式等都给动画教育提出了新的课题。

为此，天津工业大学动画系在动画教育的办学理念、人才培养目标、教学模式、学科建设、课程体系、教学内容等方面，不断进行改革创新，并在结合教学积累与实践经验总结，吸收国内外动画创作、教育成果的基础上，组织编纂了本书。在本书的编写过程中，作者注重理论与实践相结合、动画艺术与技术相结合，并结合动画创作的具体实例进行深入分析，强调可操作性和理论的系统性，在突出实用性的同时，力求文字浅显易懂、活泼生动。

在动画制作流程中，后期剪辑是关系到作品第三度创作的重要环节。后期剪辑包括对画面的修剪；依据分镜头脚本对原始图像、视频或音频素材进行排序；在素材片段之间加入适当的转场效果；处理画面与音频之间的配合关系。数字非线性编辑（Digital Non-Linear Editing）是指对数字硬盘、磁带和光盘等介质存储的数字化视音频信息进行剪辑，其特点是：信息存储的位置是并列平行的，与接收信息的先后顺序无关，可以对存储在硬盘（或其他介质）上的数字化视频、音频素材进行随意的排列组合，改变其地址指针而与其存储的物理位置无关。

Premiere 是 Adobe 公司出品的优秀影视视频、音频非线性编辑的软件，以其强大的功能、方便的操作、首创的时间线编辑方式、素材项目管理等概念逐渐成为影视非线性编辑行业的标准，被广泛运用在影视动画后期非线性编辑过程中。Premiere 可以同时进行非线性编辑与后期视觉特技制作，承担部分数字合成的工作，能够执行转场效果、滤镜效果、运动效果、多层叠加、字幕制作等功能。Adobe Premiere Pro CC 是 Adobe Creative Cloud 即 Adobe CC 系列中的专业视频制作与编辑软件，全新的 Premiere CC 增强了多 GPU（图形处理器）支持，内置更多的编码器和原生格式，使后期剪辑工作流程更加简单和快捷。

本书详尽讲述了 Adobe Premiere Pro CC 的界面结构，如何使用 Premiere 进行视频、音频非线性编辑，介绍了时间线编辑方式、素材项目管理等非线性编辑理念；以及如何使用 Premiere 创建转场效果、滤镜效果、运动效果、多层叠加合成、字幕动画、标志图形动画等。在相关章节还讲述了数字非线性编辑的主要特点、硬件基础、运动感觉的获得、电视制式、模拟与数字、SMPTE 时码、压缩输出、整合 Device Central 程序和 Media Encoder 程序、输出影片到移动设备、数字动画的制作流程等方面的内容。

本书提供了丰富的配套资源，包括多媒体 PPT 教学课件，书中案例及书后习题素材等，读者可从人民邮电出版社教学服务与资源网（www.ptpedu.com.cn）上下载。

衷心希望本书能够为早日培养出优秀的动画人才，实现动画王国中的“中国学派”的复兴尽一点绵薄之力。最后谨以此书献给所有熬夜奋战的动画后期制作者和爱好者们。

作　者

2015 年 12 月

目录

CONTENTS

第 1 章　影视动画非线性编辑概述……1

1.1　影视动画非线性编辑概述……2

1.1.1　影视动画非线性编辑概述……2

1.1.2　Premiere CC 新增功能……3

1.2　硬件环境……5

1.2.1　基本配置和建议配置……5

1.2.2　IEEE 1394 接口……7

1.3　数字动画的基础知识……9

1.3.1　数字视频基础知识……9

1.3.2　数字动画制作流程……13

1.4　Premiere CC 的界面结构……14

1.4.1　标题栏……15

1.4.2　菜单栏……15

1.4.3　监视器命令面板……15

1.4.4　时间线命令面板……17

1.4.5　项目命令面板……18

1.4.6　效果命令面板……19

1.4.7　历史记录命令面板……19

1.4.8　音轨混合器命令面板……20

1.4.9　信息对话窗口……20

1.4.10　效果控件命令面板……20

习题……21

第 2 章　准备素材片段……22

2.1　采集前的准备……23

2.2　采集素材片段……25

2.2.1　采集前的设置……25

2.2.2　采集素材片段……29

2.3　其他采集方式……31

习题……32

第 3 章　创建新项目……33

3.1　工作环境设置……34

3.1.1　常规设置……34

3.1.2　音频设置……35

3.1.3　音频硬件设置……35

3.1.4　自动保存设置……36

3.1.5　捕捉设置……37

3.1.6　操纵面设置……38

3.1.7　设备控制设置……38

3.1.8　标签颜色设置……39

3.1.9　标签默认值设置……40

3.1.10　媒体设置……40

3.1.11　内存设置……41

3.1.12　回放设置……41

3.1.13　同步设置……42

3.1.14　字幕设置……42

3.1.15　修剪设置……43

3.1.16　外观设置……44

3.2　项目设置……44

3.2.1　通用设置……45

3.2.2　暂存盘设置……47

3.2.3　轨道设置……47

3.3　打开项目文件……48

3.4　导入素材片段……50

3.4.1　导入素材的一般操作……51

3.4.2　导入静止图像……51

3.4.3　导入 Adobe Illustrator 文件……52

3.4.4　导入 Adobe Photoshop 文件……52

3.4.5　导入图像序列……52

3.5　管理素材片段……54

3.5.1　项目命令面板……54

3.5.2　自动创建序列……55

3.5.3　分析素材片段的属性和数据率……57

习题……58

第 4 章　编辑影片……60

4.1　剪辑概述……61

4.2　监视器命令面板……61

4.2.1　监视器命令面板编辑模式……61

4.2.2　监视器命令面板功能……62

4.2.3　监视器命令面板工具栏……64

4.2.4 输出调整设置……66
4.3 时间线命令面板……69
4.3.1 时间线工具栏……69
4.3.2 视频、音频轨道管理……72
4.3.3 编辑素材片段……74
4.4 制作实例……78
习题……84
课后操作题……84
第5章 声音合成……86
5.1 数字音频概述……87
5.2 时间线命令面板中的音频调整……88
5.2.1 音频淡化……88
5.2.2 平衡音频……92
5.2.3 调节声音增益……94
5.2.4 分离声道……95
5.2.5 查看音频素材片段……96
5.2.6 交换立体声素材片段的左右声道……96
5.3 音轨混合器中的音频调整……97
5.3.1 “音轨混合器”命令面板结构……97
5.3.2 “音轨混合器”命令面板菜单……98
5.3.3 录制声音……99
5.3.4 指定音频效果……101
5.3.5 创建子混合轨道……102
5.3.6 自动控制……103
习题……106
课后操作题……106
第6章 转场效果……107
6.1 转场概述……108
6.1.1 什么是转场……108
6.1.2 指定转场效果……109
6.1.3 默认转场效果……110
6.2 转场效果设计实例……111
习题……114
课后操作题……115
第7章 叠加与数字合成……107
7.1 素材片段的透明度……117
7.2 透明与叠加……119
7.2.1 数字合成……119
7.2.2 透明键……120
7.2.3 透明/叠加设计实例一……130
7.2.4 透明/叠加设计实例二……144
习题……151
课后操作题……152
第8章 视频与音频效果……153
8.1 效果概述……154
8.2 效果关键帧……155
8.2.1 效果控件命令面板……155
8.2.2 编辑效果关键帧……155
8.2.3 复制与粘贴效果设置……157
8.3 视频与音频效果实例一……158
8.4 视频与音频效果实例二……167
习题……181
课后操作题……181
第9章 创建字幕……182
9.1 “字幕”对话窗口……183
9.2 创建静止字幕……184
9.2.1 创建文本……184
9.2.2 创建图形……187
9.2.3 创建路径文本……191
9.3 创建滚动字幕……192
习题……202
课后操作题……203
第10章 动画效果……204
10.1 效果控件命令面板……205
10.2 创建动画效果……206
10.3 修改动画参数……208
10.3.1 修改动画属性……208
10.3.2 复制与粘贴动画属性……209
10.3.3 动画效果实例……211
习题……239
课后操作题……239
第11章 预演与输出……241
11.1 预演影片……242
11.2 输出影片……244
11.2.1 压缩……244
11.2.2 常见输出媒介的技术指标……245
11.2.3 网络流媒体……246
11.2.4 输出影片步骤……246
11.2.5 输出设置……248
11.2.6 输出静止图像序列……251
11.2.7 创建动画影片……252
习题……253

Premiere Pro CC

1 Chapter

第 1 章 影视动画非线性编辑概述

本章概述影视动画非线性编辑的发展历程和主要特点、影视动画非线性编辑软件 Adobe Premiere Pro CC 的主要功能；介绍影视动画后期非线性编辑工作站的硬件基础；并从运动感觉的获得、电视制式、模拟与数字、SMPTE 时码、压缩等方面介绍数字动画的基础知识及制作流程；最后概述了非线性编辑软件 Adobe Premiere Pro CC 的界面结构等内容。

1.1 影视动画非线性编辑概述

1.1.1 影视动画非线性编辑概述

影视动画后期非线性（Nonlinear）编辑是指以单帧画面为精度单位对影视动画作品进行剪辑的过程。

传统的电影剪辑过程就是非线性的，即首先将拍摄好的底片经过冲洗得到一套工作样片，然后以单格画面为精度单位随时剪开、插入（用剪刀、胶水、胶条），在剪辑过程中可以方便地在所有的胶片画面间跳转，但是所有转换效果的制作，以及画面色彩的调整都需要在冲印过程中完成。

传统电视后期制作则是线性的，其编辑系统由一组放像机和录像机构成。线性（Linear）编辑指连续磁带存储的视频、音频信号，以时间顺序进行编辑的过程。在线性编辑系统中剪辑作品时，不能自由地在所有的视频画面间跳转，而且如果想在已有的画面中插入镜头或删除镜头，就要将这之后的画面全部重新录制一遍。

随着计算机图像技术、数字视频与音频技术和多媒体技术的不断进步，1970 年美国出现了世界上第一套非线性编辑系统（Non-linear Editing System，NLE）。数字非线性编辑（Digital Non-linear Editing）指对数字硬盘、磁带、光盘等介质存储的数字化视音频信息进行剪辑。非线性编辑系统的特点是：信息存储的位置是并列平行的，与接收信息的先后顺序无关。可以对存储在硬盘（或其他介质）上的数字化视频、音频素材进行随意的排列组合，改变其地址指针而与其存储的物理位置无关。基于上述特点的非线性编辑系统在动画剪辑、影视编辑、广告和片头制作等领域得到了广泛的运用。

影视动画非线性编辑系统主要由：视频、音频输入（信号输入接口），中央处理单元、存储单元，视频、音频输出（信号输出接口）3 个主要的部分构成。其中，决定非线性编辑速度和质量的硬件条件包括：CPU 的计算能力、采集卡上专用图形处理器的运算速度和压缩比、存储介质的性能。决定非线性编辑速度和质量的软件条件包括：软件的视频/音频算法设计、特效效果功能、插件部分、运行速度及稳定性、操作系统、硬件接口设计等。

Premiere 是 Adobe 公司出品的优秀视频、音频非线性编辑的软件，以其强大的功能、方便的操作、首创的时间线编辑方式、素材项目管理等概念逐渐成为动画非线性编辑环节的首选。当前版本 Adobe Premiere Pro CC 是 Adobe Creative Cloud 即 Adobe CC 系列中的专业视频制作与编辑软件，全新的 Adobe Premiere Pro CC（以下简称 Premiere CC）能让制作者对视频进行更细腻的控制。Premiere CC 支持多条音频轨道和视频轨道，可以对多轨道画面同时进行处理，视频与音频精确同步。

在 Premiere CC 的“时间线”命令面板中，将视频文件逐帧展开，以帧为精度单位进行编辑处理，如图 1-1 所示。

Premiere CC 中还包含 3 种不同类型的音频轨道混合器，分别是单声道混音器、立体声混音器、5.1 声道混音器，如图 1-2 所示。可以边听边调整同一音频轨道上多段音频素材片段的音量或摇移/平衡属性，成为影视动画音效合成的中心。

图 1-1　Premiere CC 将视频文件逐帧展开进行编辑

图 1-2　Premiere CC 中的 5.1 声道混音器

利用 Premiere CC 还可以同时进行影视动画后期非线性编辑与后期视觉特技制作，承担部分数字合成的工作，例如转场效果、滤镜效果、动画效果、多层叠加、字幕制作等功能。另外，Premiere CC 具有广泛的兼容性，支持多种素材文件格式，并被绝大多数硬件和第三方插件出品商所支持。

1.1.2　Premiere CC 新增功能

Premiere CC 与 Premiere CS6 非常相似，但进行了重要的改进并提供了多项新功能和增强功能，使后期剪辑工作流程更加简单和快捷。

1. 使用 Adobe Creative Cloud 同步设置

Adobe Creative Cloud 是 Adobe 公司在 2013 年发布的一项云订阅服务，它提供了全新的平面设计、网页开放应用、视频和数字成像软件等在线服务，它将需要的所有元素整合到一个平台，简化了整个创意过程，使创作者更高效地与团队及伙伴协同工作。大型项目的非线性编辑过程，通常是团队合作的过程，这就需要多台计算机分工协同工作。

例如，在后期制作过程中，多位编辑也许在多台计算机上，使用 Premiere CC 同时剪辑影片的不同部分，预设的特殊效果等都需要完全一致，在这些计算机之间管理和同步首选项、预设和库可能会非常费时、复杂而又容易出错。借助 Premiere CC 新增的“同步设置”功能可以使用户将其首选项、预设和设置上载到 Creative Cloud，再下载并应用到其他计算机上，使多台计算机之间的设置保持在线同步，如图 1-3 所示。

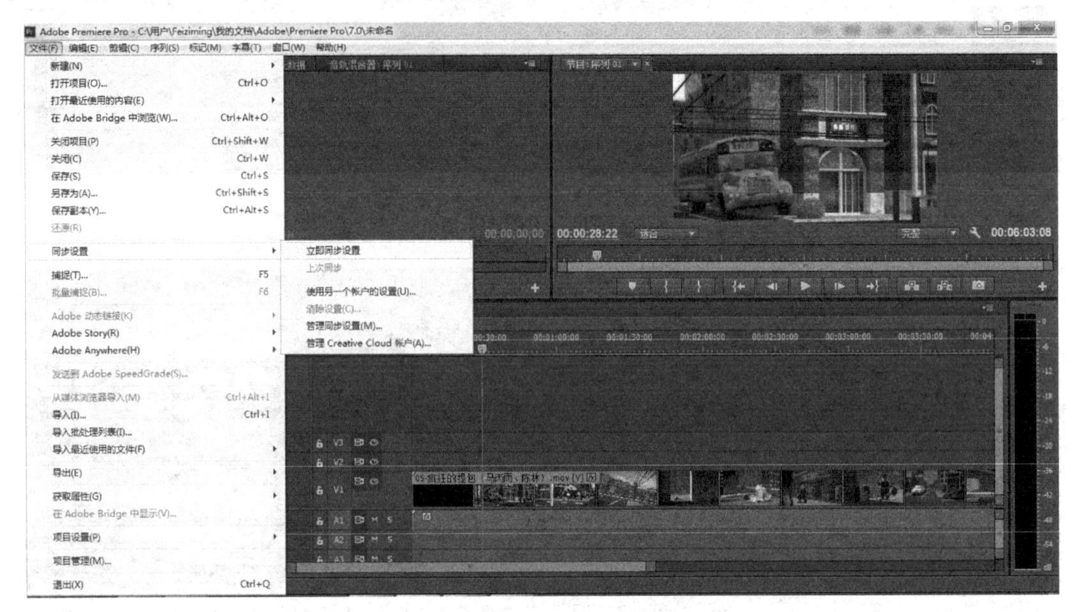

图 1-3 Premiere CC 中的同步设置功能

2. 增强图形性能和原生格式支持

Premiere CC 支持许多新格式，例如 Canon RAW（RAW 的原意是“未经加工”，Canon RAW 是佳能相机拍摄的未经过处理、也未经压缩的格式，记录了拍摄时所产生的原始信息和元数据）、Sony STtP、Black Design Pocket、Powerful new Arri Amira workflow、RED GPU Debayer 等原生格式及更多的编码器。

同时，Premiere CC 强化了对 OpenCL 和 OpenGL 的支持，其性能进一步提升，在视频加速、颜色转换方面都有突出的更新，通过更快速的回放和实时预览来实现独特的艺术效果。

Premiere CC 还增加多 GPU 支持，这将使用户利用所有的 GPU 资源，让多个 Adobe Premiere Pro CC 工作项目在后台排队渲染。

3. 素材效果关联

Premiere 作为一款非线性编辑软件，同时也可以进行后期视觉特技制作，承担部分数字合成的工作，例如转场效果、滤镜效果、动画效果、多层叠加、字幕制作等功能。在较早的版本中，这些特殊效果只能添加在时间线上已经剪辑好的片段中，而 Premiere CC 新增的功能则可以将效果添加在原素材之上。例如，在剪辑一组正反打的对话镜头时，需要 A 演员和 B 演员的特写镜头来回剪切。如果 A 演员的镜头需要校色，在时间线上，这组镜头已经剪辑得非常碎，在以往的版本中只能一段段地将效果添加上去。而在 Premiere CC 中，则可以将效果直接添加在原素材上，位于时间线上已经剪辑好的素材片段则将全部一次性添加上这种效果，非常方便快捷。

4. 与 After Effect 工程流程的比较

Premiere 和 After Effect 是 Adobe 公司的两个重要产品。Premiere 主要用于后期剪辑，而 After Effect 则用于后期特效和数字合成方面的工作，两者同出一门，相互间的配合度非常高，用户可以轻松地在两个软件之间交换项目、素材、合成和图层。在 Premiere CC 中，两者的衔接更加流畅。

After Effect 的字幕特技功能特别强大，利用其自带滤镜、外挂插件、表达式等能制作出震撼的字幕效果。Premiere 在字幕方面则稍逊一筹，通常制作人员在 After Effect 中制作好特效字幕，输出带有 Alpha 通道的素材，然后再导入到 Premiere 中使用，这样一来，如果需要修改则只能再次返回 After Effect 重新输出素材，操作起来会比较麻烦。而 Premiere CC 则具有实时文字特效模板功能，利用 After Effect 强大的图形设计功能，可在 After Effect 中进行设计制作效果，然后将模板生成后直接导入到 Premiere CC，甚至可以在 Premiere CC 中对导入的模板进行编辑，比如替换文字等操作，这是一个很实用的功能。

1.2 硬件环境

由于 Premiere CC 处理的视频、音频、图像、动画等文件所占据的磁盘存储空间很大，而且 Premiere CC 又以视频的单帧画面为单位进行处理，再加上转场特技、滤镜效果、字幕制作和动画编辑等后期数字合成功能，所以运算的数据量很大，对计算机的硬件系统配置要求很高。计算机的配置越高，软件运行速度就越快，稳定性就越好。

1.2.1 基本配置和建议配置

Premiere CC 对硬件和系统要求较高，如表 1-1 所示，概括了利用该软件进行动画非线性编辑时的个人计算机基本配置要求和建议配置，如果计算机硬件系统达不到基本配置的要求，动画非线性编辑的许多任务将不能正常进行；如果计算机硬件系统达到了建议配置的要求，则动画非线性编辑系统会有较高的运行效率，才能完成更复杂的动画非线性编辑任务。

表 1-1　基本配置和建议配置

	基本配置	建议配置
CPU	Intel® Core™ 2 Duo 或 AMD Phenom® II 处理器（需要 64 位支持）	Intel® Core™ i5 或 i7（需要 64 位支持）
操作系统	Microsoft® Windows® 7 Service Pack 1（64 位）或 Windows 8（64 位）	Microsoft® Windows® 7 Service Pack 1（64 位）或 Windows 8（64 位）
显卡	OpenGL 2.0 兼容图形卡	具备 Adobe 认证的图形卡的 GPU 加速性能
内存	4GB	8GB 或更大内存
硬盘	安装占 4GB，额外可用空间建议 10GB，7200 转	500G 以上，7200 转 建议使用多个快速磁盘驱动器，已设定 RAID 0 更佳

续表

	基本配置	建议配置
显示器	支持 1280×900	支持 2048×1578 建议选配 GPU 加速效能的 Adobe 认证 GPU 显示适配器
声卡	兼容于 ASIO 通信协议或 Microsoft Windows Driver Model 的声卡	支持 5.1 环绕立体声的全双工音频卡
光驱	双层 DVD 兼容 DVD-ROM 驱动器	双层 DVD 兼容 DVD-ROM 驱动器、Blu-ray 蓝光光驱
鼠标	双键鼠标	三键或滚轮鼠标
IEEE 1394 卡	需要 OHCI 兼容型 IEEE 1394 端口进行 DV 和 HDV 捕获、导出到磁带并传输到 DV 设备	DV 编辑卡
光盘刻录机	DVD 刻录机	DVD 刻录机、Blu-ray 蓝光光盘刻录机

注意

由于动画非线性编辑将在时间线命令面板中进行，对于较大的动画制作项目，需要比较长的时间段，所以如果显示卡支持双显示器输出，就可以在双屏幕的环境中进行非线性编辑，合理安排各个命令面板的位置，拉长时线命令面板的显示，能够极大提升非线性编辑的工作效率，如图1-4 所示。

图 1-4　双显示器非线性编辑工作站

DVD 光盘刻录机用于将制作好的影片文件刻录成影碟机兼容的 DVD 盘片，光盘刻录机兼容性强，只要有光驱就可以方便地读取数据，空白光盘的价格也很低，所以对于个人非线性编辑与数字合成工作站是很好的选择。

Premiere 可以将序列输出为特定的文件格式，以用于创建并刻录 DVD 或蓝光（Blu-ray）

影碟。此外，还可以输出到 Encore，以创建带有菜单的 DVD 或蓝光（Blu-ray）影碟，或直接将影片刻录到光盘。

1.2.2　IEEE 1394 接口

在各类非线性编辑系统中最简单、最便宜的设备就是普通的 IEEE 1394 卡，IEEE 1394 卡是高速传输总线，就其本身而言，并不是特别为数字视频传输设计的。它的目的和功能是在兼容设备（如扫描仪、硬盘、数字摄像机）之间提供高速的数据传输连接。

1. 什么是 IEEE 1394 卡

IEEE 1394 卡的全称是 IEEE 1394 Interface Card，SONY 等数字设备厂商将其称为 iLink；Texas Instruments 称之为 Lynx；而创造了这一接口技术的苹果公司则称之为 Fire wire（火线）。简而言之，IEEE 1394 是一种外部串行总线标准，数据传输可以达到 400MB/s 以上的高速度，正适合海量视频、音频数据及设备控制指令的传输。

所以严格地讲，IEEE 1394 卡像 USB 一样只是一种通用接口，而不是视频捕捉卡，例如可以连接一个高速外接硬盘到 IEEE 1394 卡上。不过现在因为 IEEE 1394 卡的绝大多数用途是连接数字摄像设备，所以通常都把它看作是视频捕捉卡了。

2. IEEE 1394 接口的优势

IEEE 1394 卡在数字视频、音频信息的捕捉与回录过程是原汁原味的，也就是说，可以在捕捉与回录过程中没有任何质量的损失。而传统的模拟捕捉与转录就如同翻录录音带一样，翻录次数越多质量就越差；利用 IEEE 1394 卡捕捉与回录数字视频、音频信息的过程和用硬盘复制文件的道理一样，源文件和复制文件之间没有任何区别。

总体上说，IEEE 1394 具有以下特点：廉价、占用空间小、速度快、开放式标准、支持热插拔、可扩展的数据传输速率、拓扑结构灵活多样、完全数字兼容、可建立对等网络、同时支持同步和异步两种数据传输模式。下面就分别从几个方面介绍 IEEE 1394 的优势：

（1）数据传送速度高，能够以 100MB/s、200MB/s、400MB/s 甚至更高的速率来传送动画信息等大容量数据。

（2）可进行等时传送，一定的时间内能够进行数据的顺序传送。可以完成视频、声音、数据、指令的同时传送，满足了摄像设备需要实时、不间断地传送视频信号和声音信号的要求，而且在传送这些信号的过程中还同时传送设备的控制指令以及节目相关信息的要求。

（3）支持热插拔。

（4）可进行菊链式或树状连接，最多可连接 63 台设备，最多可进行 16 次转接，设备间（节点间）的电缆长度最多为 4.5m，相距最远的节点之间的距离为 72m（4.5m×16 次转接）。

（5）不需要个人电脑等核心设备，用电缆把想使用的设备连接起来即可进行数据交换。

3. IEEE 1394 卡的种类与选择

目前，IEEE 1394 卡可以简单的分成两类。

（1）带有硬件实时编码功能的 IEEE 1394 卡。

带有硬件编码功能的 IEEE 1394 卡一般价格昂贵，但可以大大提高影片的编辑速度，还可以实时地处理一些特技转场，而且许多这种类型的 IEEE 1394 卡都带有更高级的压缩编码功能。

（2）用视频编辑软件实现压缩编码的 IEEE 1394 卡（软卡）。

用视频编辑软件实现压缩编码的 IEEE 1394 卡需要 CODEC（多媒体数字信号编解码器）

软件来进行视频/音频的编辑。所以编辑速度比较慢，但价格一般比较低，并且随着CPU的不断提速，软卡的性能也会逐渐地提升。

用视频编辑软件实现压缩编码的 IEEE 1394 卡也分为两类：一是使用制造商专门提供CODEC的IEEE 1394卡；二是采用OHCI（open host connect interface 开放式主机连接界面）的IEEE 1394卡，这种软卡最为常见。

OHCI是向所有支持IEEE 1394技术的厂商提供的开放式标准，在OHCI规范中没有任何对数据调制或解调的规定，这是因为IEEE 1394是一种全数字协议，在数据传输过程中不需要进行任何的数/模转换，从而大大节省了系统开销。

OHCI IEEE 1394卡是PC的标准接口卡，就像USB、SCSI等接口卡的概念一样，现在的Windows等操作系统中都作为标准设备加以支持。此类OHCI IEEE 1394卡的生产商不提供CODEC软件，但是Microsoft的DirectX中提供了免费的CODEC软件，在Premiere CC软件的“导出设置”对话窗口中也提供了多种类型的CODEC选项，如图1-5所示。

图1-5 Premiere CC中的CODEC选项

OHCI IEEE 1394卡的一个突出优点是价格比较便宜，而且还可以连接除数字摄像机之外的其他IEEE 1394设备，如硬盘、webcam等。

不同的IEEE 1394卡在视频/音频采集时不会造成质量上的差异，就像使用不同品牌的硬盘存储文件一样，采集到的素材文件内容不会有什么区别。实际上，IEEE 1394卡的功能不过是把影音数据从数字摄像带上复制到计算机的硬盘里，即IEEE 1394卡的作用仅仅是像硬盘接口一样进行数据的传输，而不像MPEG视频捕捉卡一样，需要有视频压缩的硬件技术。即使有些IEEE 1394卡上包含压缩编码的硬件，这些构成部分也只是在编辑生成的时候起作用，而在采集的时候不起作用。

IEEE 1394卡的连线通常有3种类型的接头，如图1-6所示：左边的接口是连接数字摄像机的；中间的接口用于连接便携机上的卡；右边的接口用于连接计算机上PCI插槽中IEEE 1394卡。

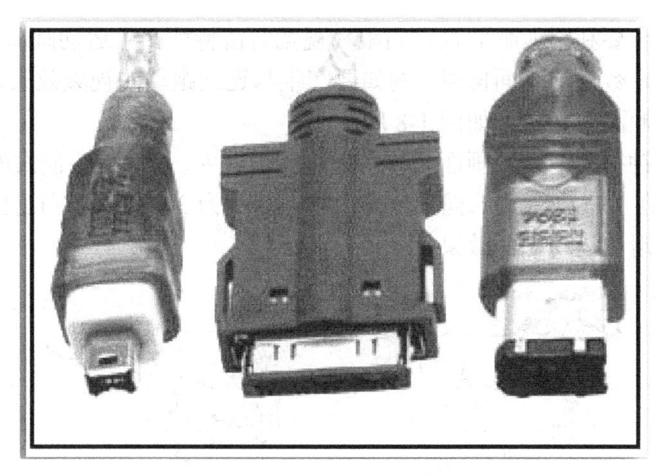

图 1-6 IEEE 1394 卡连线接口

1.3 数字动画的基础知识

1.3.1 数字视频基础知识

在制作数字动画作品之前，首先要了解一些数字视频的基础知识。

1. 运动感觉的获得

在计算机中，动画中的一帧画面由纵横矩阵排列的像素点构成，如图 1-7 所示。在 PAL 制式的视频信号中，每帧画面由 625 个扫描行构成；在 NTSC 制式的视频信号中，每帧画面由 525 个扫描行构成。

图 1-7 由像素构成的一帧

连续的视频信息要利用人眼的视觉阈限和视觉暂留特性产生运动画面的感觉，就要求在每一秒钟内播放一定数量的画面信息，例如要产生马连续跑动的视频效果，就要通过连续快速播放一系列的单帧画面获得，如图 1-8 所示。

因此，每一秒钟扫描多少帧画面就称为视频的帧速率，在 PAL 制式的视频信号中，帧速率为 25 帧/秒；在 NTSC 制式的视频信号中，帧速率为 30 帧/秒。当达到以上帧速率时，便可以获得连续平滑的运动画面效果。

图 1-8　马的动作分解

2. 电视制式

电视制式决定了视频、音频信息的传输、存储等方式，目前世界上常见的电视制式包含 NTSC 制式（美国和日本使用）、PAL 制式（中国和欧洲大多数国家采用）、SECAM（俄罗斯和法国等国家采用）。下面就分别对这 3 种彩色电视制式进行详细的介绍。

（1）NTSC 制式

NTSC 制式又称为恩制。NTSC 制式属于同时制，是美国在 1953 年 12 月首先研制成功的，并以美国国家电视系统委员会（National Television System Committee）的缩写命名。这种制式的色度信号调制特点为平衡正交调幅制，即包括了平衡调制和正交调制两种，虽然解决了彩色电视和黑白电视广播相互兼容的问题，但是存在相位容易失真、色彩不太稳定的缺点。

NTSC 制式电视的供电频率为 60Hz，场频为每秒 60 场，帧频为每秒 30 帧，扫描线为 525 行，图像信号带宽为 6.2MHz。

（2）PAL 制式

PAL 制式又称为帕尔制。PAL 制式是为了克服 NTSC 制式对相位失真的敏感性，1962

年，由联邦德国在综合 NTSC 制式的技术成就基础上研制出来的一种改进方案。PAL 制式是英文 Phase Alteration Line 的缩写，意思是逐行倒相，也属于同时制。它对同时传送的两个色差信号中的一个色差信号采用逐行倒相，另一个色差信号进行正交调制方式。这样，如果在信号传输过程中发生相位失真，则会由于相邻两行信号的相位相反起到互相补偿的作用，从而有效地克服了因相位失真而引起的色彩变化。

PAL 制式电视的供电频率为 50Hz，场频为每秒 50 场，帧频为每秒 25 帧，扫描线为 625 行，图像信号带宽分别为 4.2MHz、5.5MHz、5.6MHz 等。单帧图像的质量要比 NTSC 制式高。

（3）SECAM 制式

SECAM 制式即塞康制。它是法文 Sequentiel Couleur A Memoire 的缩写，意思为"按顺序传送彩色与存储"，是由法国在 1966 年研制成功的，它属于同时顺序制。在信号传输过程中，亮度信号每行都传送，而两个色差信号则是逐行依次传送，即用行错开传输时间的办法来避免同时传输时所产生的串色以及由其造成的彩色失真。

3. 模拟与数字

不论 PAL 视频制式还是 NTSC 视频制式，采用的都是模拟信号方式。模拟信号利用电流的连续强弱变化记录视频信息，而数字视频信号采用 0、1 二进制编码模式记录信息，如果将模拟信号输入到计算机中进行非线性编辑，就要首先将模拟信号转变为数字信号，这一过程称为模/数转换功能。

表示电流强弱的模拟波形在时间上是连续的，为了将模拟信号转换为数字信号，就要将连续的波形转换为在时间上离散分布的一些数据点，从而将连续的曲线转化为由点构成的虚线。如图 1-9 所示，是模拟量转换为数字量的采样与量化过程。

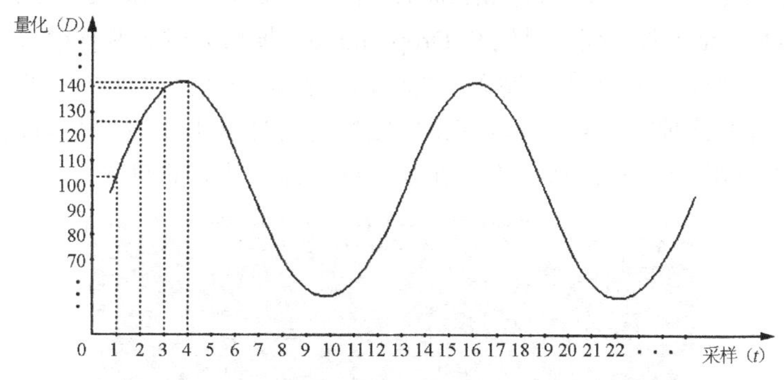

图 1-9　采样与量化

横坐标方向为采样过程，即每隔一定时间间隔获取一次模拟波形的振幅信号。模拟量转换为数字量的第一个重要指标就是采样频率，以每秒钟的采样次数标定，单位为 Hz。每秒钟采样 1 次就是 1Hz；每秒钟采样 1000 次就是 1kHz。采样频率的数值越高，单位时间内的采样点就越密集，采集到的数字点所能表现的模拟波形就越连续，当然采集结果的数据量也就越大。

纵坐标方向为量化过程，即将采样点的十进制振幅信号转换为二进制的数字信号。模拟量转换为数字量的第二个重要指标就是量化等级，纵坐标的分割越精细，量化等级就越高，模拟量转换为数字量的精度就越高。由于计算机中使用的都是二进制数值，所以量化等级就只能用二进制的整数次幂来表示。如 8 位量化等级表示 2^8=256；32 位量化等级表示 2^{32}=4,294,967,296。

4. SMPTE 时码

为了精确指定视频素材片段的长度，以及单帧画面所在的时间位置，以便在剪辑和回放过程中精确指定时间，就需要用特定的时间代码为每一个帧画面进行编号。时间代码的国际标准为 SMPTE 时码，其表示方式为 h:m:s:f，即小时：分钟：秒：帧数，如图 1-10 所示。一个时码长度为 00：08：40：15 的素材片段总的回放时间为 8 分钟 40.5 秒。

图 1-10 Premiere CC 中的时码

对于 NTSC 制式的视频信息，由于彩色视频信号的技术原因，通常采用 29.97 帧/秒的帧速率，而非黑白视频信号的 30 帧/秒的帧速率，当近似采用 30 帧/秒的帧速率进行替代时，造成实际播放时间与实际测量时间有 0.1%的误差，所以对于 NTSC 制式的视频信号还可以被分为 No Drop Frame（非掉帧）时码和 Drop Frame（掉帧）时码两种模式。非掉帧时码忽略这 0.1%的误差，所以时码计数不精确；掉帧时码在每分钟自动忽略两帧画面，并在每 10 分钟的时间内进行 9 次掉帧计算，可以获得比较精确的时码计数。如图 1-11 所示，对于 PAL 制式，由于采用 25 帧/秒的帧速率就不存在是否进行掉帧计算的问题。

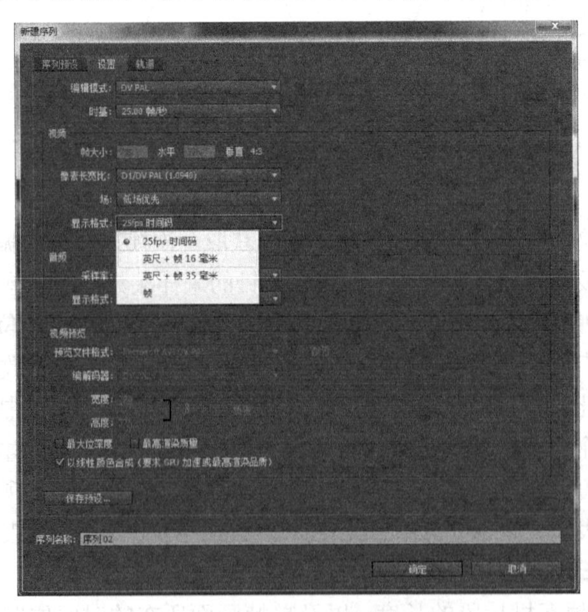

图 1-11 Premiere CC 中的时码设置

5. 压缩

在数字动画制作过程中压缩是必须的，例如以 720×576 的画面大小进行采集，以 8 位的量化等级来进行数字化，则每一秒钟视频片段的存储尺寸就达 21.1MB，1GB 的硬盘也只能存储 50 秒的视频片段，如此大的数据量，使得传输、存储和处理都很困难。利用压缩技术就可以有效地减小视频片段的数据量。数字动画的压缩可以分为有损压缩和无损压缩两种，压缩比参数就表示数字化视频信息压缩前后文件大小的比率关系。

压缩不一定影响视频画面的质量，常见的压缩方式包括。

（1）利用视频图像的统计特性进行压缩，去掉表示冗余信息的数据。

（2）从人眼睛视觉特性出发，对人眼不太敏感的信息用较小的数据信息表示。

在数字电影制作过程中常见的压缩算法包括：帧内压缩 Motion-JPEG（简称 M-JPEG）和帧间压缩 MPEG。

Motion-JPEG 是利用 JPEG 压缩技术优化运动图像，即对数字视频信号的每一帧进行 JPEG 压缩，以减少数字视频信号的数据量。由于数据量成倍减少，就降低了数字影片的存储成本，提高了数据传输的速度，减少了对计算机总线和网络带宽的压力。

与 M-JPEG 压缩技术相比，MPEG 则在保证最佳的视频图像质量的前提下，大幅地提高数据压缩比，以便更有效地减少视频信息的数据量。MPEG 压缩方式可以达到 140:1 的压缩比；采用不对称算法，压缩计算时间远远大于解压缩时间，所以压缩过程常用硬件。

所谓 MPEG 压缩是指根据运动图像相邻帧画面之间有一定相似性的原则，通过运动画面侦测，参考前一帧图像与当前一帧图像的像素相似情况，去掉与前一帧画面相似的冗余像素数据，而只记录当前帧与上一帧画面不同的数据，从而大大提高了视频数据的压缩效率，这种压缩方法也称为帧相关压缩。MPEG 压缩是以图像组（GOP）为一个单元的，分别由 I 帧和 B、P 帧构成。I 帧被称为参考帧，是其他帧的参考起始帧，所以 I 帧是一个能够完全记载这一帧全部图像数据的帧，亦称全帧；P 帧是前向侦测帧，根据与前一帧图像的像素比较，去掉与前帧相似的数据而构成的帧；B 帧是双向侦测帧，根据与前后帧图像的比较而得到的帧。P、B 帧都是一个不完全帧，它们需要依靠 I 帧而成立。

MPEG 压缩模式在获得广播级数字视频质量的前提下，可以实现 20:1 的压缩比，数据率可降至 1MB/s，一小时的视频节目只占用 3.6GB 的存储空间。但是由于 MPEG-II 格式只有 I 帧是一个完整的帧画面，所以在非线性编辑过程中以帧为精度单位进行剪辑时会带来一些困难。

1.3.2　数字动画制作流程

数字动画可以依据以下制作流程进行。

（1）确定剧本，进行数字动画的前期策划。

（2）制定拍摄计划并绘制故事板，如图 1-12 所示，很多动画影片剪辑的工作其实是在这一步完成的。

（3）制作影片的图像、视频和音频素材。

（4）采集素材片段，即把需要的素材片段都导入到计算机的硬盘中。

（5）剪辑素材（非线性编辑），依据故事板对原始图像、视频或音频素材进行对位编排；在素材片段之间加入适当的转场效果。

（6）数字后期合成，利用 Premiere CC、After Effects 等软件编辑素材片段（如色彩平衡调整、明度对比度调整等）、添加特技效果、指定叠加与透明键、编辑动画效果等。

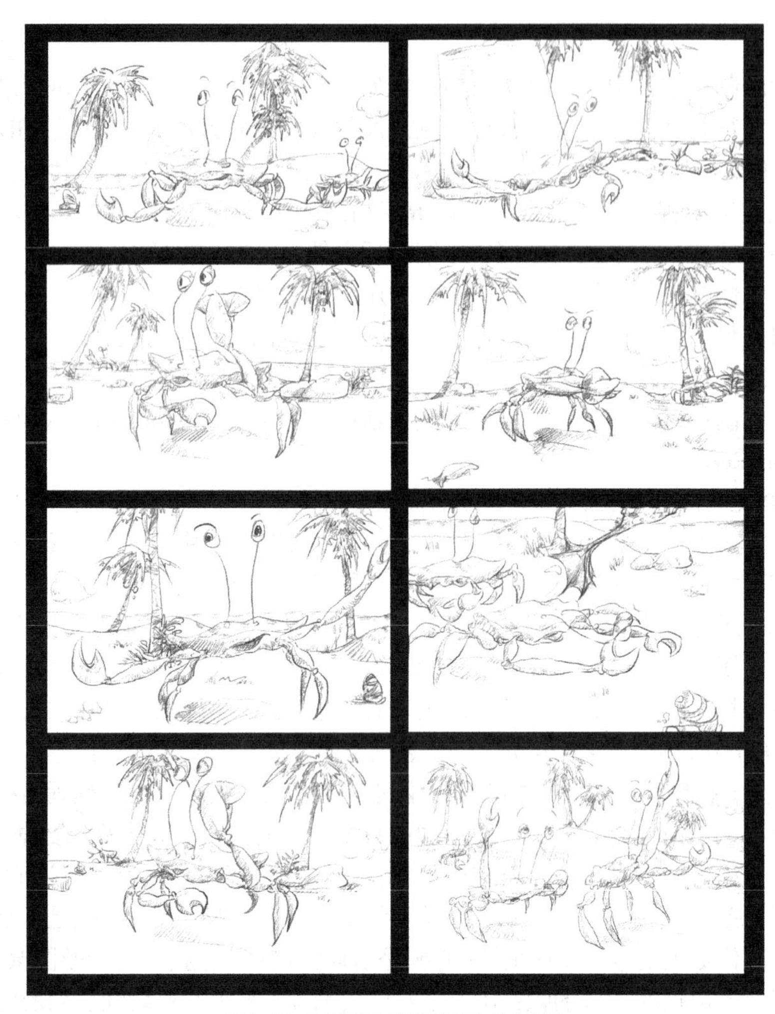

图 1-12　三维动画《沙滩故事》的故事板

（7）渲染、输出、压缩编辑完成的影片，并将影片回录到数字摄像机的磁带上或直接刻录到光盘中。

随着数字视频/音频兼容性与网络支持的提高，利用网络实现素材编辑及成果共享，多个非线性编辑系统就可以协同进行编辑。最近 ATM 高速宽带光纤传输网络已在 Avid 等非线性编辑系统上得到了一定的应用。相信不久的将来，数字动画制作将从单纯后期制作向网络协作编辑、现场编辑、远程编辑、实时编辑的方向发展。

1.4 Premiere CC 的界面结构

Premiere CC 的界面结构是依据动画非线性编辑的实际流程而设计的，在新版本中界面结构做了较大的改进，使其具有更为强大的易用性与扩展性。界面中的功能划分更为合理，使动画非线性编辑过程中的各个功能任务组井然有序地整合在一起。使用 Premiere CC 进行动画后期非线性编辑的设计师，一定要对界面结构有一个清晰的认识。

Premiere CC 的工作界面如图 1-13 所示。

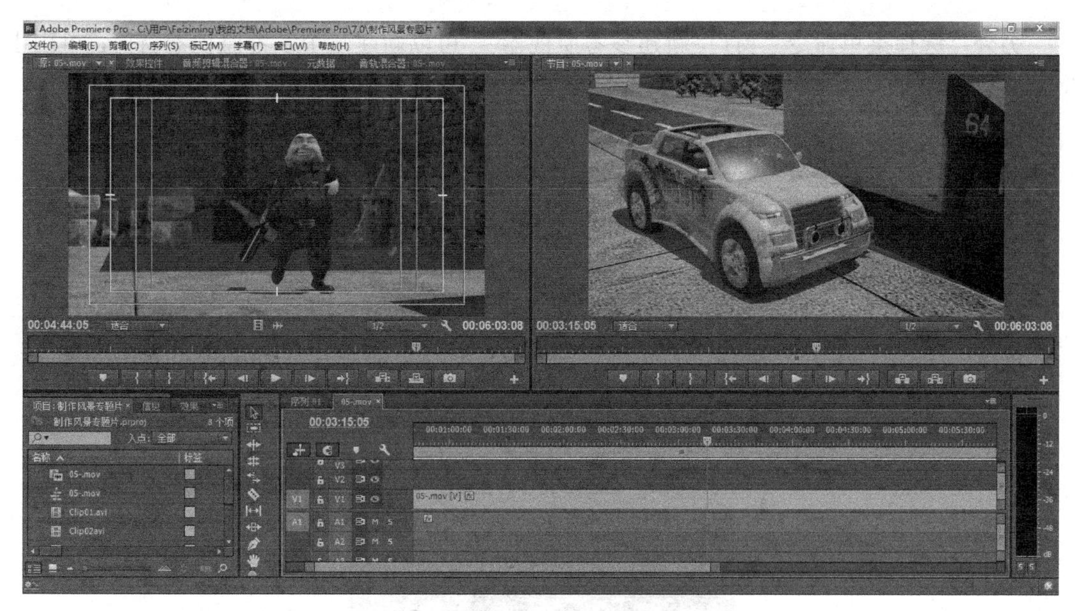

图 1-13　Premiere CC 的工作界面

1.4.1　标题栏

用于显示 Premiere CC 的程序名称和当前影片的存储信息，标题栏右侧有三个按钮，它们分别是最小化按钮、最大化/还原按钮、退出程序按钮。

1.4.2　菜单栏

“菜单栏”位于 Premiere CC 程序窗口标题栏的下面，其中共包含 8 个主菜单命令，菜单栏采用了 Microsoft Windows 的标准风格，在每一个主菜单命令中，可以下拉一组菜单命令。

8 个主菜单命令包括：“文件”菜单、“编辑”菜单、“剪辑”菜单、“序列”菜单、“标记”菜单、“字幕”菜单、“窗口”菜单、“帮助”菜单。

在每个主菜单命令中都有一个字母（File、Edit、Clip、Sequence、Marker、Title、Window、Help），当按住键盘中的“Alt”键并单击字母键，可以快速下拉对应的主菜单命令。通常在下拉展开的主菜单中，菜单命令也包含有下划线的字母，当下拉展开主菜单时，单击键盘中对应的字母可以快捷执行该菜单命令。

如果菜单命令后面有省略号，表示选择该命令后会弹出对话窗口；如果菜单命令后面有向右的箭头，表示该命令还可以下拉子菜单；某些菜单命令右侧显示对应的键盘快捷方式。一些开关式菜单命令前面有“开/关”标记，此类菜单命令通常没有明显的执行动作，它在 Premiere CC 运行期间始终起作用或始终不起作用。

1.4.3　监视器命令面板

如图 1-14 所示，在 Premiere CC 中的“监视器”命令面板，主要用于预演原始的视频、音频素材片段或编辑的影片；设置素材片段的入点、出点，定制静帧图像的持续时间；在素材片段上设置标记等。

“监视器”命令面板被划分为左边的“源监视器”和右侧的“节目监视器”。“源监视器”用于预演或编辑引入到动画中的原始素材片段；“节目监视器”用于预演编辑过程中的动画。

另外，选择菜单命令“窗口>新建参考监视器”，可以新建一个参考监视器窗口，可用于对比素材片段的不同编辑状态，如图 1-15 所示。

图 1-14 “监视器”命令面板

图 1-15 新建参考监视器

如果已经为项目输入了一些素材片段，可以通过鼠标单选、框选或配合“Shift”或“Ctrl”键复选多个素材片段，并直接拖动鼠标将选定的素材片段指定到“监视器”命令面板左边的“源监视器”中，以预演这些素材片段。

也可以在“项目”命令面板中的素材片段上单击鼠标右键，从弹出的右键快捷菜单中选择“在源监视器中显示项目”，就可以在“源监视器”中预演素材片段，如图 1-16 所示。

所有已经在“源监视器”中预演过的素材片段都保存在该监视器上部的下拉列表中，可以利用该列表快速选择预演所需的片段，如图 1-17 所示。

图 1-16 右键快捷菜单

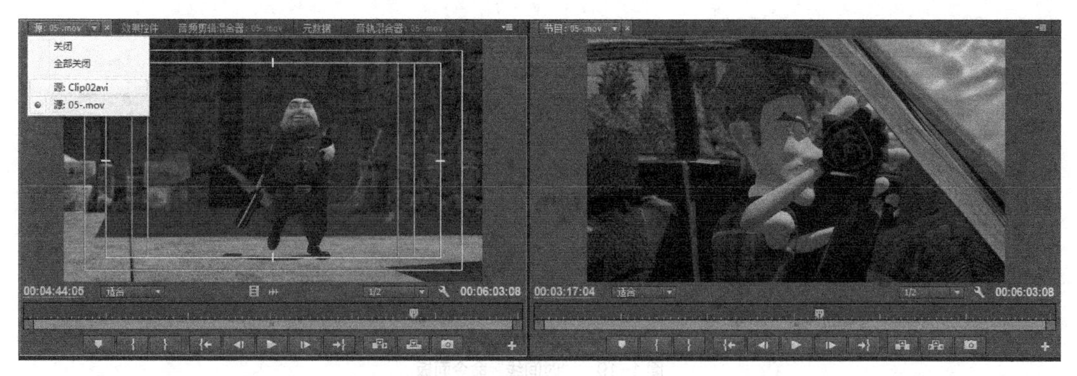

图 1-17 预演过的素材片段都保存在下拉列表中

1.4.4 时间线命令面板

“时间线”命令面板是 Premiere CC 最重要的构成部分，大部分的非线性编辑工作都是在该命令面板中进行的。在该命令面板中显示了各个素材片段之间的相对位置关系、素材片段的持续时间和施加的各种特殊编辑效果，如图 1-18 所示。

当素材片段过长，不能完全显示在“时间线”命令面板中时，可以通过拖动“时间线”命令面板下部的滑块显示素材片段其余的部分。

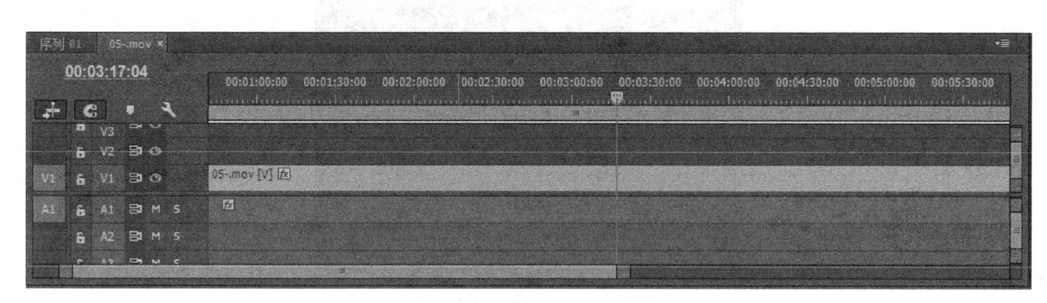

图 1-18 “时间线”命令面板

可以按住鼠标将“项目”命令面板、“监视器”命令面板中的素材片段，直接拖动插入到“时间线”命令面板的视频、音频轨道中，鼠标释放的位置决定了素材片段所处的轨道和时间点位置。

如图 1-19 所示，在“时间线”命令面板的顶部包含以下内容。

A．时间线滑块，拖动该滑块可以改变当前编辑点的位置。

B．入点位置。

C．工作区域滑块，拖动左右两侧的滑块，可以改变工作区域的范围。

D．时间标尺。

E．编辑点标记。

F．素材片段指示线，如果在工作区域下面有一条红色指示线，则说明在该时间段内包含素材片段。

G．预演片段指示线，如果在工作区域下面有一条绿色指示线，则说明在该时间段内包含预演文件。

H．出点位置。

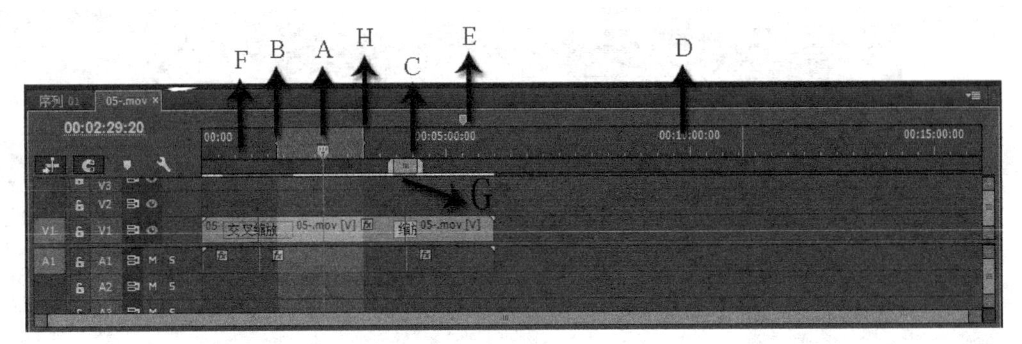

图 1-19 “时间线”命令面板

1.4.5 项目命令面板

在 Premiere CC 中“项目”命令面板用于记录素材片段的引用指针、素材片段的属性、素材片段的组织信息等，如图 1-20 所示。

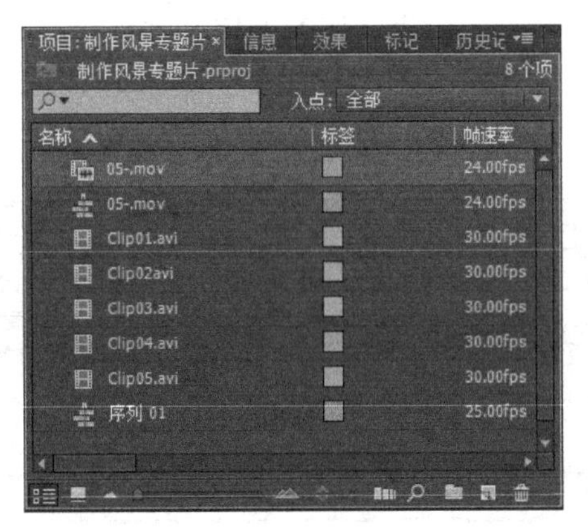

图 1-20 “项目”命令面板

在“项目”命令面板的底部包含以下工具按钮。

查找按钮　　新建素材箱按钮

新建项目按钮　　删除选定项目按钮

自动到序列按钮　　图标显示模式按钮

列表显示模式按钮

在“项目”命令面板中提供了许多管理素材片段和素材箱的操作，如重命名、查找、删除等操作，在影片中的所有素材片段（采集后的视频片段自动显示在项目命令面板中），都只是对硬盘中存储素材片段的引用指针，所以重命名、删除等操作不会对存盘的原始素材片段产生影响。

选择一个素材箱后，在素材片段区显示其中包含的内容，如果该素材箱中还包含其他子级素材箱，单击父级素材箱左侧的三角标记可以下拉显示其中包含的其他子级素材箱。

在“项目”命令面板的底部单击“新建项目”按钮，弹出如图 1-21 所示的下拉列表，其中包含可以创建的新项目类型。

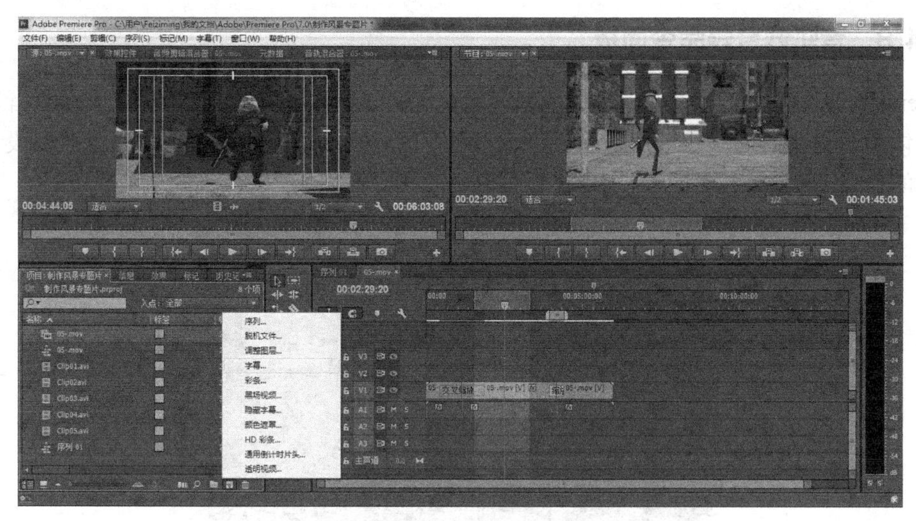

图 1-21　可以创建的新项目列表

1.4.6　效果命令面板

“效果”命令面板如图 1-22 所示，其中包含 6 个文件夹，每一个文件夹代表一个效果类别，在文件夹中包含这一类别的所有效果。在 Premiere CC 中视频过渡效果、音频过渡效果、视频效果、音频效果以及透明与叠加设置都在“效果”命令面板中。

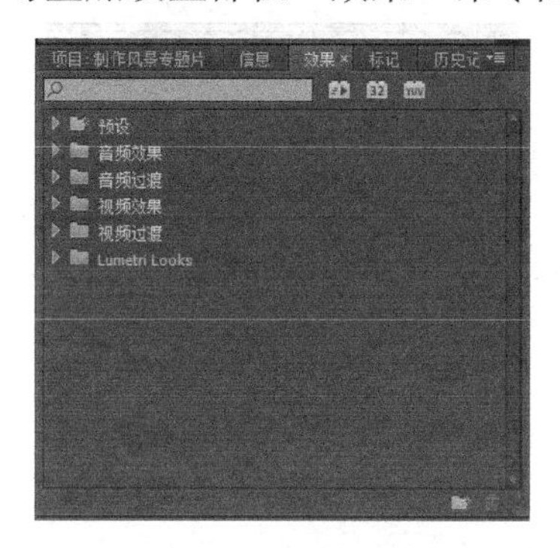

图 1-22　“效果”命令面板

1.4.7　历史记录命令面板

“历史记录”命令面板如图 1-23 所示，其中包含近期操作的列表，并可以方便地撤销一些操作。

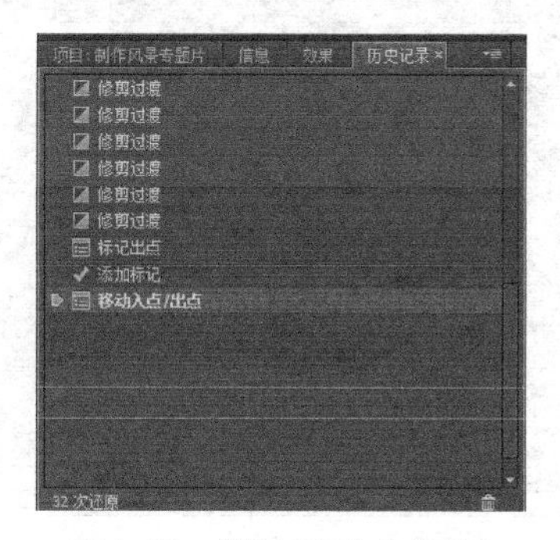

图 1-23　“历史记录”命令面板

1.4.8 音轨混合器命令面板

Premiere CC 中包含三种不同类型的“音轨混合器”命令面板，分别是单声道音轨混合器、立体声音轨混合器、5.1 声道音轨混合器。可以边听边调整同一音频轨道上多段音频素材片段的音量或摇移/平衡属性，如图 1-24 所示，成为动画音效合成的中心。

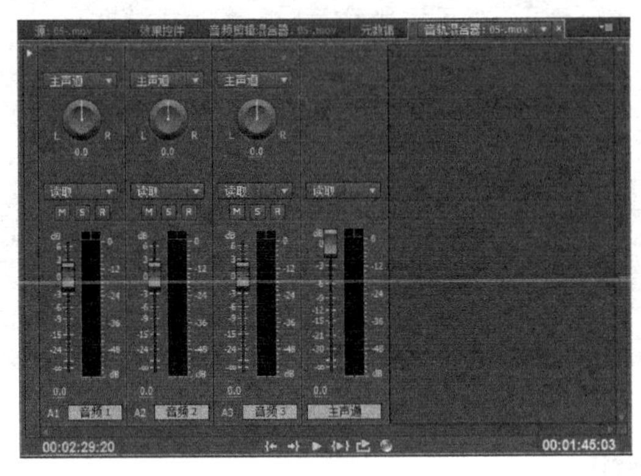

图 1-24 音轨混合器

1.4.9 信息对话窗口

“信息”对话窗口如图 1-25 所示，其中包含素材片段的属性信息或某些操作的提示信息。

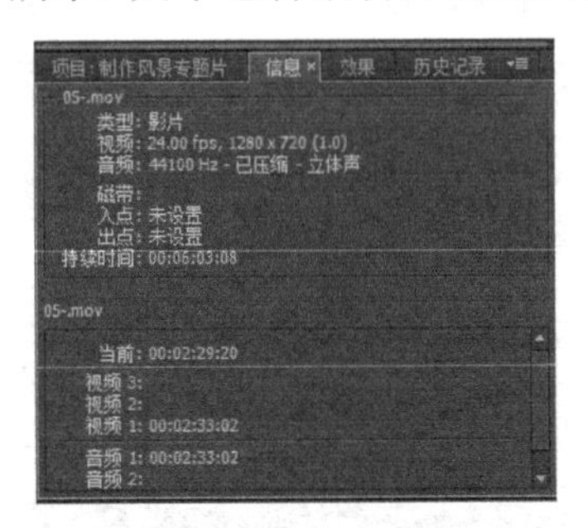

图 1-25 “信息”对话窗口

1.4.10 效果控件命令面板

“效果控件”命令面板如图 1-26 所示，在其中可以对素材片段的运动属性、透明与叠加属性、施加的各种效果进行管理，可以设置效果参数，创建与编辑动画关键帧。

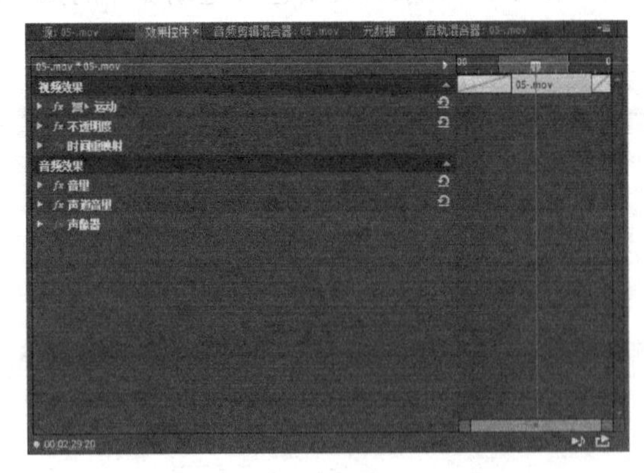

图 1-26 “效果控件”命令面板

一些命令面板默认停泊在命令面板组中，也可以将它们拖动为浮动状态，还可以将其重新停泊到命令面板组中。当命令面板转变为浮动状态后，将它们拖动到屏幕上最顺手的位置，以提高非线性编辑过程的工作效率。

习题

1. 非线性编辑是以时间顺序进行剪辑编辑的，还是以帧为精度单位进行剪辑编辑的？请概述非线性编辑的主要特点。
2. 为什么说传统电影胶片的剪辑过程也是非线性的？
3. 请概述“时码”在数字非线性编辑过程中的作用。
4. 计算机非线性编辑系统主要由哪三个部分构成？
5. 在 Premiere CC 中包含哪 3 种不同类型的“音轨混合器”？
6. 多次翻录数字摄像带中的内容，其视频、音频信息是否有质量的损失？请加以说明。
7. 请概述 PAL 制式和 NTSC 制式的视频信号有哪些主要区别。
8. 请概述数字动画制作的主要流程。

Premiere Pro CC

2 Chapter

第 2 章 准备素材片段

本章讲述采集与获取素材片段的方法，介绍了采集前的准备、利用“采集”对话窗口进行采集前的设置、采集的方法，并介绍了其他几种常见的采集方法。

2.1 采集前的准备

很多复合制作的动画片采用不同的动画制作技术进行动画的创作，其中就包含三维动画与实拍结合的动画片，如动画电影《精灵鼠小弟》、《鬼马小精灵》、《鼠来宝》等，如图 2-1 所示；二维动画与实拍结合的动画片，如动画电影《谁陷害了兔子罗杰》、《空中大灌篮》，如图 2-2 所示；定格动画与实拍结合的动画片，如动画大师简·史云梅耶（Jan Svankmajer）、诺尔曼·麦克拉伦（Norman Mclaren）制作的真人定格动画片。

图 2-1 选自动画电影《鼠来宝》

图 2-2 选自动画电影《谁陷害了兔子罗杰》

在 Premiere CC 中进行这类动画影片制作之前，首先要获取必要的图形、图像、视频和音频素材片段，其中图形素材是使用矢量绘图软件创建的，图像素材既可以使用图像编辑工具进行绘制，也可以通过扫描、拍摄数码照片的方式输入到计算机中。

获取视频、音频素材片段的过程就是采集，即将视频、音频信号以数字化的方式输入到计算机的存储介质中。在采集过程中可能要面对来自各种渠道的视频、音频信息，如录像机、影碟机、电视、模拟摄像机、数字摄像机、模拟录音机、数字录音机、麦克风等。面对如此众多的视频、音频信号来源，就必须依赖一定的硬件设备对信号进行模数转换（从模拟信号转化为数字信号）与数字信号传输。Premiere CC 以其广泛的兼容性可以控制大多数常见的采集硬件，出色地完成视频、音频素材片段的采集工作。

原始素材主要以两种形式存在。

（1）数字化媒体文件格式。计算机可以直接读取和处理这些素材，数字摄像机、数字相机、数字录像机、扫描仪和数字录音机都可以使用数字格式存储声音、视频和图像信息。其中数字摄像机拍摄的素材片段首先要经由 IEEE 1394 卡传输到计算机中，才能被 Premiere CC 作为影片中的素材片段使用，利用 Premiere CC 可以直接从数字录像带中采集视频、音频素材片段。

（2）模拟媒体素材。如模拟录像带、电影胶片、录音带、传统照片和幻灯片等介质存储的素材，这些素材必须经过模拟-数字转化后存储在计算机中才可使用，Premiere CC 可以与计算机中安装的采集卡配合使用，采集这些模拟格式的视频、音频素材。

要想采集数字摄像机或其他数字录像设备中的素材片段，就要将这些设备首先通过 IEEE 1394 连线与计算机系统连接在一起。IEEE 1394 连线的一端与数字摄像设备的 In/Out 端连接，另一端与计算机系统上的 IEEE 1394 卡连接，如图 2-3 所示。

图 2-3 连接数字视频设备

注意

如果要将模拟视频素材转化为数字格式，除了利用专业的采集卡之外，还可以直接利用数字摄像机将模拟录像带中的内容翻录到数码录像带中，再将翻录的内容通过 IEEE 1394 接口传输到计算机中。

一定要注意在数字录像带中的时码是连续的，即使在拍摄的空白间隙也记录了时码信息。在 Premiere CC 中使用批采集等功能，必须依赖数字录像带中所记录的连续时码，连续的时码信息可以精确描述素材片段的入点位置、出点位置和持续时间。为了获得连续的时码信息，一般要注意以下几方面的内容。

（1）在拍摄过程中尽量使用同一盘录像带，直到录像带用完后再另换一盘，如果在拍摄过程中不断跳转使用不同的录像带，在批处理采集过程中操作起来就比较麻烦了。

（2）如果回倒录像带再开始重新摄像，新拍摄的素材时码将从开始拍摄位置进行计算，所以尽量在同一录像带中拍摄连续的素材片段。

（3）在对录像带进行了回倒、快进或回放操作后，再重新拍摄时尽量先拍摄 5 秒的多余视频信息。

（4）当一盘录像带拍摄完时，在录像带的末尾留出 1 秒的剩余画面。

（5）在拍摄之前首先查看一下是否存在时码中断，如果录像带处于 00:00:00:00 时码位置，要首先快进几秒时间后，再开始进行拍摄。

如果数码录像带中不包含连续的 SMPTE 时码，可以在采集之前首先将该录像带拍摄的内容复制到另一盘录像带中，翻录之后在新录像带中就包含连续的 SMPTE 时码信息了，这时就可以对新录像带进行素材的采集。

利用翻录方法创建连续 SMPTE 时码的操作步骤如下。

（1）将录像带放入数字摄像机或其他数字录像设备中。

（2）将数字摄像机指定为 VCR 模式。

（3）将一盘新的录像带放入另一部数字摄像机或其他数字录像设备中。如果使用数字摄像机，首先盖上镜头盖。

（4）如果第二部数字摄像机包含复制原始录像带 SMPTE 时码信息的选项，就要确定关闭该功能，重新创建连续的 SMPTE 时码信息，详细的设置说明参见数字摄像机的帮助文件。

（5）将两部数字摄像机通过数据线进行连接。

（6）在第二部数字摄像机中单击录制按钮，再在第一部数字摄像机中单击回放按钮，直到新的数字录像带复制完成为止。在录制过程中，确保磁头定位设置与拍摄时的设置完全相同。

2.2 采集素材片段

2.2.1 采集前的设置

在 Premiere CC 中采集数字视频、音频信息之前，应当首先创建一个新的项目文件，然后再确定选择了适当的项目设置。

采集前的设置一般依据以下操作步骤。

（1）运行 Premiere CC 程序，首先自动弹出如图 2-4 所示的“欢迎”对话窗口，询问选择什么样的后续操作。

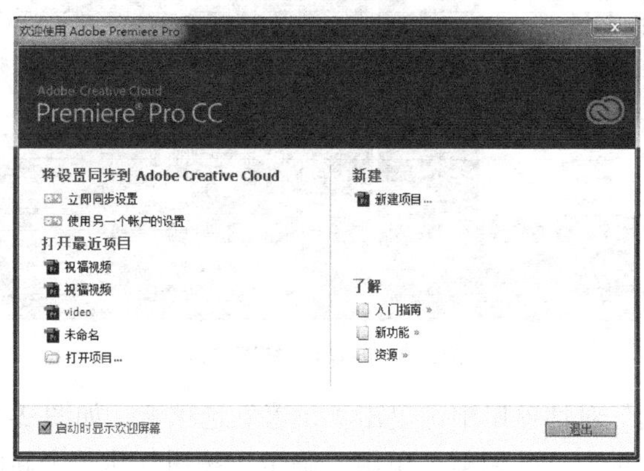

图 2-4 “欢迎”对话窗口

（2）单击“新建项目”按钮，弹出“新建项目”对话窗口，设定项目名称后单击“确定”按钮，就创建了一个新的项目文件，如图 2-5 所示。在 Premiere 之前的版本中，新建项目后单击“确定”按钮，会弹出“新建序列”对话窗口，而 Premiere CC 则直接跳到工作页面，时间轴上显示无序列，这就是 Premiere CC 不同的地方，需要我们进入工作页面后再新建序列。

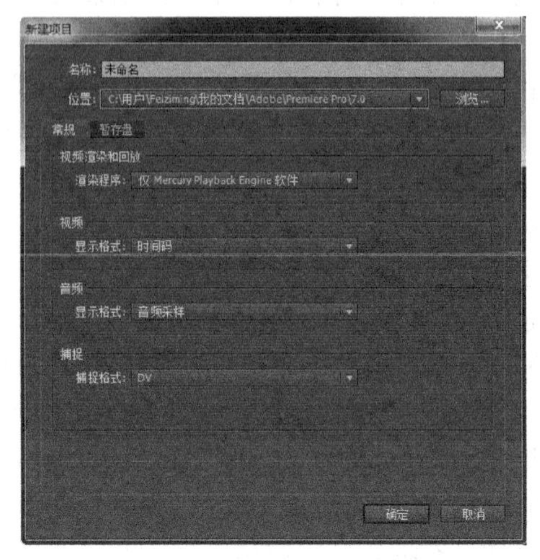

图 2-5 “新建项目”对话窗口

（3）进入工作界面后，在左下项目空白处单击鼠标右键，在弹出的快捷菜单中单击“新建项目”，再在弹出的菜单中选择“序列”，此时会弹出“新建序列”对话窗口，在左侧的列表中选择一个文件预设，如图 2-6 所示。

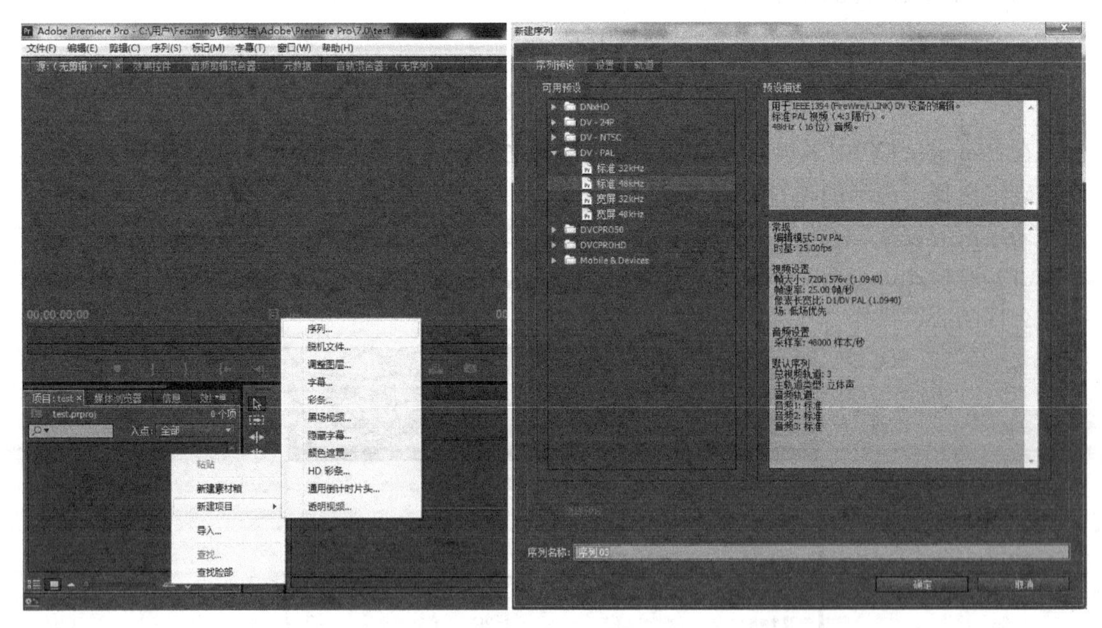

图 2-6 新建序列并设置序列

（4）在“新建序列”对话窗口中，单击“设置”选项卡，如图 2-7 所示，在预设的基础上对新序列的创建参数进行一些调整，单击“确定”按钮创建一个新的序列。

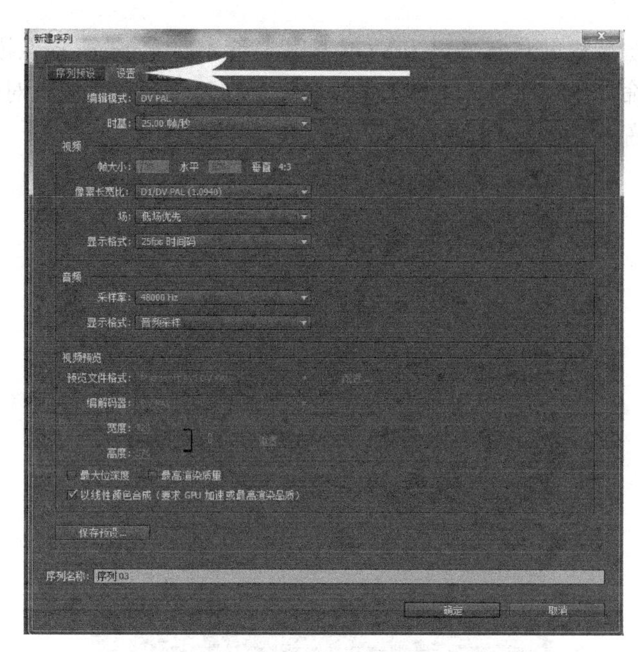

图 2-7　在预设的基础上对新序列的创建参数进行一些调整

（5）单击“保存预设”按钮，弹出如图 2-8 所示的“保存设置”对话窗口，在其中指定新预设的名称后单击“确定”按钮关闭该对话窗口。

（6）在“序列预置”选项卡的“可用预设”列表中，可以观察到保存的预设被放置在列表中，如图 2-9 所示，单击“确定”按钮关闭“新建序列”对话窗口，创建一个包含新序列的项目文件。

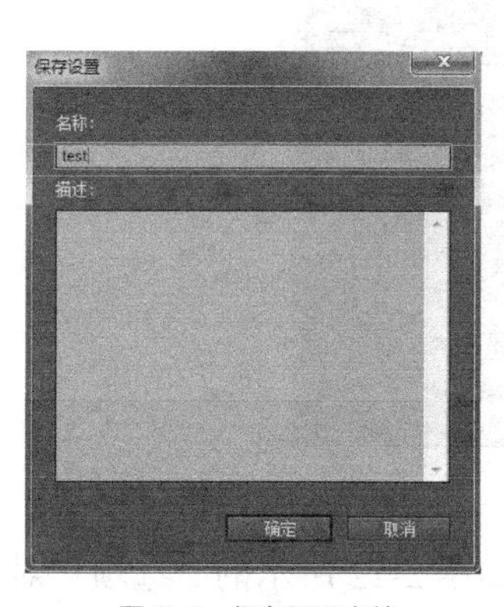

图 2-8　保存预设文件

图 2-9　保存的预设文件被放置在列表中

（7）将数字摄像机或其他数字录像设备通过 IEEE 1394 卡连接到计算机中，在数字设备的输出口上会标定 IN/OUT 或 IEEE 1394。

（8）打开数字摄像机并将其指定为 VCR 模式，而不是 Camera 摄像模式。

（9）选择菜单命令“文件>项目设置>暂存盘”，打开“项目设置”对话窗口，为采集过程指定暂存盘的位置，如图 2-10 所示。

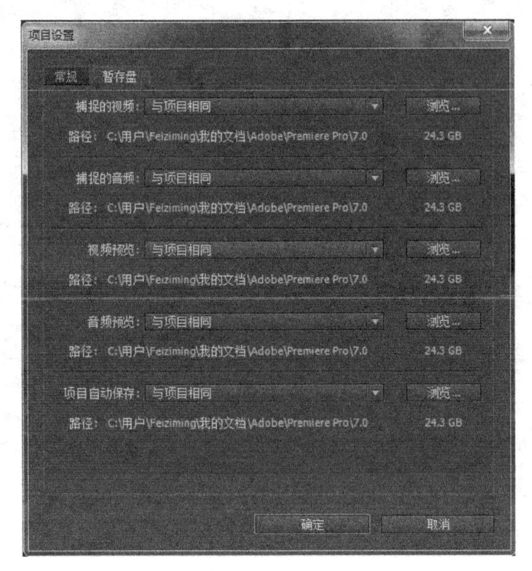

图 2-10　为采集文件指定暂存盘的位置

（10）选择菜单命令“编辑>首选项>设备控制”，打开“首选项”对话窗口，为外部设备指定“DV/HDV 设备控制”，如图 2-11 所示。

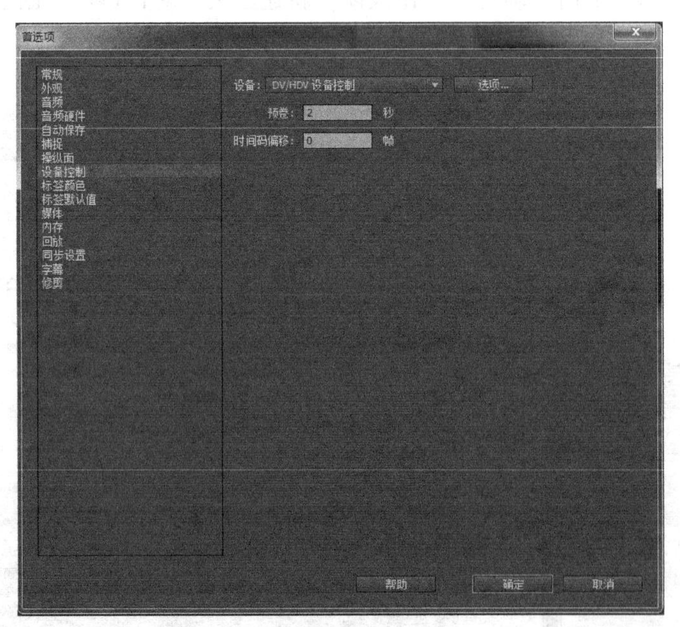

图 2-11　为外部设备指定 DV/HDV 设备控制

（11）单击“首选项”对话窗口中的“选项”按钮，弹出如图 2-12 所示的“选项”对话窗口，在其中设置数字摄像机的品牌和型号，如果显示“在线”，则表明该设备连接正常可以使用，若显示“脱机”，则表示该设备尚未就绪。

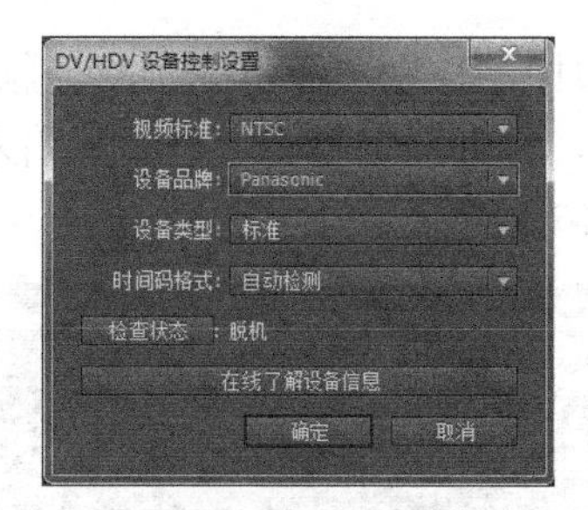

图 2-12　设置外部设备的类型，检查摄像机的状态

2.2.2　采集素材片段

如图 2-13 所示，通过采集一部反映徽州建筑风格的风景专题片素材，详细讲述如何在 Premiere CC 中进行采集的操作。

图 2-13　徽州建筑风格的风景专题片

采集素材片段的操作步骤如下。

（1）确定上一节中设置好的项目文件处于开启状态，选择菜单命令“文件>捕捉”，打开“捕捉”对话窗口，如图 2-14 所示，在“磁带名称”项目中输入摄像带的名称。

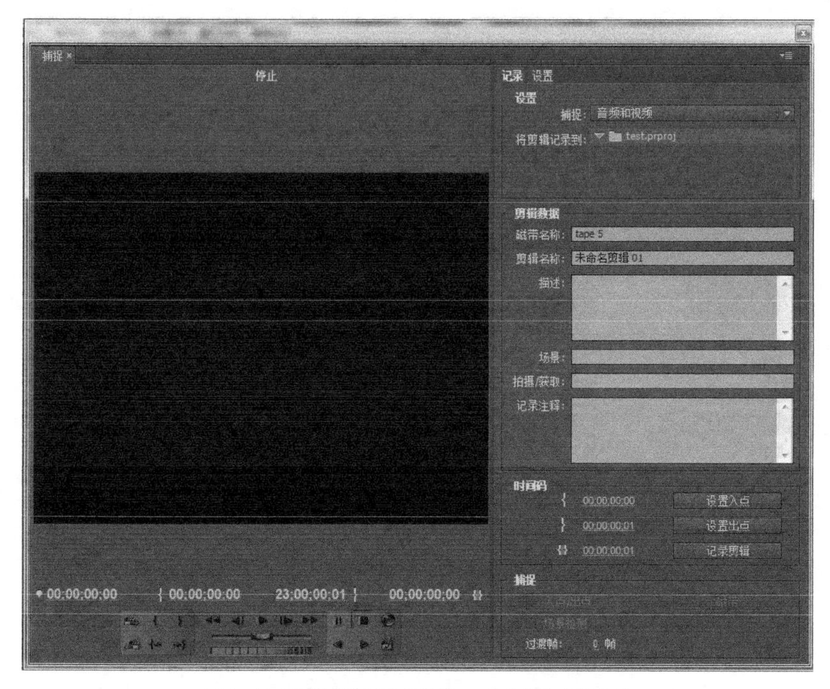

图 2-14　打开“捕捉”对话窗口，输入摄像带的名称

（2）使用“捕捉”对话窗口中的控制按钮（前移一帧、后移一帧、停止、播放、向前快进、向后快退），移动到摄像带中想要开始采集素材片段的位置后单击“设置入点”按钮或按钮，如图 2-15 所示。

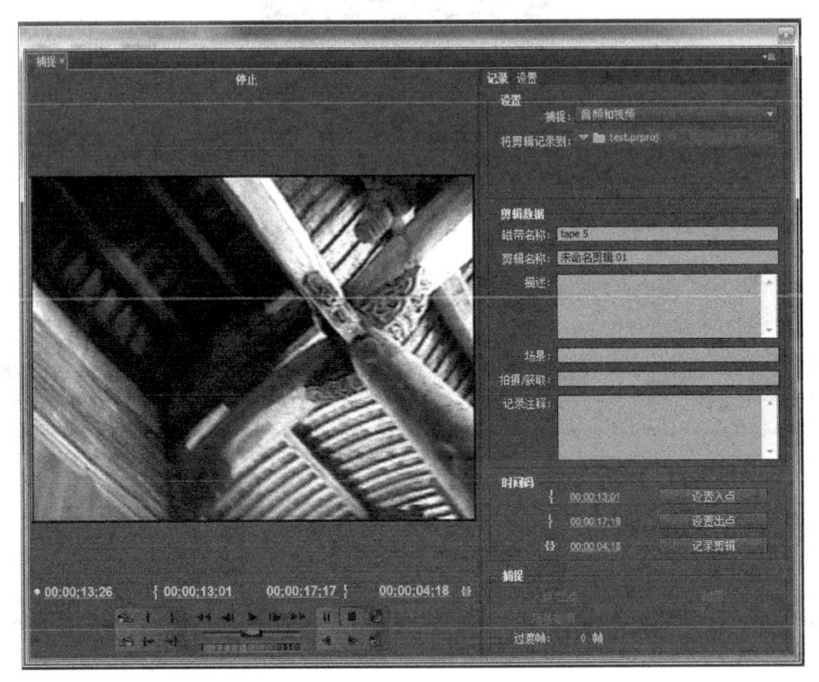

图 2-15 设置采集的入点位置

（3）使用“捕捉”对话窗口中的控制按钮，移动到摄像带中想要结束采集素材片段的位置后单击“设置出点”按钮或按钮，如图 2-16 所示。

图 2-16 设置采集的出点位置

注意

当指定了采集的入点和出点位置后，还可以方便地进行修改。将录像带移动到新入点位置后，按住键盘中的“Alt”键后，再单击“设置入点”按钮；同样将录像带移动到新出点位置后，按住键盘中的“Alt”键后，再单击“设置出点”按钮。

（4）在“捕捉”对话窗口中单击“记录”按钮，开始采集素材片段。

（5）采集结束后，可将采集的素材指定相应的名称进行保存。

2.3 其他采集方式

一般情况下，中、高档的 IEEE 1394 卡本身都带有专用的视频处理软件，可以进行视频、音频素材的采集、播放以及简单的编辑处理，如图 2-17 所示。

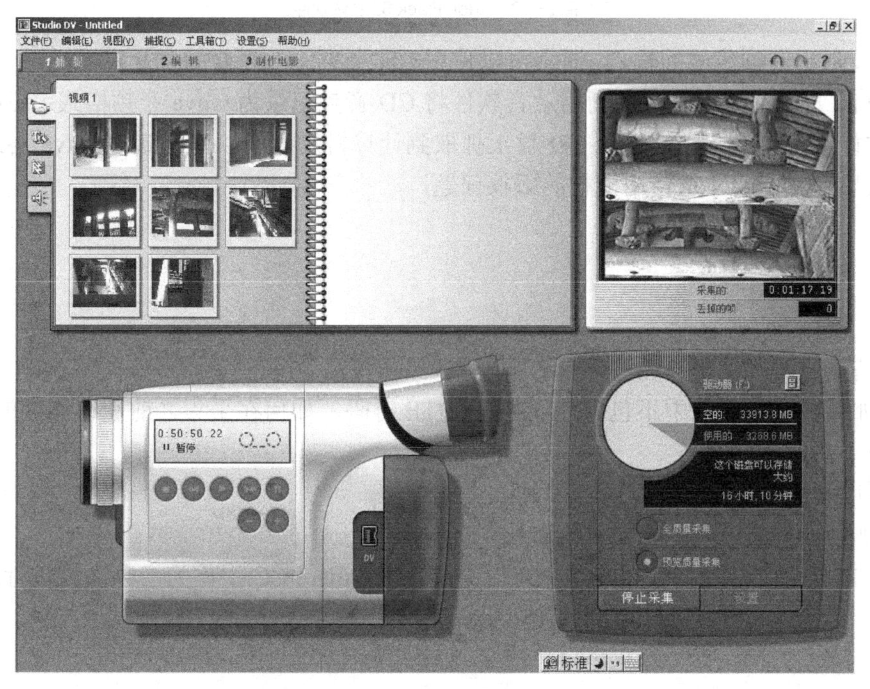

图 2-17　IEEE 1394 卡自带的软件

单独采集音频素材可以利用计算机中的其他音频软件，多数的多轨音频编辑软件都可以进行多轨录音，还支持录成多种数字格式，当然最常见的是 wave 格式，既可以采用 44.1kHz、16bit 的音频参数，也可以用更高的 96kHz、24bit 音频参数，只要当前计算机中安装的声卡支持就行。在 Premiere CC 中还可以利用其他软件采集的音频素材。

如图 2-18 所示，是 AudioRack 32 音频软件，可以录制来自 MIDI 软盘、电话线、CD 光盘、麦克风中的音频信息，还可以将这些声音依照不同的音量比例混合录制为独立的数字音频文件。

把音频线直接插进声卡的 Line in 接口，麦克风直接插进声卡的 Mic in 接口后，就可以打开相关软件进行录音了。当然声卡必须足够好，才能获得高质量的录音结果，录音结果也可以利用很多音频编辑软件进行相应的修整。

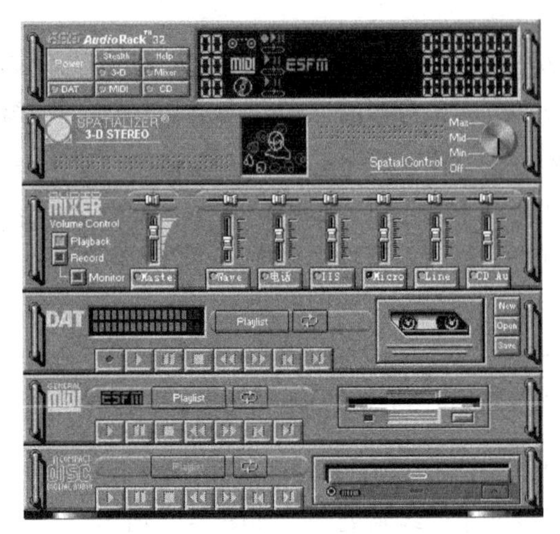

图 2-18　AudioRack 32 音频软件

另外，对于音频信号的输入，通常可以使用 CD 光盘输入需要的背景音乐，由于 Premiere CC 不支持 CD 音乐格式，可以利用录音软件将 CD 音频记录为 wave 音频格式；还可以利用抓音轨软件，直接将音频信息从 CD 盘上抓取到计算机硬盘中，并存储为 wave 格式的音频文件。最后，一定要注意使用素材的版权问题。

习题

1．请概述离线编辑与在线编辑有哪些主要的区别。

2．如果数字摄像带中不包含连续的 SMPTE 时码，如何在采集之前获得连续的 SMPTE 时码信息？

3．什么是“入点”和“出点”？

4．如何在采集过程中指定入点和出点的位置？

5．CD 光盘中的音频数据，是否可以直接在 Premiere CC 中作为音频素材进行编辑？

3 Chapter

第3章 创建新项目

本章讲述创建新项目的方法，介绍了工作环境设置选项以及项目的设置选项，打开影片文件及导入各种格式的素材片段的方法，以及利用“项目”命令面板管理素材片段和自动创建序列。

Premiere Pro CC

3.1 工作环境设置

在开始工作之前，对 Premiere CC 进行必要的参数设置，例如设置软件的系统环境、外部设备选项；依据自己的创作编辑习惯将 Premiere CC 设置为最优的状态等，可以保证编辑工作顺利进行，以后的所有操作都是依据“首选项”对话窗口中的选项进行的。

另外，如果对该对话窗口中的这些系统参数了解透彻的话，会对 Premiere CC 的工作原理有更为深入的认识。

选择菜单命令“编辑>首选项”，在弹出的子级菜单中共有 16 个方面的系统参数设置，如图 3-1 所示，单击一个子菜单就可以打开相关的参数设置对话窗口。

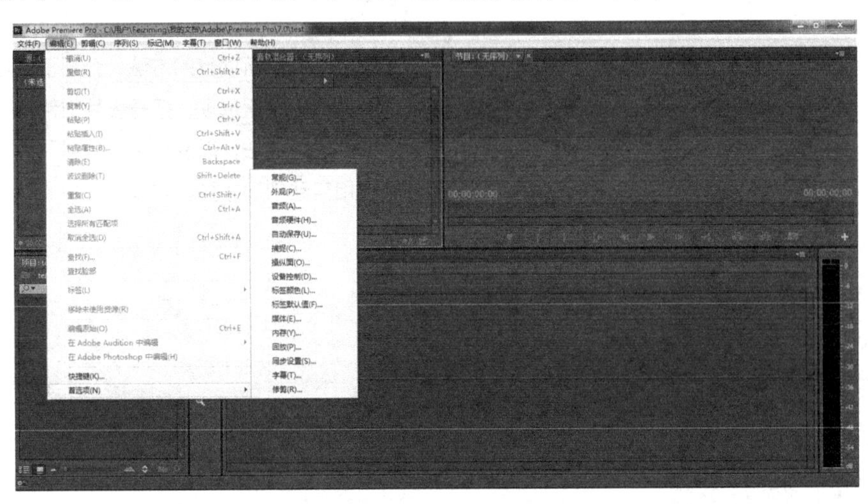

图 3-1　首选项的子菜单

3.1.1　常规设置

在“常规”设置项目中，包含以下常用的设置选项，如图 3-2 所示。

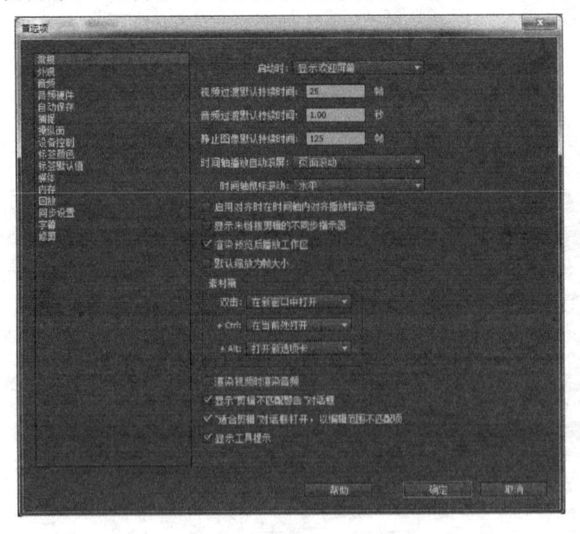

图 3-2　“常规”设置项目

视频过渡默认持续时间选项，用于设置视频轨道中转换效果的默认持续时间，默认设置为 25 帧。

音频过渡默认持续时间选项，用于设置音频轨道中转换效果的默认持续时间，默认设置为 1 秒。

静止图像默认持续时间选项，用于设置图像素材被拖动到视频轨道中的默认持续时间。

时间轴播放自动滚屏，从右侧的下拉列表中可以设置“时间线”命令面板回放自动滚动的方式。

时间轴鼠标滚动，从右侧的下拉列表中设置时间线上鼠标滚动方式。

渲染预览后播放工作区域，该选项指定当渲染预演结束后，自动回放“时间线”命令面板中工作区域的部分。

默认缩放为帧大小，该选项指定将素材拖动到“时间线”命令面板后，自动缩放素材画面的尺寸，与项目的设置相匹配。

3.1.2 音频设置

在“音频”设置项目中，主要包含以下设置选项，如图 3-3 所示。

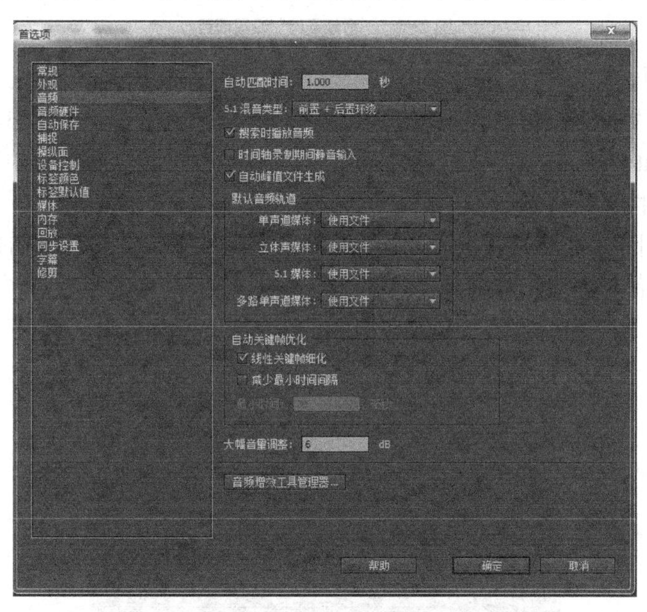

图 3-3 “音频”设置项目

在自动匹配时间选项中，可以指定回放过程中自动匹配的时间，默认设置为 1 秒。

5.1 混音类型，在该选项的下拉列表中可以指定，如何将多声道环绕立体声转换为普通双声道的回放效果。如果当前计算机的声卡和音响只支持双声道回放，就要在该选项下拉列表中指定一种低混类型。

勾选搜索时播放音频选项，指定在“时间线”命令面板中用鼠标拖动时间线进行预演时，同时回放声音。

3.1.3 音频硬件设置

在“音频硬件”设置项目中，主要包含以下设置选项，如图 3-4 所示。

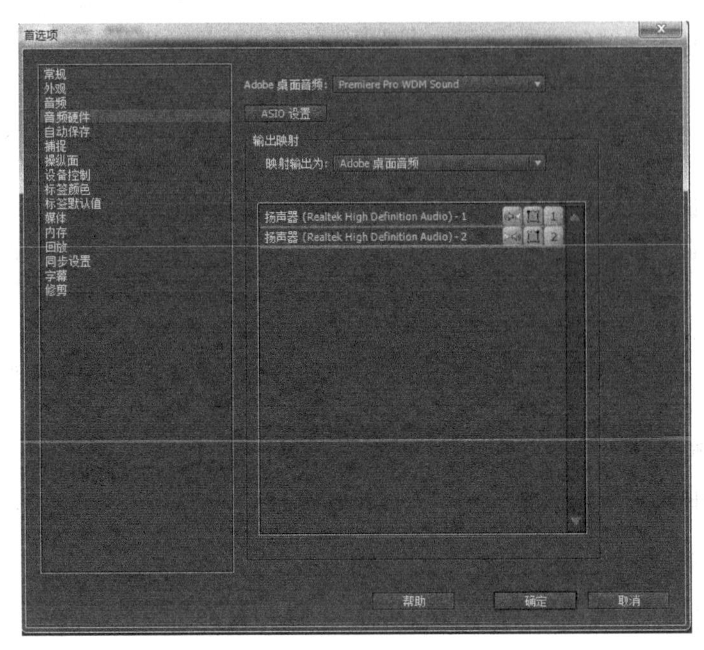

图 3-4 “音频硬件”设置项目

在 Adobe 桌面音频下拉列表中，可以指定当前已经安装的音频设备。

单击“ASIO 设置”按钮，弹出“音频硬件设置”对话窗口，如图 3-5 所示。ASIO 是 Audio Stream Input/Output（音频流输入/输出）的缩写，在该对话窗口中可以对当前选定音频设备的 ASIO 属性参数进行设置。

输出映射，以图标的方式显示音频设备的输出通道。此选项在以往的版本中单独列出，在 Premiere CC 中嵌入音频硬件选项。

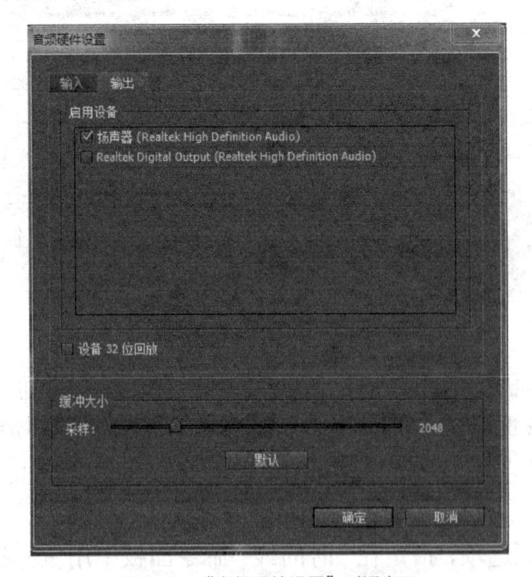

图 3-5 “音频硬件设置”对话窗口

3.1.4 自动保存设置

在“自动保存”设置项目中，包含以下设置选项，如图 3-6 所示。

图 3-6　“自动保存”设置项目

勾选自动保存项目选项，指定每隔一定的时间间隔，自动保存当前的项目文件的备份。

在自动保存时间间隔项目中，可以设置自动保存操作的时间间隔，默认时间是 15 分钟。

在最大项目版本项目中，指定自动保存操作最多可以存储的备份文件个数，达到指定文件个数后，这些文件可以顺序进行更新。

3.1.5　捕捉设置

在“捕捉”设置项目中，包含以下设置选项，如图 3-7 所示。

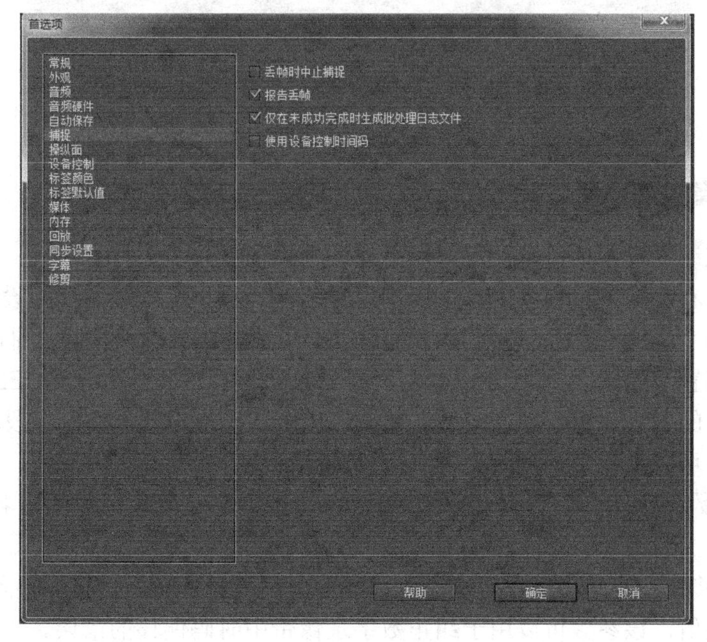

图 3-7　“捕捉”设置项目

勾选“丢帧时中止捕捉”选项，在捕捉过程中自动侦测是否有丢帧的情况，如果有丢帧发生则自动中断捕捉过程。

勾选“报告丢帧”选项，指定在捕捉过程中自动报告丢帧的情况。

勾选“仅在未成功完成时生成批处理日志文件”选项，指定在未能完成捕捉的情况下，生成批处理的标记文件。

勾选“使用设备控制时间码”选项，指定使用外部设备自带的时码设置。

3.1.6 操纵面设置

“操纵面”设置项目，是 Premiere CC 新增的设置选项，如图 3-8 所示。操纵面支持以交互方式混合音频与使用 EUCON 和 Mackie 协议的常用操纵面，还可以使用支持这些协议的第三方平板控制器。

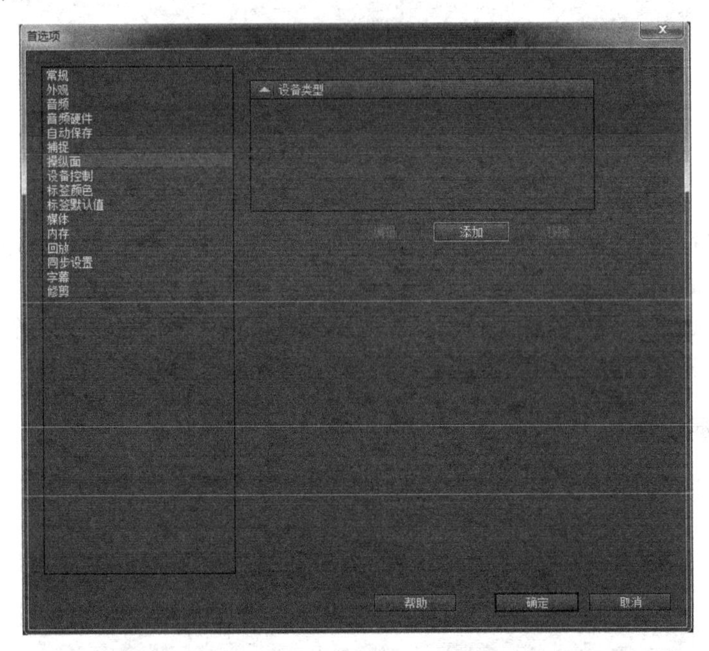

图 3-8 “操纵面”设置项目

3.1.7 设备控制设置

在“设备控制”设置项目中，包含以下设置选项，如图 3-9 所示。

在“设备”右侧的下拉列表中，可以指定当前在计算机中安装的捕捉设备类型。

单击右侧的“选项”按钮，在弹出的“DV/HDV 设备控制设置”对话窗口中可以进行更为详细的参数设置，如图 3-10 所示。当打开外部的数字摄像机，并使用 IEEE 1394 连线与安装在计算机上的 IEEE 1394 卡连接后，单击“检查状态”按钮，右侧字段转变为“在线”后，该外部设备可以被识别、控制。

“预卷”参数用于指定在设置的采集入点之前，预先采集多少秒的内容作为编辑时的缓冲。

“时间码偏移”参数则用于指定在采集过程中时码偏移的帧数，可以输入一个以 1/4 帧为单位的时码数值，该参数可以用于纠正数字录像带中时码偏移的错误。

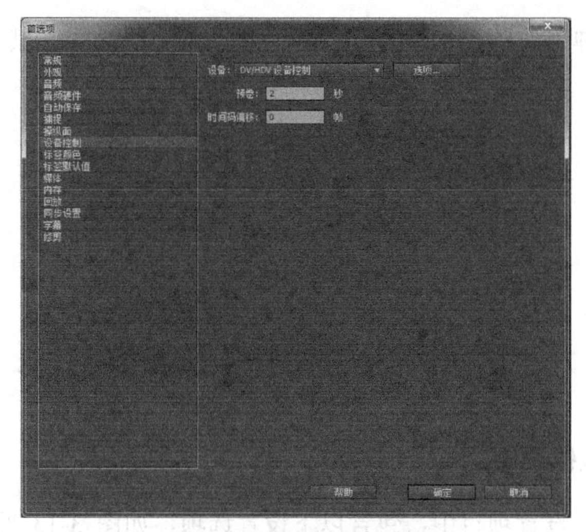

图 3-9　“设备控制”设置项目

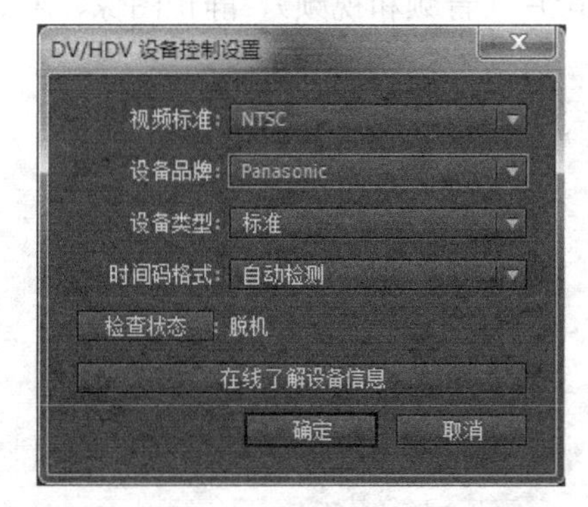

图 3-10　“DV/HDV 设备控制设置”对话窗口

3.1.8　标签颜色设置

在“标签颜色”设置项目中，可以指定不同的界面标签色彩，用于区分在“项目”命令面板和“时间线”命令面板中不同类型的素材、序列和素材箱，如图 3-11 所示。

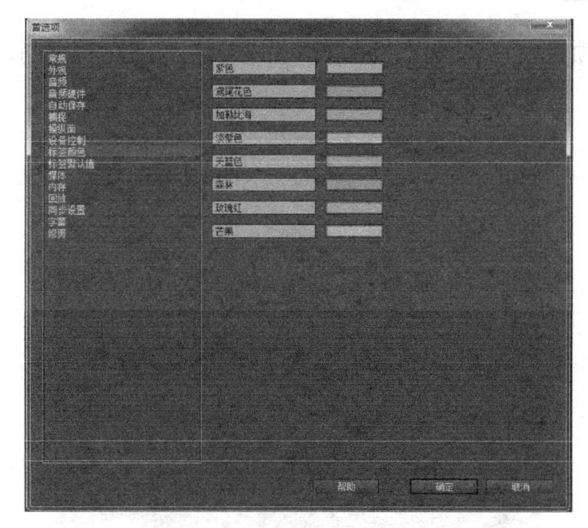

图 3-11　“标签颜色”设置项目

单击色彩样本，弹出如图 3-12 所示的“拾色器”对话窗口，在其中可以自由选取色彩。

图 3-12 “拾色器”对话窗口

3.1.9 标签默认值设置

在“标签默认值”设置项目中，包含以下设置选项，如图 3-13 所示。分别用于设置素材箱、序列、视频、音频、影片（音频和视频）、静止图像、Adobe 动态链接的图标色彩。

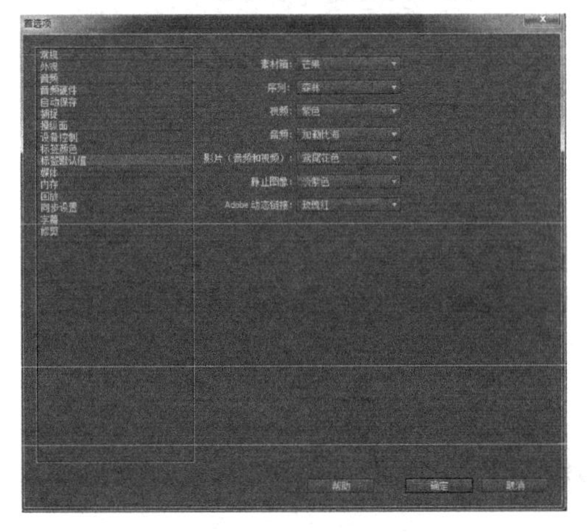

图 3-13 “标签默认值”设置项目

3.1.10 媒体设置

在“媒体”设置项目中，包含以下主要设置选项，如图 3-14 所示。

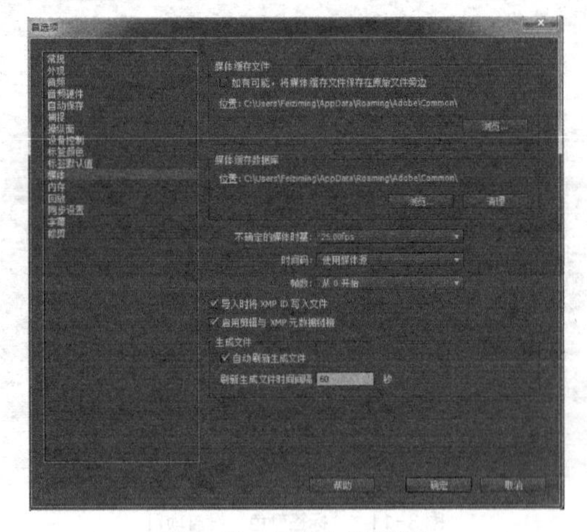

图 3-14 “媒体”设置项目

（1）在“媒体缓存文件”项目中，可以指定媒体缓存数据的存储路径。

（2）在“媒体缓存数据库”项目中，可以指定媒体缓存数据库的存储路径。

3.1.11 内存设置

在“内存”设置项目中，可以设置分配 Adobe 相关软件产品所使用的内存，如图 3-15 所示。

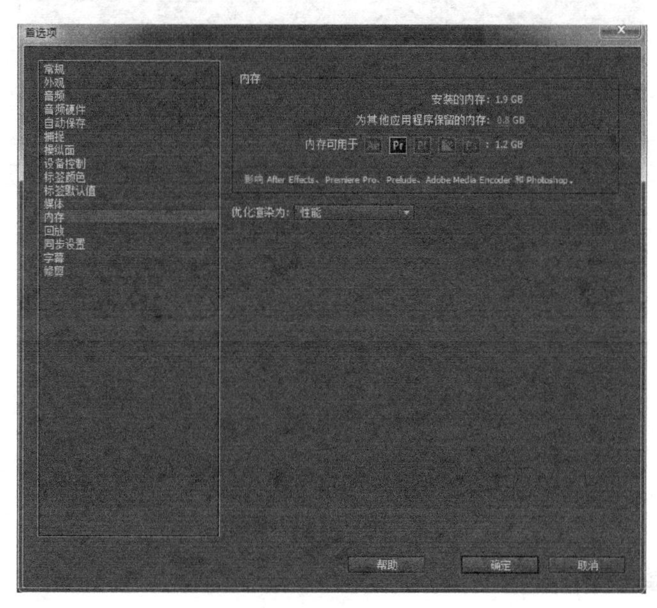

图 3-15 “内存”设置项目

3.1.12 回放设置

在“回放”设置项目中，主要用于设置默认的媒体播放器，如图 3-16 所示。

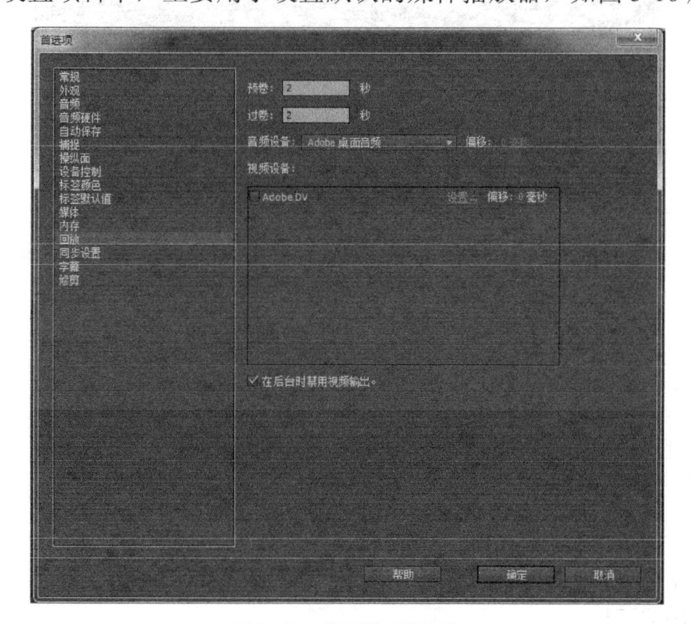

图 3-16 “回放”设置项目

3.1.13 同步设置

Premiere CC 新增的“同步设置”功能可让用户将常规首选项、键盘快捷键、预设和库同步到 Creative Cloud。在同步设置项目中，包含以下设置选项，如图 3-17 所示。

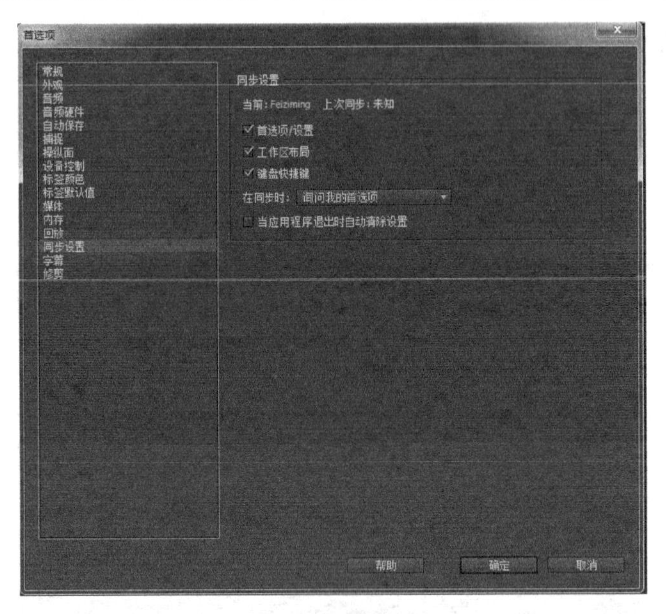

图 3-17 同步设置项目

3.1.14 字幕设置

在“字幕”设置项目中，包含以下设置选项，如图 3-18 所示。

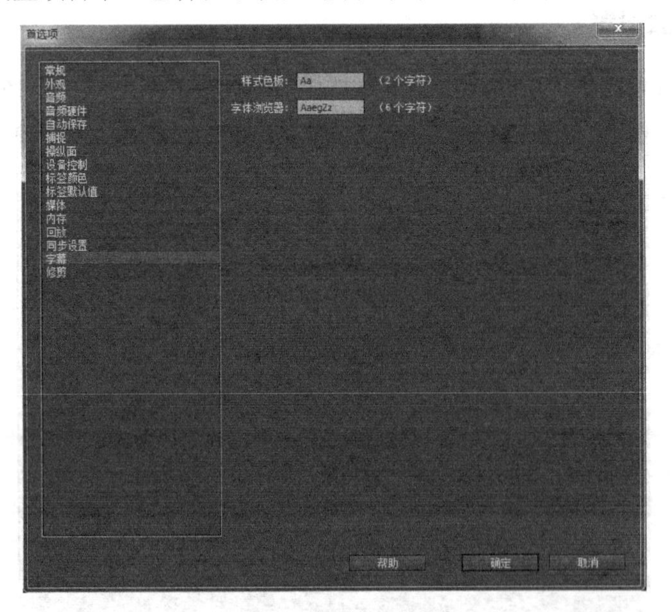

图 3-18 “字幕”设置项目

分别用于设置“字幕”对话窗口中，在“样式色板”和“字体浏览器”中显示的示例字符属性，如图 3-19 所示。

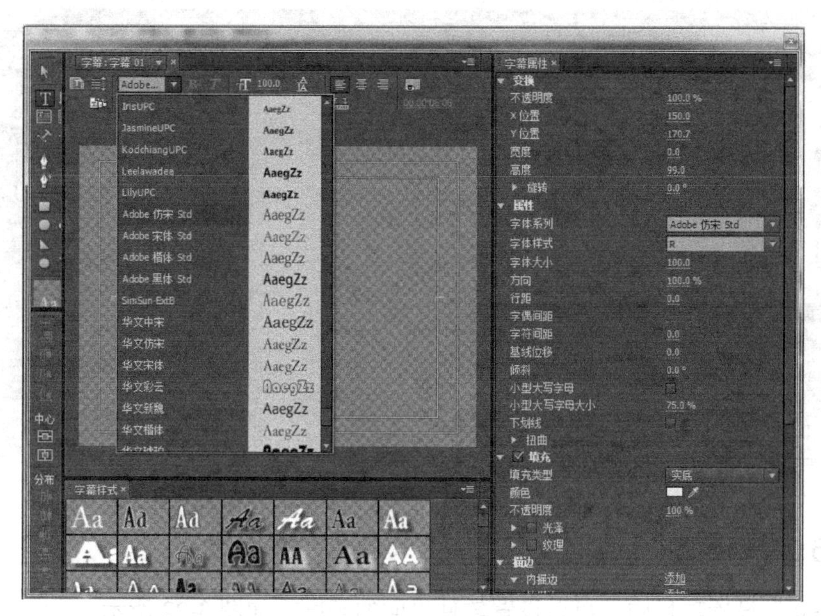

图 3-19 “字幕”对话窗口

3.1.15 修剪设置

在“修剪”设置项目中，包含以下设置选项，如图 3-20 所示。

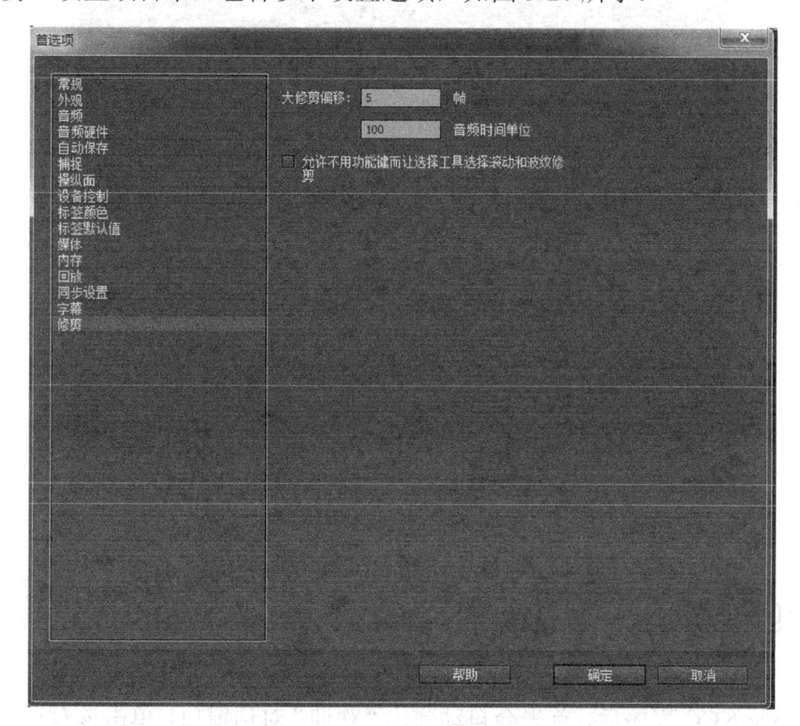

图 3-20 “修剪”设置项目

“大修剪偏移”参数用于设置复数修剪的帧步数，该参数的设置结果显示在“监视器”命令面板的修剪视图中，如图 3-21 所示。

图 3-21　复数修剪参数

3.1.16　外观设置

在“外观”设置项目中，可以设置软件界面的亮度，如图 3-22 所示。

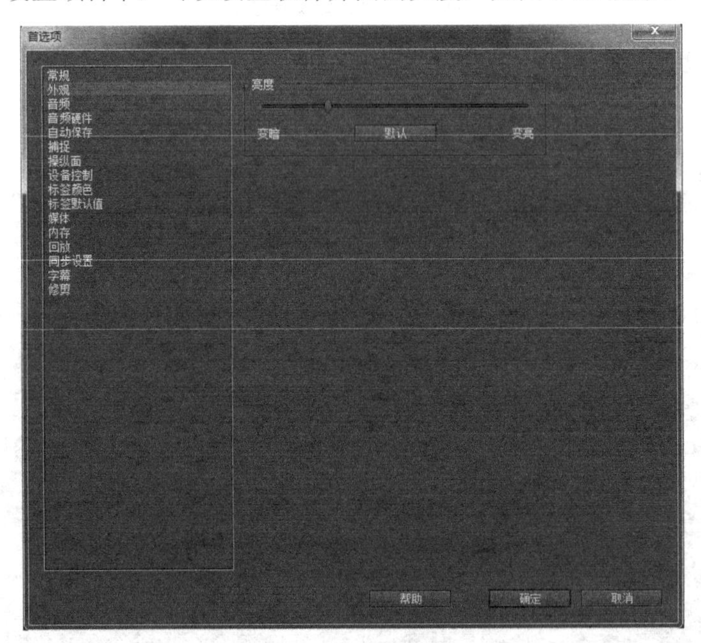

图 3-22　“外观”设置项目

3.2　项目设置

运行 Premiere CC 程序后，首先会自动弹出“欢迎”对话窗口，单击该对话窗口中的“新建项目”按钮，弹出“新建项目”对话窗口，再单击“常规”选项卡，可以自己定义新项目的设置选项，设定项目名称以后单击“确定”按钮，就创建了一个新的项目文件。进入工作界面后，在项目左下空白处单击鼠标右键，从弹出的菜单中单击“新建项目”，再在弹出的菜单中选择“序列”，此时会弹出“新建序列”对话窗口，可以在左侧的列表中选择一个预设文件，如图 3-23 所示。

在进行新项目设置时需要注意以下几点。

（1）指定一种稍微低一些的设置，这样便可以加快编辑与预演过程，在输出设置中，依据影片的不同使用情况（如广播级别或网络视频级别），再将最终的设置指定为能够达到理想输出质量的较高设置。

（2）预演文件的质量由“新建项目”对话窗口中的设置决定。

（3）默认情况下，Premiere CC 自动将影片创建时的初始设置，复制到“导出设置”对话窗口中，以保持创建与输出影片设置的一致性，除非在输出影片时重新进行输出设置。

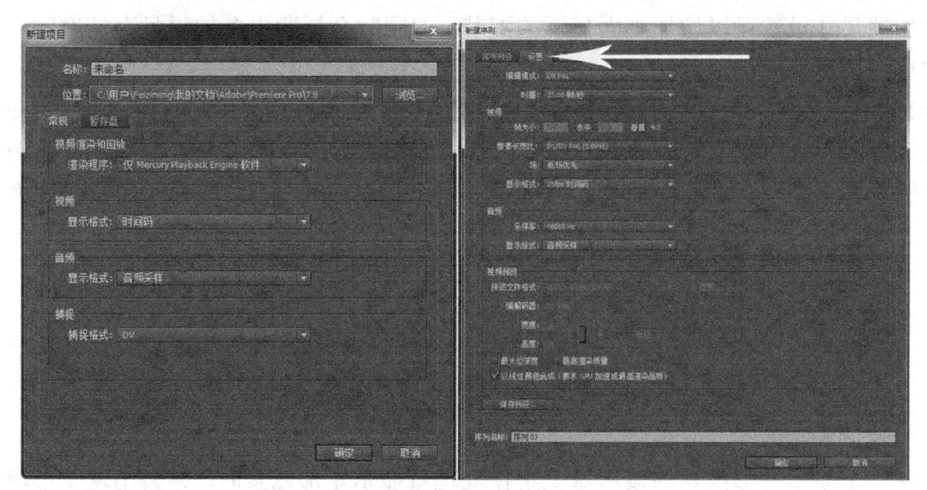

图 3-23　新建项目和序列

3.2.1　通用设置

在“设置”项目中，包含数字影片编辑的一般设置选项，如图 3-24 所示。

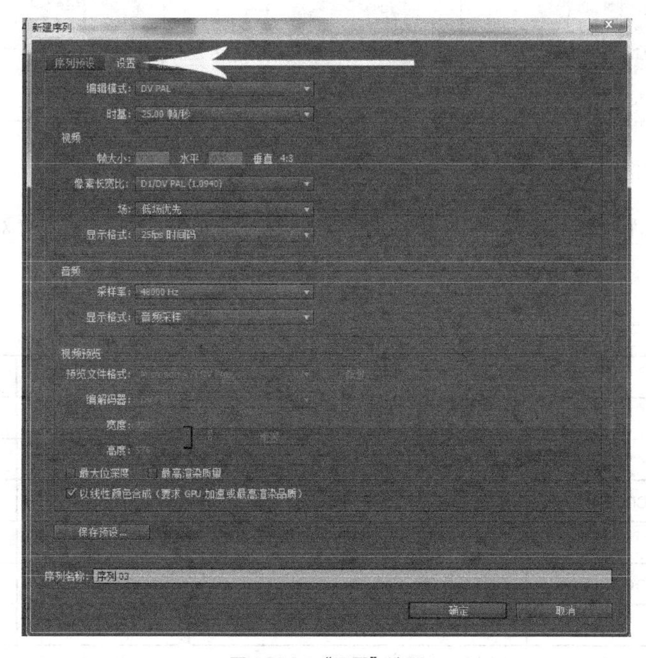

图 3-24　“设置”选项

（1）编辑模式：在下拉列表中可以选择编辑文件的类型，在 Premiere CC 中默认可以编辑的文件类型包括：DV Playback、Quicktime、Video for Windows 等。

（2）时基：决定一秒钟内播放多少帧画面。一般情况下，数字录像带和影碟都使用 SMPTE 时码，即时:分:秒:帧。PAL 制使用 25 帧/秒；NTSC 制使用 29.97 帧/秒；而 NTSC 制的影碟一般使用 30 帧/秒；电影是 24 帧/秒；如果是网上发行，15 帧/秒也可以。因此要根据影片的最终用途来进行设置，同时从素材到合成影片尽量保持时基的统一，因为这会影响合成影片的质量。

（3）帧大小：指定影片每帧画面的像素尺寸，选择 4∶3 的约束比后，可以将影片每帧画面的长宽比例约束为一般电视的 4∶3 模式。一些数字信号编码/解码器支持特殊的帧尺寸，不过增加帧尺寸虽然可以增加画面显示的细节，但同时会耗费更多的磁盘存储空间，在回放过程中也需要更多的处理时间。

（4）像素长宽比：可以依据素材片段的拍摄来源，从下拉列表中指定一种像素约束比例。

在世界范围内，视频的标准并不统一，不同的制式有着不同的分辨率和像素比例，如果像素比例设置不当，会造成画面变形，如图 3-25 所示，分别为 4∶3 和 16∶9 的比例设置。

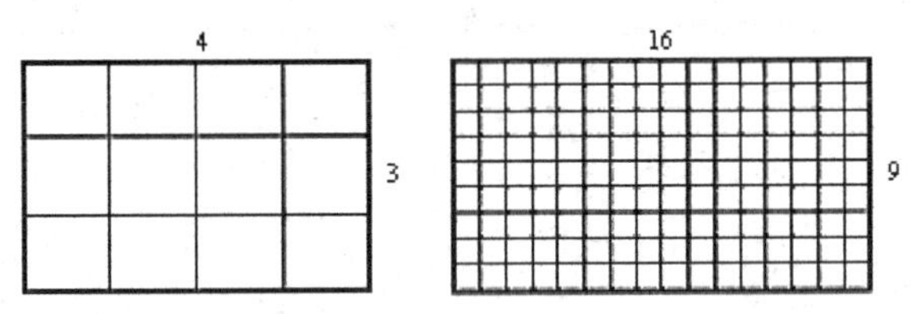

图 3-25　4 : 3 和 16 : 9 的比例设置

当在一个显示方形像素的显示器上不作处理就显示矩形像素时，将会出现变形现象，如图 3-26 所示，其中 A 为 4∶3 方形像素；B 为 4∶3 矩形像素；C 为矩形像素的画面以方形像素显示的结果。

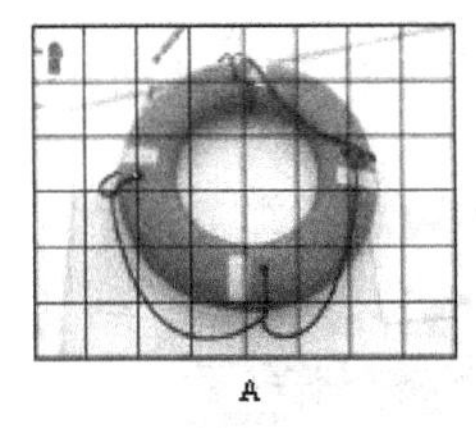

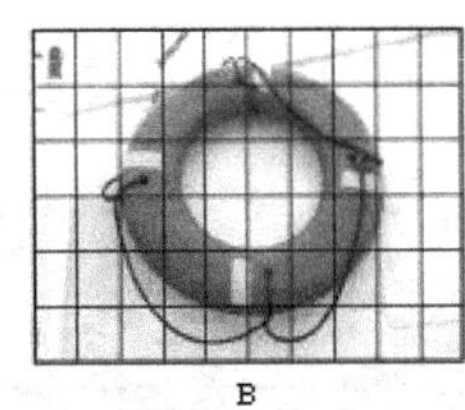

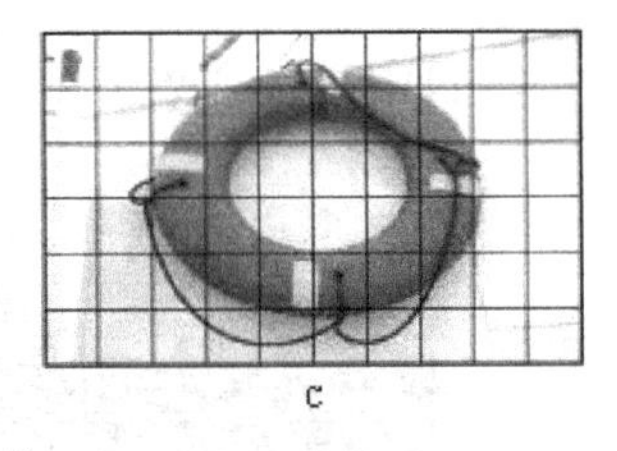

图 3-26　像素比例的比较

可以根据实际情况选择适当的像素比例设置，不同的图像格式所对应的像素比例如表 3-1 所示。

表 3-1　像素比例

图像格式	图像分辨率	图像宽高比	像素比例
Square Pixel	640×480/648×486	4 : 3	1 : 1.0
D1/DV NTSC	720×480/720×486	4 : 3	1 : 0.9
D1/DV NTSC Widescreen	720×480/720×486	16 : 9	1 : 1.2
D1/DV PAL	720×576	4 : 3	1 : 1.0666
D1/DV PAL Widescreen	720×576	16 : 9	1 : 1.422
D4/D16 Standard	1440×1024/2880×2048	4 : 3	1 : 0.948
D4/D16 Anamorphic	1440×1024/2880×2048	8 : 3	1 : 1.896

（5）场：依据影片最终输出到的媒体类型，可以指定影片的不同扫描场属性。在下拉列表中选择“无扫描场”后，采用逐行扫描的方式；当影片要在隔行扫描的电视机中播放时（NTSC、PAL 或 SECAM 制式的电视机），就要在下拉列表中选择“低场优先”或者“高场优先”。一般情况下 DV 采用“低场优先”；模拟视频采用“高场优先”。

（6）显示格式：指定在“时间线”命令面板中的时码显示方式。

在“音频”项目中可以对影片的音频质量进行设置。

（7）采样率：在该项目中选择较高的采样频率，可以获得比较好的音频输出质量；选择较低的采样频率，虽然会降低音频的输出质量，但可以减少处理的时间和磁盘的存储空间。

（8）显示格式：指定在进行音频计算时的显示格式，可以选择“音频采样”或“毫秒”。

3.2.2 暂存盘设置

在“暂存盘”设置项目中，包含以下设置选项，如图 3-27 所示。分别用于设置捕捉的视频文件、捕捉的音频文件、视频预览文件、音频预览文件、项目自动保存文件的磁盘存储位置。

图 3-27 暂存盘设置项目

3.2.3 轨道设置

在“轨道”设置项目中，包含视频与音频轨道数量和名称的设置选项，如图 3-28 所示。

Premiere CC 中的序列用于在复杂影片编辑过程中对素材片段的分组编辑，即将影片分割成若干个序列。实际上一个序列可以被理解为由若干个场构成的蒙太奇段落，一般具有相对完整的情节，场则又由若干个镜头构成。利用序列可以实现多人之间的协同工作，每个人负责一个序列的创建与编辑；利用序列还可以实现嵌套功能。

如图 3-29 所示，序列 01 和序列 02 如同一般的素材片段一样，被指定到了“成片”序列的视频轨道和音频轨道上，还可以为该序列素材片段指定效果和动作。

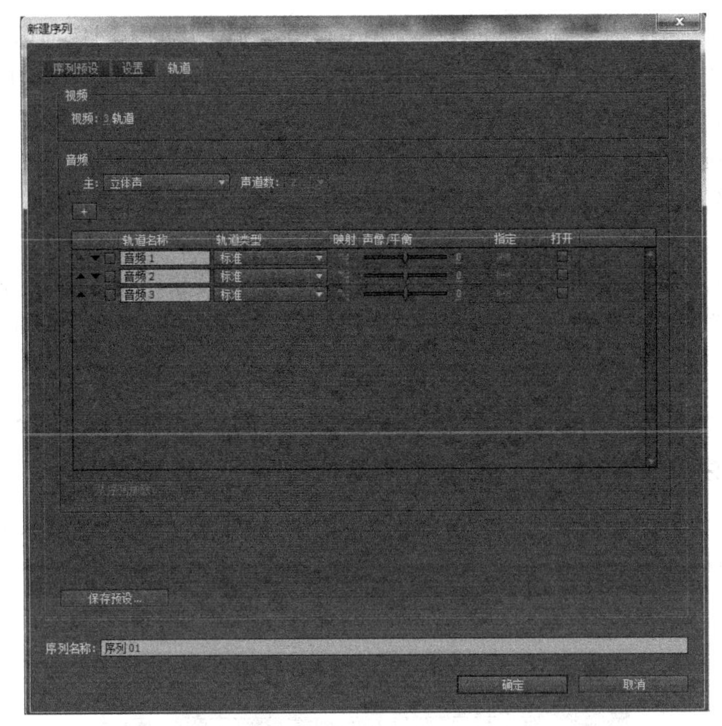

图 3-28 “轨道”设置项目

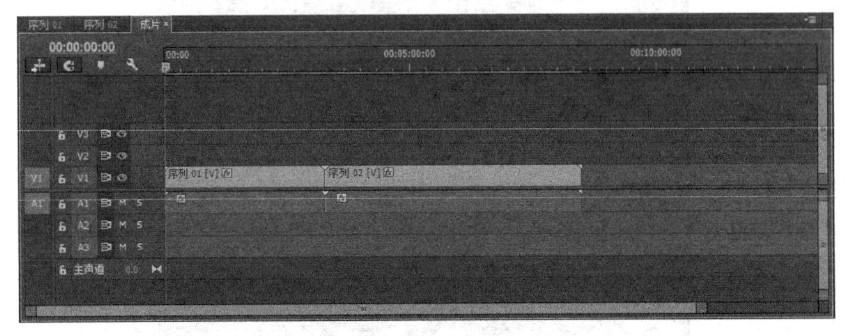

图 3-29 序列之间的嵌套

3.3 打开项目文件

在 Premiere CC 中一次只能开启一个项目文件，新打开一个项目文件后，当前项目文件被自动关闭，如果所施加的编辑尚未保存，在关闭之前弹出“保存文件提示”对话窗口，如图 3-30 所示。

图 3-30 保存提示窗口

选择菜单命令“文件>打开项目”，弹出如图 3-31 所示的“打开项目”对话窗口，在该对话窗口中可以浏览指定一个要打开的项目文件。

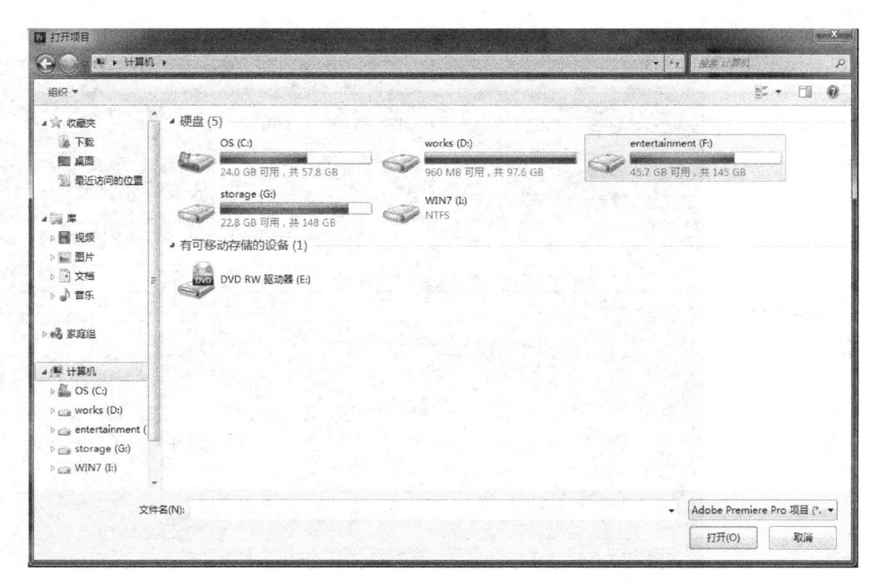

图 3-31 “打开项目”对话窗口

由于在 Premiere CC 中的影片文件只保存素材片段的引用指针，所以当素材片段被更名、移动存储位置或被删除后，在打开项目文件时会弹出如图 3-32 所示的“链接媒体”对话窗口。

图 3-32 “链接媒体”对话窗口

在该对话窗口中可以进行以下设置。

脱机：单击该按钮后，用一个离线文件替换丢失的素材片段。

全部脱机：单击该按钮后，用离线文件替换所有丢失的素材片段，不再弹出文件定位对话窗口进行确认。

查找：单击该按钮后，默认从最后路径开始查找丢失的素材片段。

如果在打开项目文件后想要替换其中的离线文件，不必关闭然后再次打开该项目文件，执行如下操作替换一个离线文件。

（1）在“项目”命令面板中选择一个离线文件。

（2）在离线素材片段上单击鼠标右键，从弹出的右键快捷菜单中选择“链接媒体”，如图 3-33 所示。

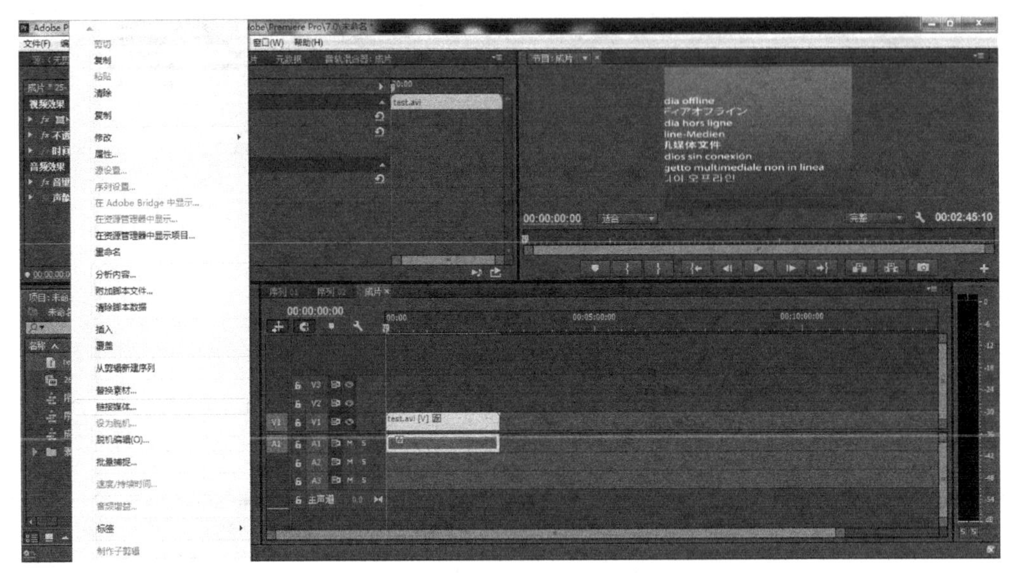

图 3-33　右键快捷菜单

（3）在弹出的“文件定位”对话窗口中指定新素材片段的名称和存储位置后单击“确定”按钮。

注意

由于在 Premiere CC 中的项目文件只保存素材片段的引用指针，所以尽量不要更名、移动存储位置或删除被项目文件引用过的素材片段，只有当输出影片，并确定该项目以后不会再进行修改编辑时，才删除被引用的素材片段。

3.4 导入素材片段

在对动画进行非线性编辑之前，首先要将动画用到的素材片段全部导入到“项目”命令面板中。既可以导入单个文件，也可以同时导入多个素材片段，还可以导入整个素材片段文件夹。

在 Premiere CC 中“项目”命令面板用于记录素材片段的引用指针、素材片段的剪辑及组织信息等。

注意

在“项目”命令面板中可以首先导入低分辨率的素材片段，用于影片的编辑过程，在最终输出数字影片时，再使用高分辨率的素材片段进行替换，这样可以有效地加快影片的修改编辑过程。

将素材片段导入到影片时要注意以下几点。

（1）在 Premiere CC 中支持的文件格式采用 plug-in 外挂插件模式，利用其他第三方的格式支持插件可以扩充 Premiere CC 所支持的文件格式，如 QuickTime 的文件格式等。

（2）VCD 光盘中的素材由于是采用 dat 数据格式，所以还需要通过视频转换工具转换成

mpg格式，当然一般的压缩卡均提供了硬件转换功能。

（3）导入一个文件实际只是建立该素材片段的引用指针，所以导入操作不会明显增加影片文件的存储尺寸。

（4）同一素材片段可以被引用到多个项目文件中，同一项目文件可以多次引用同一个素材片段，每次引用都会建立一个独立的引用指针。

3.4.1 导入素材的一般操作

在“项目”命令面板中导入一个或多个素材片段可以依据以下操作步骤。

（1）导入一个素材片段可以选择菜单命令 “文件>导入”，也可以在“项目”命令面板的空白区域双击鼠标，在打开的“导入”对话窗口中指定文件的名称和存储位置后单击“打开”按钮，如图3-34所示。

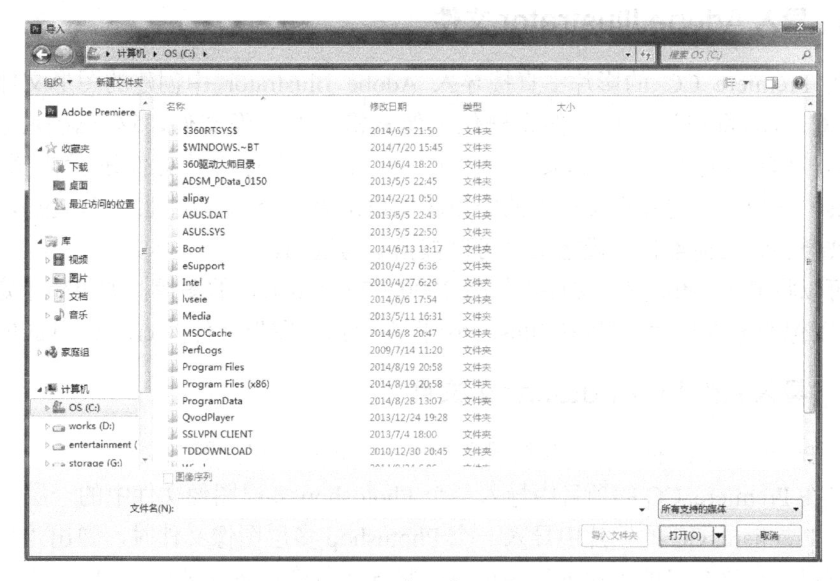

图3-34 “导入”对话窗口

（2）导入多个素材片段，可以选择菜单命令“文件>导入”，在打开的“导入”对话窗口中按住“Ctrl”键可以选择多个位置不连续的素材片段；按住“Shift”键可以导入选定两个素材片段之间的所有素材片段。

（3）导入一个文件夹中的所有素材片段，可以选择菜单命令“文件>导入”，在“导入”对话窗口中选择一个素材文件夹后，单击“导入文件夹”按钮。

3.4.2 导入静止图像

在Premiere CC的动画编辑过程中，可以导入一个静止图像，也可以导入一个编号后的静止图像序列。选择菜单命令“编辑>首选项>常规”在打开的对话窗口中可以指定静止图像的默认持续时间，也可以在导入后重新设置静止图像默认的持续时间。

指定静止图像的默认持续时间不会对静止图像序列中单张图像的持续时间产生影响，图像序列总是被视为一段独立的动画文件。

要想改变一个静止图像片段的默认持续时间，可以在选择图像素材片段后，选择菜单命令“片段>剪辑速度/持续时间”，在弹出的“剪辑速度/持续时间”对话窗口中设置导入新的片段持续时间后，单击“确定”按钮，如图 3-35 所示。

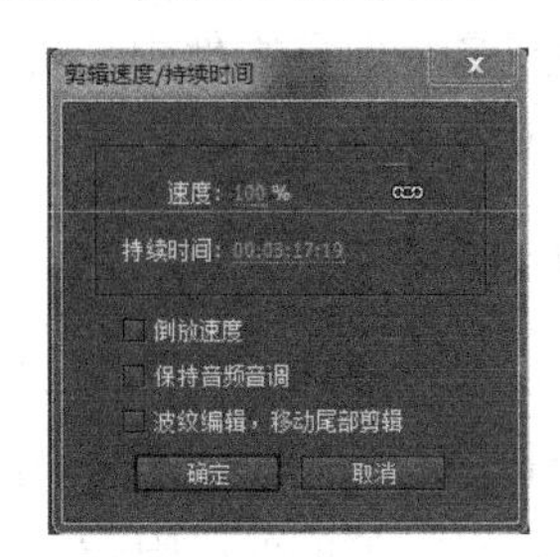

图 3-35 “剪辑速度/持续时间”对话窗口

3.4.3 导入 Adobe Illustrator 文件

可以在 Premiere CC 的影片中直接导入 Adobe Illustrator 中创建的图形文件，导入后 Premiere CC 自动将矢量图形文件光栅化为像素格式的图像文件，这一转换过程被称为 rasterizatio。在转换过程中 Premiere CC 自动对转换后的图像文件进行光滑和抗锯齿（anti-aliases）处理，并将图形文件中的空白区域设定为一个 Alpha 通道（白色），这样当该图像素材被叠加到其他素材片段之上时可以被指定为透明。

最多可以将 Illustrator 图形文件转化为 2000×2000 pixels 的图像，如果想指定 Premiere CC 转化后图像的像素尺寸，可以在 Illustrator 程序中指定图形文件的 crop marks（剪切标记）。

3.4.4 导入 Adobe Photoshop 文件

可以在 Premiere CC 的影片中直接导入由 Photoshop 创建的图像文件。

还可以在 Premiere CC 的项目中导入一个 Photoshop 多层图像文件中的一层。如图 3-36 所示，当在 Premiere CC 的影片中导入一个 Photoshop 多层图像文件时，弹出“导入分层文件”对话窗口，在该窗口的下拉列表中可以选择导入复合层图像或图像中的一层。

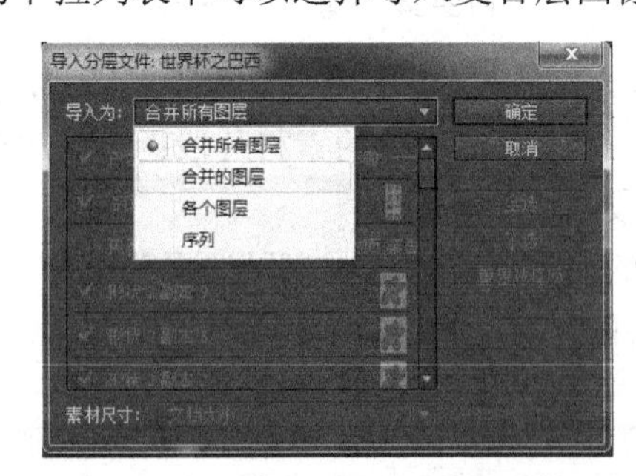

图 3-36 “导入分层文件”对话窗口

如果导入的 Photoshop 图像文件使用 Alpha 通道进行透明处理，导入该图像后 Premiere CC 保留 Alpha 通道设置，当将该 Photoshop 图像素材叠加到其他素材片段之上时，可以指定该图像素材采用“Alpha 调整”效果进行透明叠加处理。

3.4.5 导入图像序列

可以在 Premiere CC 的项目中直接导入动画图像 GIF 和编号的静止图像序列，并将其自动合成为一段独立的动画视频素材片段。每一张编号的图像都作为动画素材片段中的一帧，很多程序如 Adobe After Effects、Adobe Dimensions、3ds max 等都可以生成静止图像序列，静止图像序列中的单张图像不包含层的信息。

另外，一般情况下直接导入三维动画素材片段的操作很简单，只要在三维动画软件中将动画渲染输出为 avi 文件格式后，再在 Premiere CC 中利用导入命令导入到影片中即可，然后就可以把该三维动画素材当作一般的影片素材使用。但由于大多数的三维动画制作软件都不支持在 avi 文件中包含 Alpha 通道信息，所以使用这种方式导入三维动画素材片段时，实现叠加和抠像就十分困难，三维动画素材的价值也就小得多。如果想在三维动画软件中通过将动画背景设定为纯蓝色，然后渲染输出为 avi 文件，再在 Premiere CC 中利用“蓝屏键”叠加进行抠像，这种方法会有很大的局限性，首先三维场景中的对象不能含有蓝色成分，二是经过抠像后视频中对象的边缘显得很不干净。

在 Premiere CC 中最精确的抠像方式就是 Alpha 通道叠加了，在大多数三维动画制作软件中输出的图像格式文件都包含有 Alpha 通道，如 TIF、TGA 等格式，可以在三维动画制作软件中选择输出为 TGA 格式的图像序列文件，在图像序列中的每个独立的 TGA 图像都含有 Alpha 通道。当然，在三维动画制作软件中制作动画的时候，要注意将背景色彩设定为默认的黑色，并且不要设定任何环境背景贴图，否则就不能渲染输出带有 Alpha 通道的图像序列了。

在一些三维动画软件中渲染输出图像或动画，要依据以下的准则才能被 Premiere CC 正确地导入作为素材片段。

（1）使用电视视频安全色过滤。

（2）使用 Premiere CC 中数字影片设定的图像尺寸和约束比例进行渲染输出。

（3）使用适当的扫描场设置以匹配 Premiere CC 影片中的设定。

导入编号的静止图像序列可以依据以下操作步骤。

首先，确定所有的静止图像序列都使用了相同的命名规则，名称、编号和扩展名准确无误，如 file000.bmp、file001.bmp 等。

然后，选择菜单命令“文件>导入”。

最后，在弹出的“导入”对话窗口中选择静止图像序列中的第一张图像，并勾选“导入”对话窗口中的“图像序列”选项后单击“打开”按钮，如图 3-37 所示。

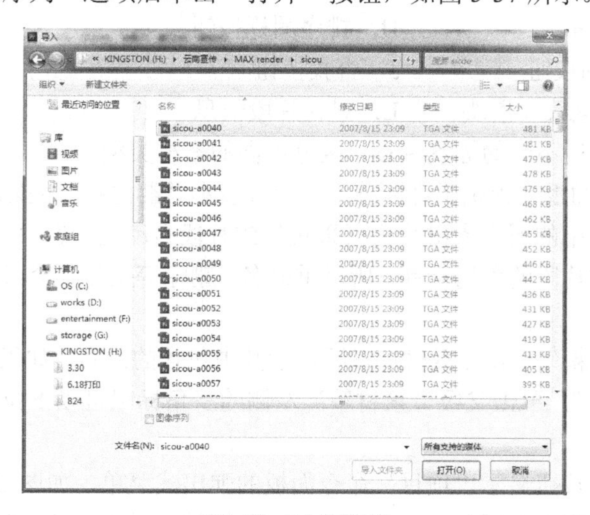

图 3-37 导入图像序列

3.5 管理素材片段

对素材片段的合理组织和管理是创建一个大型项目的关键，也是提高项目运营效率和协作效率的关键。

3.5.1 项目命令面板

“项目”命令面板用于放置一个项目中使用到的所有原始素材片段，当制作一个具有大量素材片段的大型影片时，“素材箱”可以用于对素材片段进行归类管理，一个“素材箱”中还可以包含多个下一级的“素材箱”。

如图 3-38 所示，在“项目”命令面板的左侧显示“素材箱”层级结构，“素材箱”的层级结构类似于操作系统对于文件夹层级的组织。

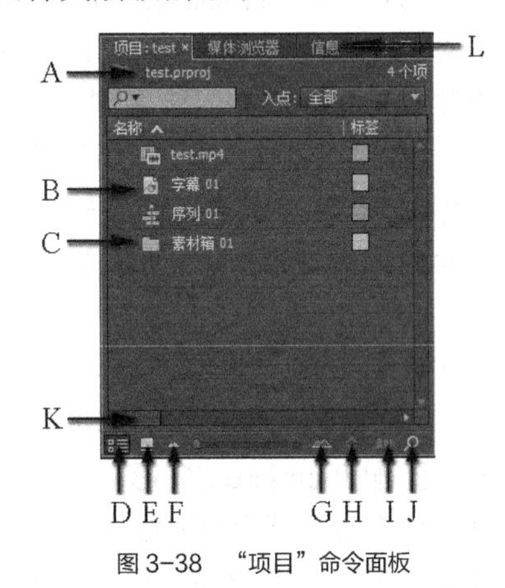

图 3-38 “项目”命令面板

在“项目”命令面板中包含以下组成部分：

A. 项目名称　　B. 素材片段区
C. 素材箱　　D. 列表显示模式按钮
E. 图标显示模式按钮　　F. 缩小显示按钮
G. 放大显示按钮　　H. 排序图标按钮
I. 自动匹配序列按钮　　J. 查找按钮
K. 调整文件夹区尺寸滑块　　L. 素材片段信息

在素材片段区使用不同的标签色彩，区分不同的素材类型。

在“项目”命令面板中提供了许多管理素材片段和“素材箱”的操作，如重命名、查找、删除等操作，在影片中的所有素材片段（采集后的片段自动显示在“项目”命令面板中），都只是对硬盘中素材片段的引用指针，所以重命名、删除等操作不会对存盘的原始素材片段产生影响。

选择一个“素材箱”后，在素材片段区显示其中包含的内容，如果该“素材箱”中还包含其他子级“素材箱”，单击父级“素材箱”左侧的三角标记可以下拉显示其中包含的其他子级“素材箱”。

单击弹出式菜单按钮显示“项目”命令面板的弹出式菜单，如图 3-39 所示。其中包含以下菜单命令：浮动面板、浮动帧、关闭面板、关闭帧、最大化帧、新建素材箱、重命名、删除、自动匹配序列、查找、列表、图标、预览区域、缩览图、悬停滑动、刷新、元数据显示。

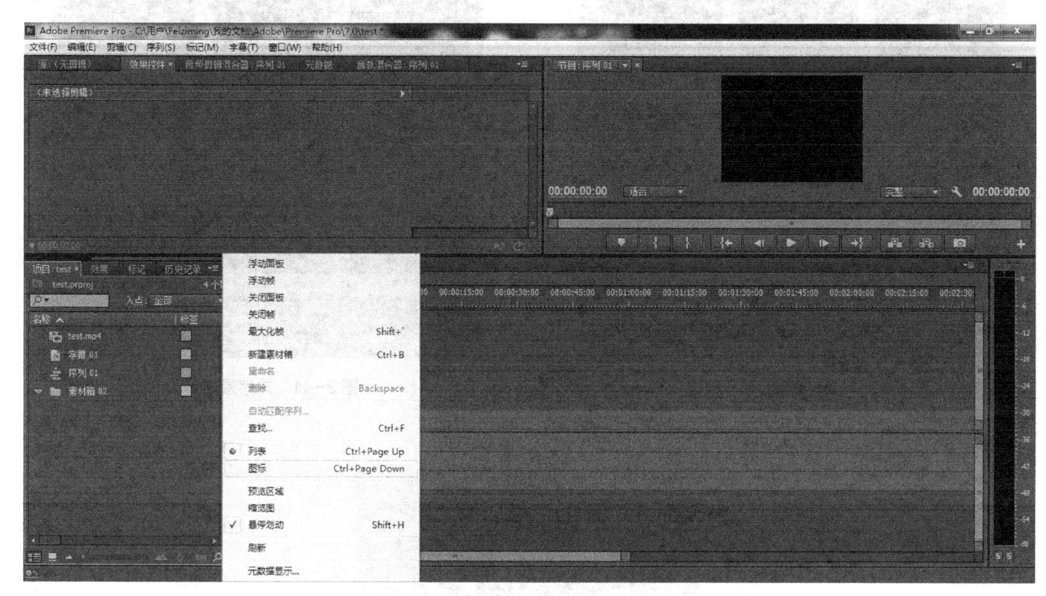

图3-39 弹出式菜单

3.5.2 自动创建序列

在“项目”命令面板的弹出式菜单中包含“自动匹配序列”命令，用于依据预先的设置，将一组选定的素材片段自动放置在“时间线”命令面板的一条轨道中。该模式类似于首先利用故事板直观地编排素材片段之间的相对位置关系，然后再自动依据设定好的顺序排列动画的素材片段。

该命令特别适用于动画的后期编辑，二维动画一般要将动画的每一帧都扫描导入到计算机中，如果将这些图像素材一帧一帧手工排放到“时间线”命令面板的视频轨道上，其工作量是巨大的，还容易丢掉一些帧。利用自动匹配序列命令，可以将选定的图像素材，依照一定的顺序自动排列在“时间线”命令面板的一条视频轨道中。

注意

在使用“自动匹配序列”命令编辑动画之前，应当首先选择菜单命令“编辑>首选项>常规”，将静止图像的默认持续时间参数设置为1。

自动匹配序列可依据以下操作步骤。

（1）首先将“项目”命令面板设定为图标显示模式，如图3-40所示。

（2）依据素材片段在时间上的先后顺序，直接用鼠标拖动素材片段进行排序，这样的操作类似于制作故事板的过程，如图3-41所示。

在“项目”命令面板中素材片段的排列顺序，直接影响到将这些素材片段自动指定为序列时，在“时间线”命令面板中素材片段排列的顺序。

（3）选择所有要包含在自动序列中的素材片段，在“项目”命令面板的弹出式菜单中选择“自动匹配序列”命令，或单击命令面板下面的“自动匹配序列”按钮。

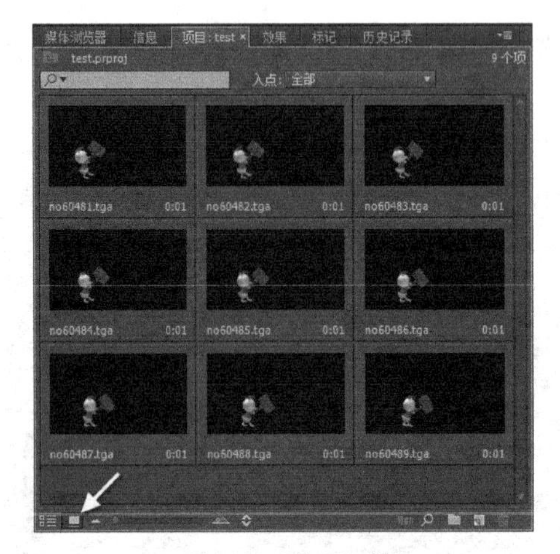

图 3-40　图标显示模式

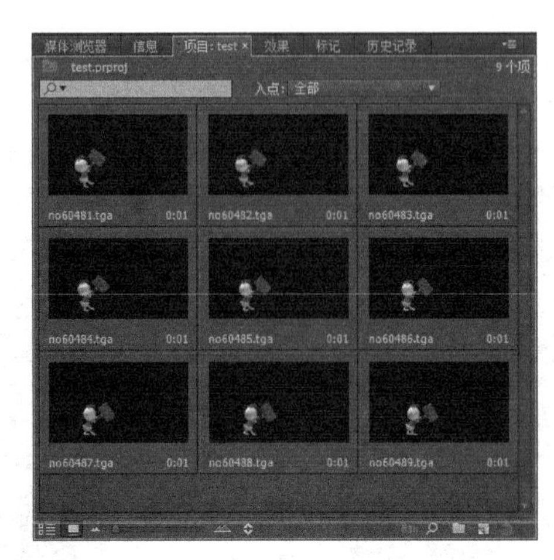

图 3-41　排序素材片段

打开如图 3-42 所示的“序列自动化”对话窗口。

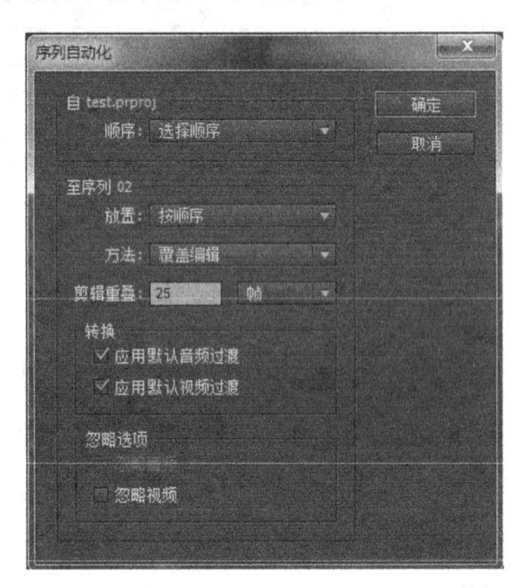

图 3-42　“序列自动化”对话窗口

在“顺序”项目中，选择“顺序”，则依据在“项目”命令面板中指定的顺序，将选定的素材片段顺序放置在“时间线”命令面板中；如果选择“选择顺序”，则依据在“项目”命令面板中按住“Ctrl”键选择素材片段的选择顺序，将选定的素材片段顺序放置在“时间线”命令面板中。

在“放置”项目中，选择“按顺序”后，指定以时间线为基准将素材片段放置在“时间线”命令面板中；选择“在非数字标记”后，指定以非数字标记为基准将素材片段放置在“时间线”命令面板中。

注意

Premiere Pro 中的标记分为素材片段标记和影片标记两种类型，标记主要用作时间参照和对齐参照，在Premiere CC 中可以指定 0～99 共 100 个“计数”标记和无限多个“非计数”标记。

在“方法”项目中，选择“插入编辑”后，指定从当前时间线位置将素材片段以插入方式放置在“时间线”命令面板中；选择“覆盖编辑”后，指定从当前时间线位置将素材片段以覆盖方式放置在“时间线”命令面板中。

在“剪辑重叠”项目中，可以指定相邻素材片段之间的重叠量，这样就可以方便在重叠区域加入默认的转换效果，在下拉列表中允许指定重叠单位是帧还是秒。

“转换”项目用于指定“时间线”命令面板在素材重叠区段是否加入默认的转场效果，可以勾选“应用默认音频过渡”和“应用默认视频过渡”选项。

在“忽略选项”中如果勾选“忽略音频”选项则排除素材片段的音频轨道；勾选“忽略视频”选项则排除素材片段的视频轨道。

注意

利用“自动匹配序列”命令，只能将素材片段自动顺序放置在“时间线”命令面板的默认轨道中（即视频 1 轨道和音频 1 轨道），现在“自动匹配序列”命令暂不支持在多重轨道上使用“自动创建序列”命令。

在“序列自动化”对话窗口中单击“确定”按钮关闭该对话窗口，在“时间线”命令面板中自动创建的序列如图 3-43 所示。

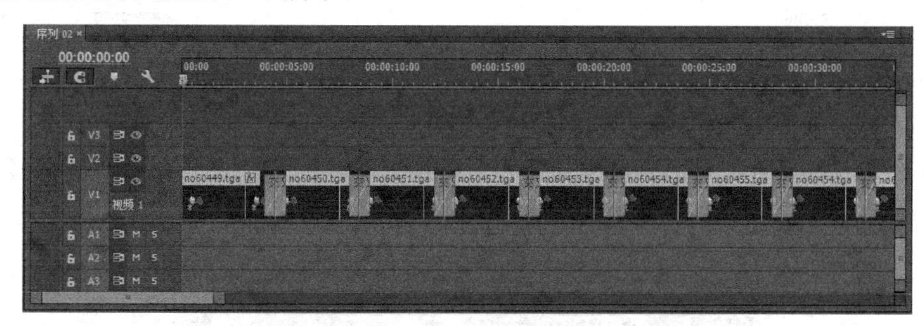

图 3-43　自动创建序列

注意

最好在使用“自动匹配序列”命令之前，首先在“监视器”命令面板的“源监视器”中，通过为原始素材片段指定入点和出点的方式进行剪裁。有关指定入点和出点的详细讲述，参见下一章的内容。

3.5.3　分析素材片段的属性和数据率

在 Premiere CC 中包含分析素材片段属性的工具，利用该工具可以评价保存在项目文件中或项目文件外任意一个素材片段的属性。

例如当创建了一个用于 Web 服务器中的视频文件后，利用该工具可以判定影片的输出设置是否适合于在 Internet 上发布。

分析素材片段属性的工具可以评估片段的文件尺寸、音频和视频的轨道数量、片段持续时间、数据速率、压缩设置等，还可以对采集过程中的掉帧情况提出警告。

查看素材片段的属性可以依据下面的操作步骤。

（1）在“项目”命令面板中选择一个素材片段。

（2）选择菜单命令“文件>获取属性>选择”。如果素材片段不在当前影片文件中，选择菜单命令“文件>获取属性>文件”，在弹出的“获取属性”对话窗口中选择素材片段所在的存储位置和文件名，如图 3-44 所示。

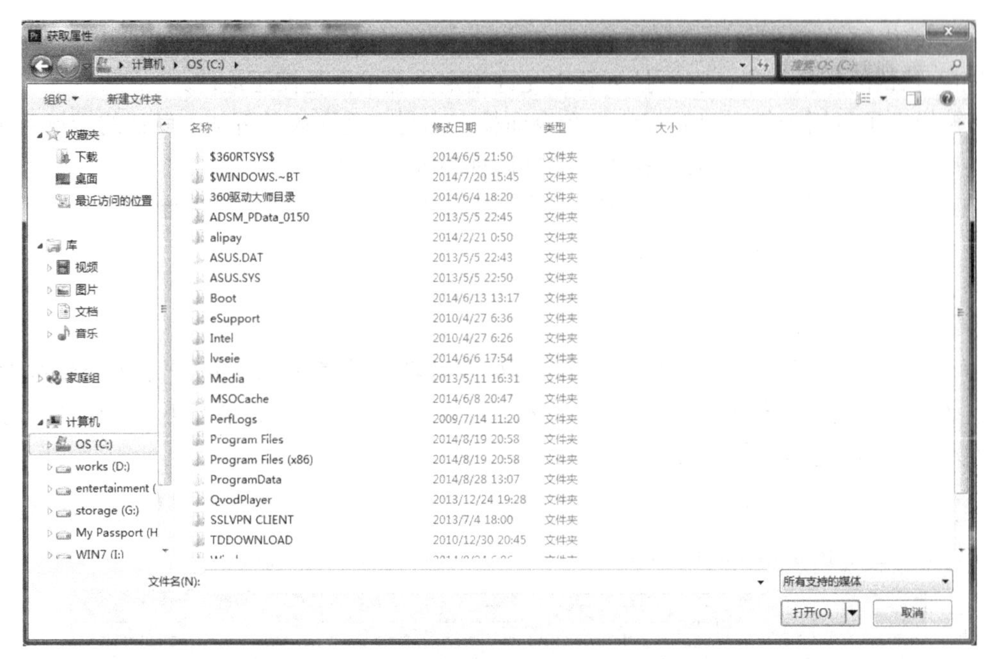

图 3-44 “获取属性”对话窗口

（3）在“获取属性”对话窗口中选择一个视频文件后，单击“打开”按钮，就会弹出选定文件的属性对话窗口，如图 3-45 所示。

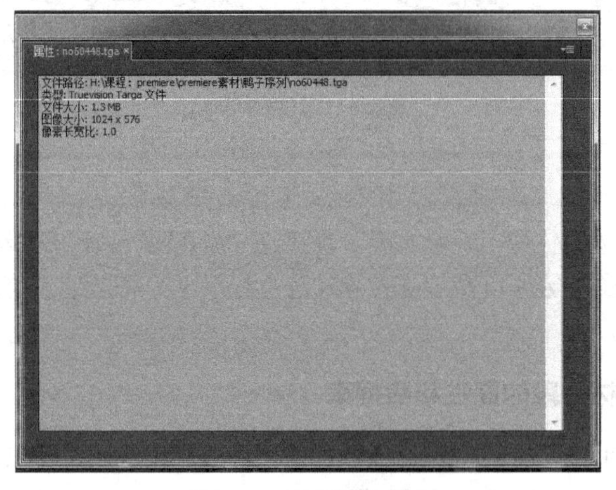

图 3-45 文件属性对话窗口

注意

在“项目”命令面板、“监视器”命令面板或“时间线”命令面板中的素材片段上单击鼠标右键，从弹出的右键快捷菜单中选择“属性”，也可以打开片段“属性”对话窗口。

习题

1. 在 Premiere CC 中导入静止图像的过程中，如何设置图像的默认持续时间？

2．如何在动画后期非线性编辑过程中，正确设置素材片段的像素比例？像素比例设置不当，在视频输出过程中会产生哪些缺陷？

3．如果要将动画影片输出为网络使用的视频文件，其色彩深度一般要指定为多少 bit？

4．Premiere CC 影片文件的扩展名是什么？

5．如何替换一个序列中的离线文件，使其与外部的媒体文件产生链接关系？

6．在“项目”命令面板中对素材片段执行重命名、删除等操作，是否会对存盘的原始素材片段文件产生影响？

7．利用 Premiere CC 提供的哪些功能，可以分析素材片段的属性？

Premiere Pro CC

4 Chapter

第 4 章 编辑影片

本章讲述剪辑的基础知识与蒙太奇的基本理论，介绍“监视器”命令面板的模式、功能、工具栏等，以及“时间线”命令面板的工具栏，介绍视频、音频轨道管理及素材片段的编辑方法，并通过实例详细介绍剪辑方法及效果。

4.1 剪辑概述

所谓剪辑，就是运用蒙太奇原理编辑完成影片的过程，而蒙太奇就是镜头组接的技术与技巧。通过剪辑技巧的运用，将具有独立意义的单镜头组合起来，会产生新的意义。

蒙太奇（montage）是法语建筑学术语，意思是“安装、组合、构成”，把“蒙太奇”引入电影理论领域来说明电影的结构组接是非常生动贴切的。在影片的制作过程中，按照剧本和影片的主旨，分拍成许多镜头，然后再将这些镜头有机地剪辑在一起。庞杂分散的镜头画面经筛选之后精心组接，成了一部有序幕、有高潮、有结局的完整结构。

由于剪辑造成的各种时空关系，物理时间、心理时间的交错，会使电影产生丰富的审美意味，还可以产生诸如连贯、对比、联想、衬托、悬念等作用。以上这些电影结构的艺术方法就是蒙太奇。

在电影的雏形时期，没有真正意义上的剪辑，只是简单的剪接。随着剪辑技术的发展和实践的深入，电影创作的分工才日益明确。1903—1916 年左右，鲍特和格里菲斯开始运用分镜头拍摄，客观上提出了剪辑的要求，剪辑才逐步成为了一项独立的工作。影片的镜头就是一段在时间和空间上连续拍摄的素材片段，在影视后期制作过程中摄像机连续拍摄的镜头可能被剪辑为几段，每一段又成为新的镜头，然后再与其他镜头穿插连接。

剪辑被称为影片的第三度创作。第一度创作是文学剧本的创作，第二度创作是演员、导演和摄影师的创作，第三度创作就是剪辑。可见，剪辑在影片创作中具有重要的地位，是动画后期制作的核心部分，是决定动画艺术生命的关键环节之一。

非线性编辑是指数字编辑技术在剪辑中的应用，即依靠计算机数字视频、音频技术，将剪辑过程数字化，剪辑师就可以利用计算机进行任意编辑而不会对素材造成任何损害。从而大大提高剪辑的工作效率，缩短影视制作周期，而且兼容性好，录制完毕的节目可以直接制作录像带、电影母带或 DVD。

4.2 监视器命令面板

4.2.1 监视器命令面板编辑模式

利用 Premiere CC 进行非线性编辑的过程中，可以方便地插入、复制、替换、排序或删除某个素材片段，还可以在片段之间加入特殊的转场效果。其中的“监视器”命令面板，如图 4-1 所示，主要用于预演原始的视频、音频、图像等素材片段或编辑最终的影片；设置素材片段的入点、出点；定制静帧图像的持续时间；对素材片段进行效果控制；在原始素材片段上设置标记；预演影片的编辑结果等。

默认状态下，“监视器”命令面板包含两个主要组成部分：左侧为“源监视器”，用于显示源素材片段。双击“项目”命令面板或“时间线”命令面板中的素材片段或使用鼠标将其拖放到“源监视器”中，可以在“源监视器”中显示该素材；右侧为“节目监视器”，用于显示当前序列剪辑结果，如图 4-1 所示。

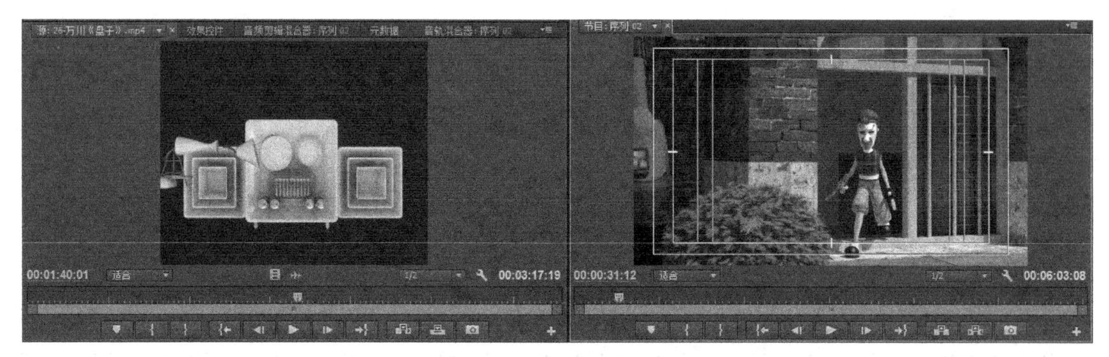

图 4-1 “监视器”命令面板

使用“监视器”命令面板的弹出式菜单命令“新建参考监视器”，可以在单独的面板中打开一个新的“参考监视器”。一般情况下，可以拖曳其标签使其与源监视器面板结组。

另外，鼠标左键单击“T”快捷键，或选择命令“窗口>修剪监视器”，弹出一个独立于“监视器”命令面板的“修剪模式”窗口，如图 4-2 所示，“修剪模式”窗口主要用于影片选定视频轨道的精确剪辑，常用于影片最终的调整阶段。

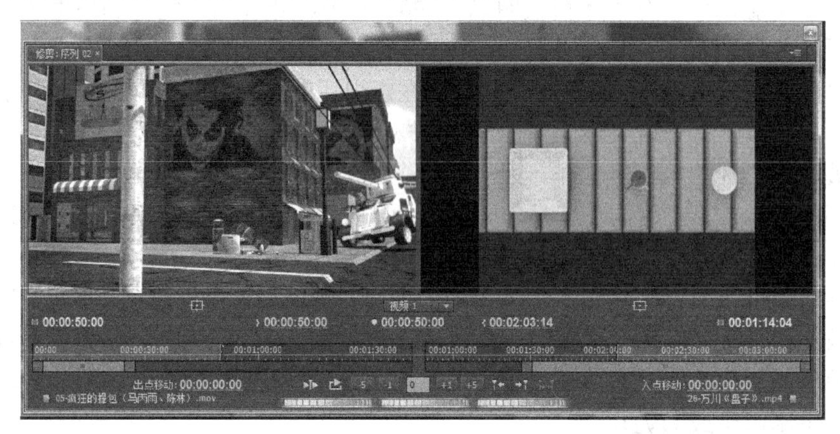

图 4-2 “修剪模式”窗口

“修剪模式”窗口左边视窗显示当前在“时间线”命令面板选定的视频轨道中，时间线左边片段的最后一帧；右边的视窗显示当前时间线右边片段的第一帧。

单击键盘上的“Page Up”键，可以将“时间线”命令面板中的时间线移动到前一个剪辑点；单击键盘上的“Page Down”键，可以将“时间线”命令面板中的时间线移动到下一个剪辑点。

4.2.2 监视器命令面板功能

1. 预演素材片段

如果已经为影片导入了一些素材片段，可以通过鼠标单选、框选或配合“Shift”或“Ctrl”键复选多个素材片段，并直接拖动鼠标将选定的素材片段指定到“监视器”命令面板左边的“源监视器”中，以预演这些素材片段。

也可以在素材片段上单击鼠标右键，从弹出的右键快捷菜单中选择“在源监视器中打开”，指定在“源监视器”中预演素材片段。

所有已经在“源监视器”中预演过的素材片段都保存在“源监视器”上部的下拉列表中，

可以利用该列表选择预演所需的片段，如图 4-3 所示。

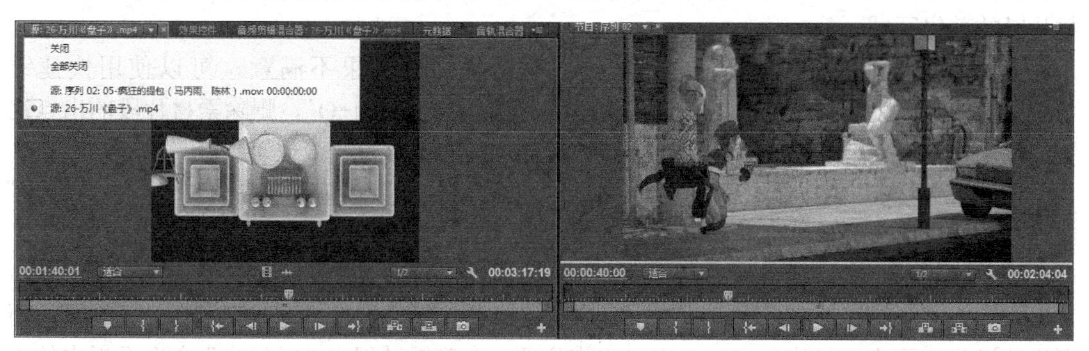

图 4-3　下拉列表

2. 时码显示

在“源监视器”下面，00:00:27:18 区域用于显示原始素材片段持续的时间，一旦为素材片段指定了入点和出点，则该区域显示的是入点与出点之间被引用的片段长度。

00:00:12:02 区域用于显示当前编辑点所处的时间位置，在该字段内可以直接拖动鼠标改变编辑点的位置，还可以直接输入时码后单击键盘中的回车键。

3. 设定入点和出点

在原始素材片段中除了所需内容之外，还包含不需要的画面或拍摄质量欠佳的镜头，所以对原始素材片段进行修剪，是非线性编辑过程中重要的一步。一般对于传统影片的拍摄过程，影片最终长度与拍摄素材片段的长度之比为 1∶8 甚至 1∶10。对于动画制作而言，制作一帧画面的成本十分昂贵，所以应当在前期制作分镜头和故事板阶段就细心筹划，尽量降低片耗比。

由于在 Premiere CC 中插入素材片段，只是指定了引用该片段的路径指针，所以剪辑过程不会影响原始片段本身。

在源视窗下面的工具栏中，{ 和 } 两个按钮分别用于设定素材片段的入点和出点。

在时码显示区域中输入一个时间位置数值，或直接拖动“源监视器”下面的编辑点位置标记后，单击 { 按钮指定素材片段的入点位置，素材片段在入点之前的部分被剪切掉；再在时码显示区域中输入一个新的时间位置数值后，单击 } 按钮指定素材片段的出点位置，则素材片段在出点之后的部分被剪切掉。

一旦素材片段被指定了入点和出点，时间标尺区域便将剪辑后的素材片段区段以深灰条带的形式显示在入点符号“{”和出点符号“}”之间，如图 4-4 所示。

图 4-4　指定素材片段的入点和出点

同样，也可以使用鼠标直接拖动时间标尺中的入点符号“{”和出点符号“}”，指定素材片段的剪辑区域。

在激活“源监视器”的情况下，如果对剪切后的结果不满意，可以使用快捷键“Ctrl+Shift+I”，删除素材片段的入点；使用快捷键“Ctrl+Shift+O”，删除素材片段的出点位置；使用快捷键“Ctrl+Shift+X”，同时删除素材片段的入点、出点位置。

在“源监视器”中按住鼠标，可以将剪辑后的素材片段直接拖动到右侧的“节目监视器”或“时间线”命令面板的视频、音频轨道中。

如果想利用“源监视器”对已经放置到“时间线”命令面板的素材片段进行精确剪辑，可以首先在“时间线”命令面板中双击素材片段，该片段显示在“源监视器”中，利用前面所讲的操作步骤为素材片段指定入点和出点位置，在剪辑过程中“时间线”命令面板中的素材片段会随之改变。

4.2.3 监视器命令面板工具栏

在“监视器”命令面板的工具栏中，包含很多工具按钮，有的默认情况下是隐藏的，需要点开窗口下角的按钮，将所有按钮显示出来。

向前移动一帧按钮；向后移动一帧按钮；停止播放按钮；播放按钮；循环播放按钮。

说明：在播放过程中，单击键盘中的“L”键，则以1倍速播放，再次单击键盘中的“L”键，则以2倍速播放，依次类推；按住“Shift”键的同时单击“L”键，以慢速播放；单击键盘中的“J”键，则反向播放。

片段播放按钮，用于播放入点和出点之间的素材片段；到入点按钮，用于将编辑点移动到入点位置；到出点按钮，用于将编辑点移动到出点位置。

按住键盘中“Alt”键的同时单击播放按钮，则为“预先滚动”和“滞后滚动”模式。在“预先滚动”模式下，预先播放入点前的几帧，在“滞后滚动”模式下，播放出点后的几帧画面后结束。

插入按钮，利用该按钮可以将当前“源监视器”中的素材插入到“时间线”命令面板中时间线所在的位置，插入的轨道是“时间线”命令面板中当前激活的轨道。

覆盖按钮，利用该按钮可以将当前“源监视器”中的素材插入到“时间线”命令面板中时间线所在的位置，插入的轨道是“时间线”命令面板中当前激活的轨道，新插入的素材将在其持续范围内覆盖原有的素材。

编辑标记按钮，在Premiere CC中的标记分为素材片段标记和影片标记两种类型，标记主要用作时间参照和对齐参照。

单击按钮，在视窗中显示两个安全框，如图4-5所示，内部为字幕安全框；外部为动作安全框。由于影片最终播放的终端是多种多样的，为了能够保证动作和字幕能完整显示在不同的终端中，尽量将这两方面的内容放置在安全框中。

在“节目监视器”下的工具栏中，还包含以下工具按钮。

取出按钮，用于移除“时间线”命令面板素材片段中一个范围内的帧画面，清除后，与之相邻的其他素材片段不改变位置。

抽出按钮，用于移除“时间线”命令面板素材片段中一个范围内的帧画面，清除后，其后的素材片段向前移动填补空缺，而且同时删除所有未锁定的其他轨道上相同区间的素材片段。

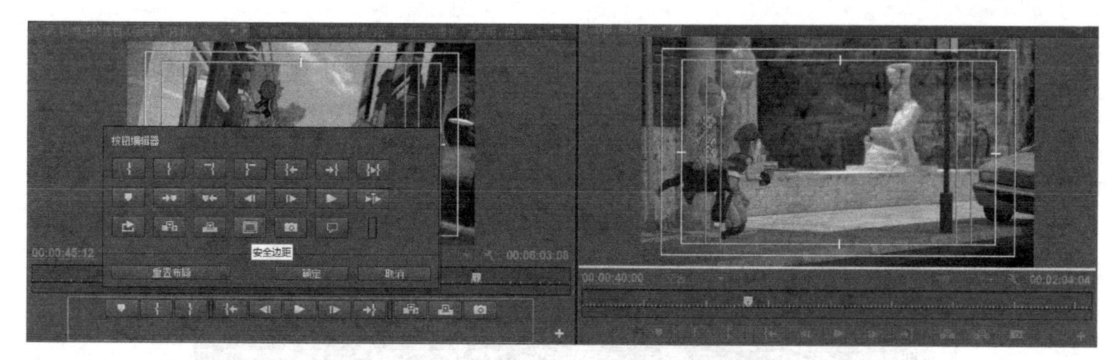

图4-5　设置安全框

前进一个编辑点按钮；后退一个编辑点按钮。在“时间线”命令面板中的编辑点，指相邻两段视频片段或两段音频片段的接缝处，或一个独立片段的出点、入点位置，也可以是两片段间转场效果的中点。通过单击按钮和按钮或键盘中的“Page Up”键和“Page Down”键，可以将“时间线”命令面板中的时间线在这些编辑点之间切换。

在“修剪模式”窗口的工具栏中，如图4-6所示，还包含以下工具按钮。

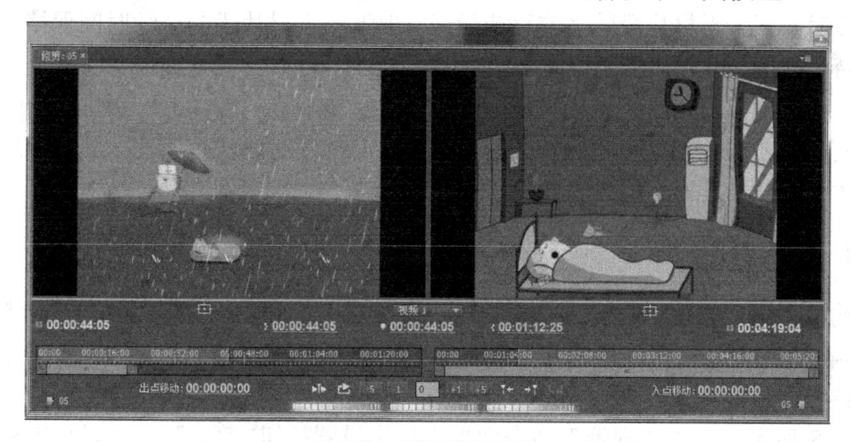

图4-6　“修剪模式”窗口

整个“修剪模式”窗口左边视窗下面左侧显示左侧素材片段的持续时间，右侧显示左侧素材片段的出点时间；右边视窗下面左侧显示右侧素材片段的持续时间，右侧显示右侧素材片段的出点时间；中间显示当前时间线在“时间线”命令面板中的时码位置。

-5 按钮用于向左剪辑5帧、-1 按钮向左剪辑1帧、+5 按钮向右剪辑5帧、+1 按钮向右剪辑1帧，根据当前的编辑状态（波纹编辑状态或滚动编辑状态），自动进行多重帧的剪辑编辑。

说明：可以在“修剪模式”窗口中间空白的区域中输入正值（向右剪辑的帧数）或负值（向左剪辑的帧数）进行精确剪辑。

当鼠标移动到左侧视窗、右侧视窗或两个视窗中间区域的时候，鼠标光标会转换形状。鼠标光标为形状时，当前为滚动编辑状态，当拖动鼠标左右移动时，前一素材片段增加的帧数会在下一素材片段中减去，同样，前一素材片段减少的帧数会在下一素材片段中增加，最终保持整个影片的持续时间不变。此时，左、右视窗上面都显示一个蓝色的激活条带。

鼠标光标为或形状时，当前为波纹编辑状态。

在“修剪模式”窗口底部的三个旋钮，分别对应、和工具，如图4-7所示。“出点移动”字段显示拖动左侧旋钮总的移动量；“入点移动”字段显示拖动右侧旋钮总的移动量。

图 4-7　旋钮工具

在左侧视窗，鼠标光标为，当拖动鼠标左右移动时，前一素材片段的右边缘被移动，改变其出点时，下一素材片段随之前移或后退，但下一素材片段的持续时间保持不变，最终影片总的持续时间发生了变化。此时，左侧视窗上面显示一个蓝色的激活条带。

同样，在右侧视窗，鼠标光标为，当拖动鼠标左右移动时，下一素材片段的左边缘被移动改变其入点，前一素材片段保持当前位置，并且持续时间保持不变，最终影片总的持续时间也发生了变化。此时，右侧视窗上面显示一个蓝色的激活条带。

4.2.4　输出调整设置

利用输出调整功能可以对视频素材片段进行色彩、饱和度、亮度等属性的分析、调整，便于提高画面质量，还可以统一来源于不同素材片段的色彩显示属性。以前这些操作都需要昂贵的硬件设备才能完成。

如图 4-8 所示，在“监视器”命令面板上单击设置按钮，弹出可以输出视频画面的几种模式。

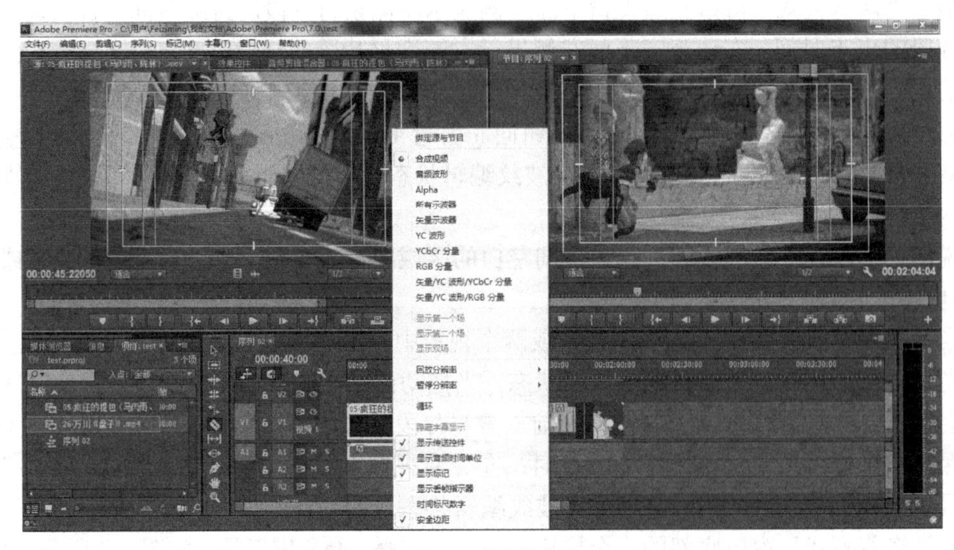

图 4-8　输出模式

合成视频：用于显示普通视频画面。

音频波形：显示音频波形图。

Alpha：以灰度图的方式显示画面的不透明度。

所有示波器：显示波形监视器、矢量范围、YCbCr 和 RGB 信号。

矢量示波器：显示视频画面的矢量范围，以测量视频的色差，包括色相和饱和度。

YC 波形：显示基本波形监视器，以测量视频的亮度范围。

YCbCr 分量：显示一个波形监视器，以测量 Y、Cb、Cr 分量信号。

RGB 分量：显示一个波形监视器，以测量 R、G、B 分量信号。

矢量/YC 波形/YCbCr 分量：显示波形监视器、矢量范围和 YCbCr 信号。

矢量/YC 波形/RGB 分量：显示波形监视器、矢量范围和 RGB 信号。

利用输出调整功能对视频素材片段进行色彩的分析和调整，可以依据以下操作步骤。

（1）选择菜单命令“窗口>选项>色彩校正”，将 Premiere CC 的工作空间转换为色彩校正显示模式，如图 4-9 所示。

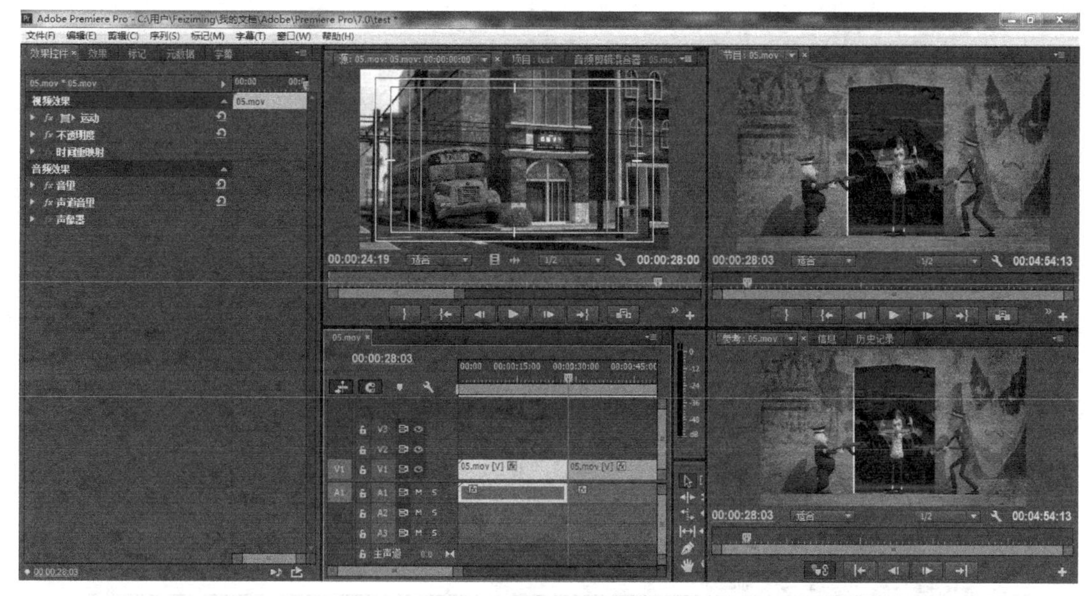

图 4-9 色彩校正显示模式

（2）单击“源监视器”右上角的三角标记，在弹出的菜单中选择“绑定源与节目”，选择该命令后“监视器”命令面板的两个窗口同步有效，如果播放“源监视器”中的素材片段时，“节目监视器”也会同步地进行播放，便于查看原始素材片段和编辑后素材片段的差别。

（3）将“参考监视器”指定为“YC 波形”输出模式，如图 4-10 所示。

（4）在“效果”命令面板中，将“视频效果”文件夹下“图像控制”子文件夹中的“灰度系数校正”视频效果拖动指定到“时间线”命令面板的视频素材片段之上，如图 4-11 所示。

（5）在“效果控件”命令面板中通过调整“灰度系数”参数，进行画面的伽马校正，如图 4-12 所示，在参考视窗中通过“YC 波形”输出模式可以查看校正的结果。

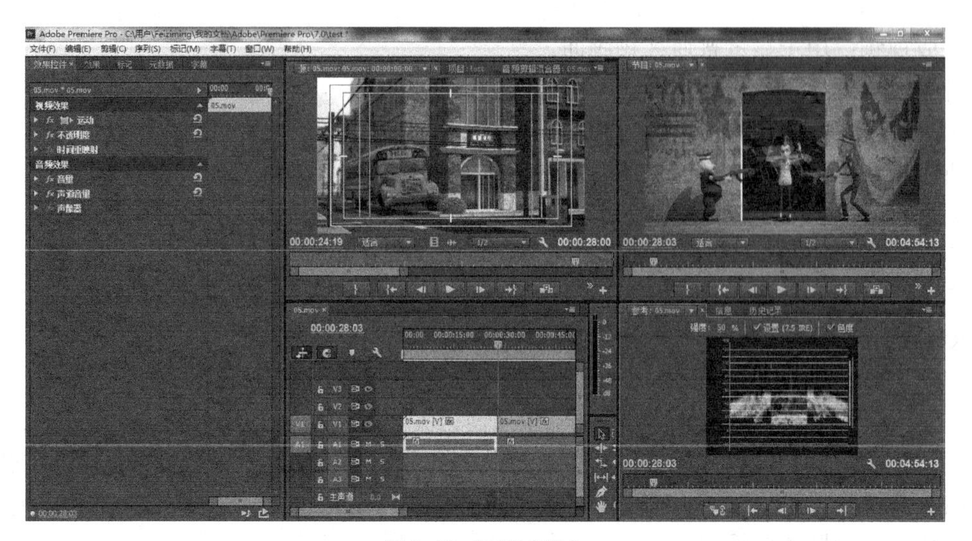

图 4-10　指定输出模式

图 4-11　指定视频效果

图 4-12　灰度系数校正的结果

（6）在“效果”命令面板中，将“视频效果”文件夹下“颜色校正”子文件夹中的“快速颜色校正器”视频效果拖动指定到“时间线”命令面板的视频素材片段之上。

（7）在“效果控件”命令面板上展开视频效果的“色相平衡和角度”项目，拖动色相环进行色相调整。

（8）在“效果控件”命令面板上勾选视频效果的“显示拆分视图”项目，在“节目监视器”中将屏幕分为两半，下部显示校正前的状态，上部显示校正后的状态，如图 4-13 所示。

图 4-13　调整色相分屏显示结果

4.3 时间线命令面板

4.3.1 时间线工具栏

“时间线”命令面板是 Premiere CC 最重要的构成部分，大部分的非线性编辑工作都是在该命令面板中进行的。其中包含影片的所有视频和音频轨道，并显示了各个素材片段之间的相对位置关系、素材片段的持续时间和施加的各种特殊编辑效果等。

可以按住鼠标直接将“项目”命令面板、“监视器”命令面板中的素材片段，拖动插入到“时间线”命令面板的视频、音频轨道中，鼠标释放的位置决定了素材片段所处的轨道和时间位置。

如图 4-14 所示，在“时间线”命令面板的顶部包含以下内容。

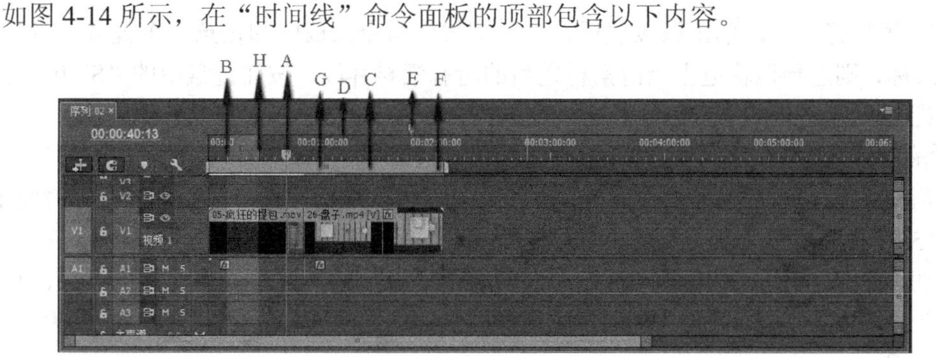

图 4-14　“时间线”命令面板顶部

A—时间线滑块，拖动该滑块可以改变当前编辑点的位置。

B—入点位置。

C—工作区域滑块，拖动左右两侧的滑块，可以改变工作区域的范围。

D—时间标尺。

E—编辑点标记。

F—素材片段指示线，如果在工作区域下面有一条红色指示线，则说明在该时间段内包含素材片段。

G—预演片段指示线，如果在工作区域下面有一条绿色指示线，则说明在该时间段内包含预演文件。

H—出点位置。

下面就详细介绍工具栏中的各个工具按钮的功能。

如果单击捕捉按钮，当移动“时间线”命令面板中的时间线、素材片段时，在一定的距离范围内自动捕捉对齐到其他素材片段的边缘或已定义的标记位置。

选择工具：单击该按钮后可以在“时间线”命令面板中选择视、音频轨道上的素材片段，配合“Ctrl”键可以复选多个素材片段。

单击该按钮后，如果鼠标移动到素材片段的边缘，光标转变为设定入点、出点状态、，通过拖动素材片段的边缘可以对该片段进行交互式剪辑。

利用选择工具按钮，通过拖动素材边缘的方式，指定素材的入点和出点，在这种编辑模式下只对当前编辑的素材片段产生影响，不会影响轨道上的其他素材片段。

摇移工具，如果影片很长，有些部分不能完全显示在“时间线”命令面板中，可以单击该按钮在“时间线”命令面板中按住鼠标拖动显示影片其余的部分。

缩放工具，单击该按钮可以在“时间线”命令面板中增大素材片段的显示间隔；按住键盘中的“Alt”键后单击该按钮可以缩小素材片段的显示间隔。单击该按钮后还可以在“时间线”命令面板中拖动鼠标框选一段时间间隔，并将该时间间隔内的所有视频、音频素材片段最大化显示在“时间线”命令面板中。当缩放工具光标中没有“+”号或“-”号时，说明放大或缩小操作已经达到极限。

注意

在“时间线”命令面板激活的情况下，单击键盘中的“\”键，可以在“时间线”命令面板中显示整个影片时间区段。

轨道选择工具，单击该按钮后在“时间线”命令面板中的任意一个视频、音频轨道上单击鼠标，则选择该轨道上当前素材之后的所有素材片段，按住键盘中的“Shift”键，可以加选其他轨道上的素材片段。

滚动编辑工具，拖动当前选定素材片段的边缘时，增加的帧数会在相邻的片段中减去，同样，当前片段减少的帧数会在相邻的片段中增加，最终保持整部影片的持续时间不变，如图 4-15 所示。

波纹编辑工具，使用该工具拖动当前选定素材片段的右边缘改变其出点时，相邻的片段随之前移或后退，但相邻片段的持续时间保持不变，最终影片总的持续时间发生了变化，如图 4-16 所示。

速率拉伸工具，利用该工具可以改变原始素材片段的回放速度，单击该按钮后将鼠标移动到任意一个素材片段的边缘，如果拖动鼠标拉长素材片段的持续时间，素材片段的回放速度减慢；反之，拖动鼠标缩短素材片段的持续时间，素材片段的回放速度加快。

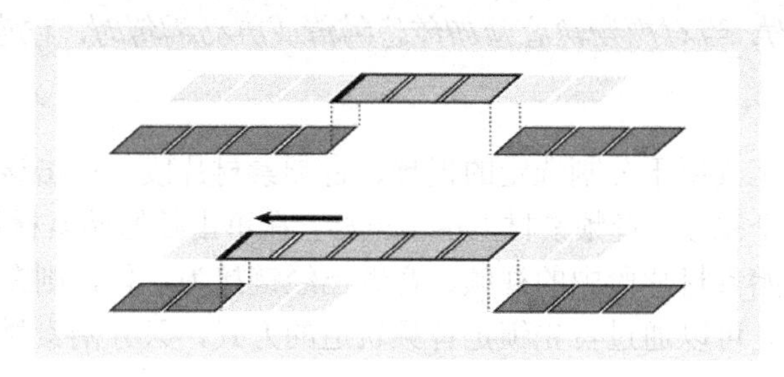

图 4-15　滚动编辑示例图

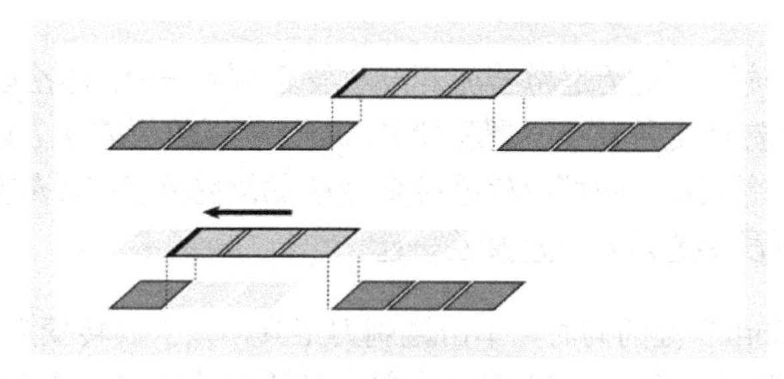

图 4-16　波纹编辑示例图

传递编辑工具，选择该工具后，可以在当前选定素材片段的中间部位拖动，被拖动素材片段的持续时间不变，但出点与入点的位置做相对调整，相邻前、后素材片段的出点和入点位置不变，持续时间也不变，保持整部影片的长度不变，如图 4-17 所示。

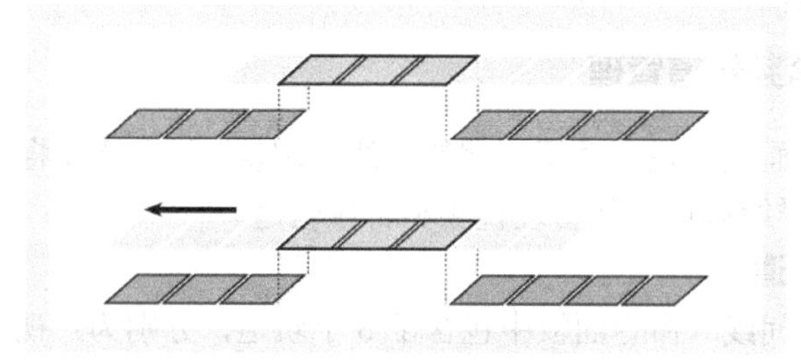

图 4-17　传递编辑示例图

滑动编辑工具，选择该工具后，可以在当前选定素材片段的中间部位拖动，被拖动素材片段的持续时间不变，而相邻的前面素材片段的出点和后面素材片段的入点位置做相对调整，保持整个影片的长度不变，如图 4-18 所示。

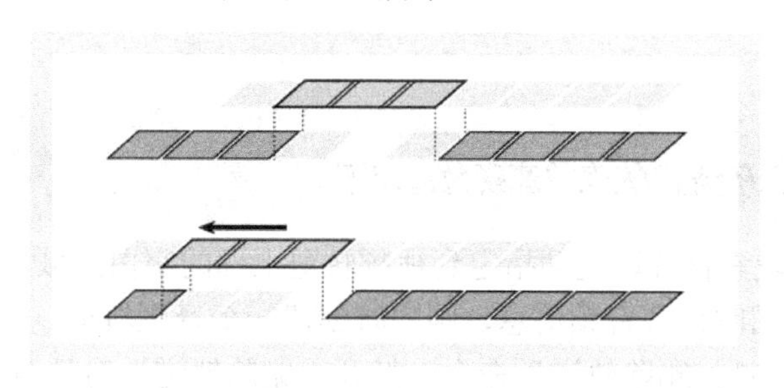

图 4-18　滑动编辑示例图

注意

传递编辑工具与滑动编辑工具不能作用于音频轨道上，但如果音频素材片段已经与视频素材片段链接在一起时，当对视频轨道施加传递编辑或滑动编辑时，对应的音频轨道会做相应调整。

剃刀工具，该工具用于分割选定的视频、音频素材片段，单击该按钮后在“时间线”命令面板中的任意一个视频、音频素材上单击鼠标，在单击处原始素材片段被分割为两个独立的片段。如果在原始素材片段中的视频、音频已经链接为一体，则在分割过程中，视频、音频素材被同时分割。可以通过首先锁定音频轨道的方式，只分割素材片段的视频轨道。

注意

使用剃刀工具剪裁素材，实质上是将当前素材片段复制了一份，再在原始片段被剪裁的位置设置了出点，在复制片段的剪裁位置设置了入点，可以使用选择工具拖动原始片段的右边缘将其恢复到初始的长度，同样可以拖动复制片段的左边缘将其恢复到实际的长度。被分割后的两个素材片段不能再重新连接在一起。

在按住键盘中“Shift”键的同时，单击剃刀工具，该工具转变为复合剃刀工具，用于分割所有轨道上的视频、音频素材片段，在单击处所有非锁定轨道上的原始素材片段都被分割为两个独立的片段。

钢笔工具，利用该工具可以在关键帧控制线和不透明度控制线上编辑关键点。钢笔工具在关键帧上时，可以拖动改变关键帧的位置；钢笔工具在控制线上时，可以拖动控制线的一段，以均匀调整素材片段一个分区内的效果。

4.3.2　视频、音频轨道管理

在“时间线”命令面板中进行动画后期的非线性编辑，首先就要将素材片段插入到视频、音频轨道中，本节将详细讲述如何管理视频和音频轨道。

1. 增加与删除轨道

默认情况下，“时间线”命令面板中包含了 6 个轨道，分别为：视频 1、视频 2 和视频 3 三个视频轨道；音频 1、音频 2、音频 3 三个音频轨道，在音频轨道下面还包含一个主声道。

实际上，在“时间线”命令面板中最多可以包含 103 个视频轨道和 103 个音频轨道。选择菜单命令“序列>添加轨道”。打开“添加轨道”对话窗口，利用该对话窗口可以在“时间线”命令面板中加入 100 个视频轨道和 100 个音频轨道，还可以指定新增轨道的放置位置，如图 4-19 所示。

注意

音频子混合轨道用于环绕立体声的音频轨道调整。

另外，如果将一段素材片段拖动指定到视频轨道上部的空白区域，则自动创建一个视频轨道，如果素材片段同时包含音频信息，则同时创建一个音频轨道。

选择菜单命令“序列>删除轨道”命令，打开“删除轨道”对话窗口，如图 4-20 所示。

可以在其中选择删除“视频轨道”、“音频轨道”或“音频子混合轨道”，还可以指定删除“目标轨道”还是“所有空轨道”。

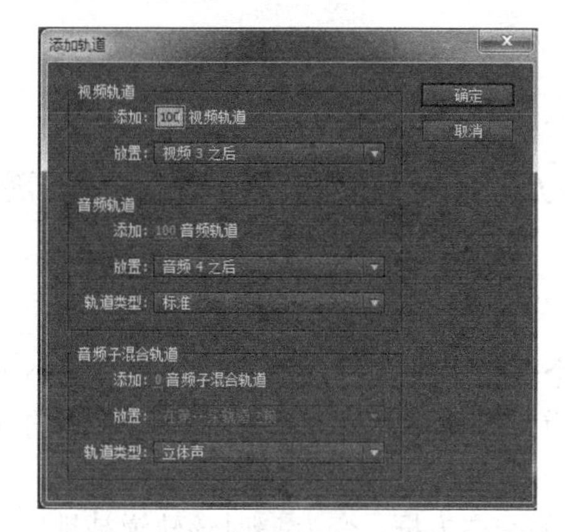

图 4-19　“添加轨道”对话窗口

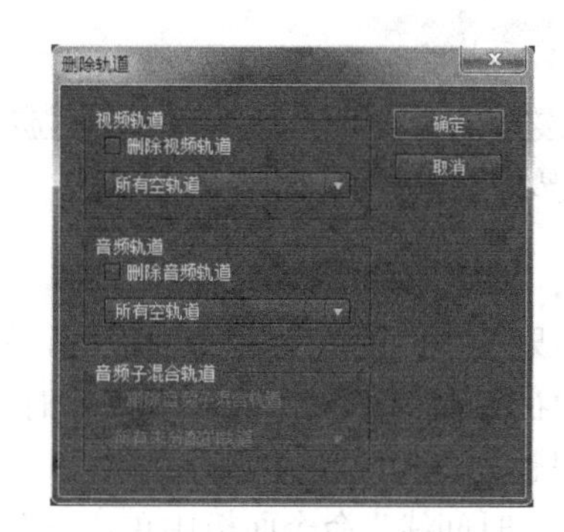

图 4-20　“删除轨道”对话窗口

可以删除选定的轨道，该轨道上的所有素材片段随之被删除，但不影响保存在“项目”命令面板中的素材片段。

2. 调整轨道显示

如果轨道的名称很长，无法完整显示，可以将鼠标移动到轨道的右边界，并按住鼠标向右拖动调整；如果想调整轨道在垂直方向上的高度，首先单击扩展按钮，扩展轨道的显示，然后将鼠标移动到轨道的上边界，并按住鼠标向上拖动调整轨道的高度。

单击视频轨道显示状态按钮▣，弹出如图 4-21 所示的快捷菜单，其中包含：视频头和视频尾缩览图、视频头缩览图、连续视频缩览图，可以控制视频轨道中片段的缩览显示模式。

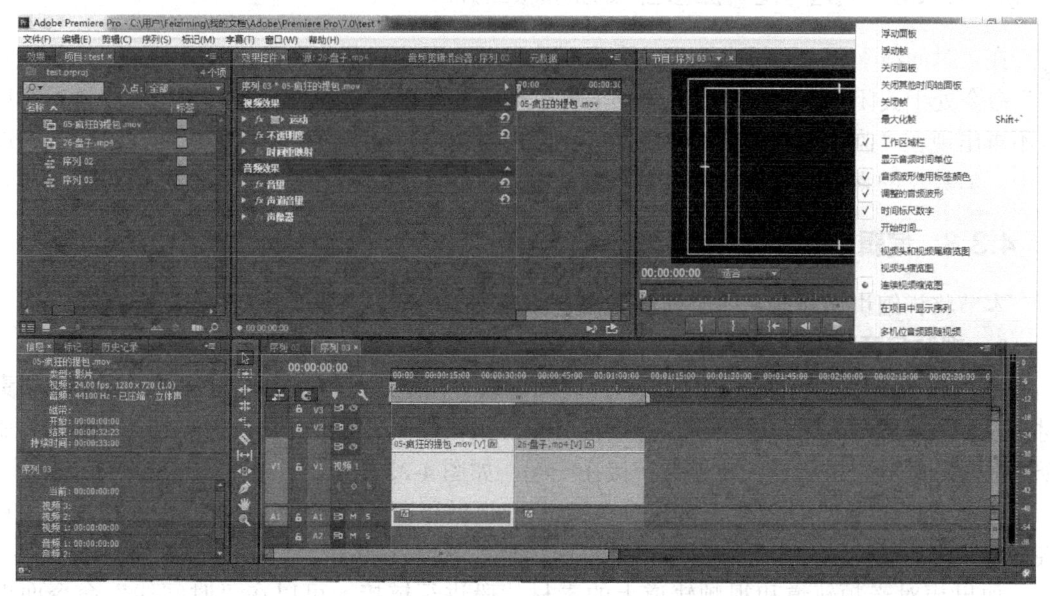

图 4-21　显示菜单

3. 排除轨道

在“时间线”命令面板中，单击一条视频轨道左侧的👁标记，变为空白时该轨道被排除；单击一条音频轨道左侧的🔊标记，变为空白时该轨道被排除。

当按住键盘中“Shift”键的同时单击一个视频轨道左侧的标记，可以同时排除所有的视频轨道；当按住键盘中“Shift”键的同时单击一个音频轨道左侧的标记，可以同时排除所有的音频轨道。

注意

虽然被排除的视频、音频轨道仍然显示在“时间线”命令面板中，但不会包含在预演和输出的影片中。

4. 锁定与禁止轨道

如果在“时间线”命令面板中，不再对一个轨道上的素材片段进行编辑，也不再向该轨道中插入其他素材片段，可以暂时锁定该轨道，方便在“时间线”命令面板中的其他编辑过程。

在“时间线”命令面板中单击一条轨道左侧的空白方框，变为时该轨道被锁定，在该片段上出现左斜线标记，被锁定轨道上的素材片段仍然包含在预演或输出的影片中。

当按住键盘中“Shift”键的同时单击一个视频轨道左侧的标记，可以同时锁定所有的视频轨道；当按住键盘中“Shift”键的同时单击一个音频轨道左侧的标记，可以同时锁定所有的音频轨道。

注意

如果一个素材片段包含音频和视频（即视频和音频是硬链接的），当锁定其视频轨道时，音频轨道不会被自动锁定，这时如果单独编辑音频轨道（如移动或用剃刀工具剪裁），则该素材片段音频轨道与视频轨道之间的链接被断开。

在“时间线”命令面板中选择一个素材片段后，再选择菜单命令“剪辑>启用”，使“启用”命令处于关闭状态，该素材片段的名称呈现灰色，说明该片段已经被禁止。被禁止的片段不再出现在“监视器”命令面板的“节目监视器”中，也不再出现在影片预演与输出的过程中，但禁止的素材片段仍旧可以被移动和编辑。

4.3.3 编辑素材片段

本节将详细讲述如何在“时间线”命令面板中编辑素材片段。

1. 视频与音频素材的链接

在 Premiere CC 中音频与视频素材片段间可以方便地进行链接和取消链接编辑。如果素材片段被采集或输入时，已经包含视频轨道和音频轨道，在将素材片段指定到“时间线”命令面板时，视频轨道和音频轨道被链接在一起，如图 4-22 所示。

选择菜单命令“剪辑>取消链接”，可以断开视频和音频的链接。也可以在素材片段上直接单击鼠标右键，从弹出的右键快捷菜单中选择“取消链接”。

如果想对音频轨道和视频轨道上的素材片段进行链接，可以在“时间线”命令面板中首先按住“Shift”键同时选择这两个素材片段，再选择菜单命令“剪辑>链接”，链接视频和音频素材片段。也可以在素材片段上直接单击鼠标右键，从弹出的右键快捷菜单中选择“链接”。

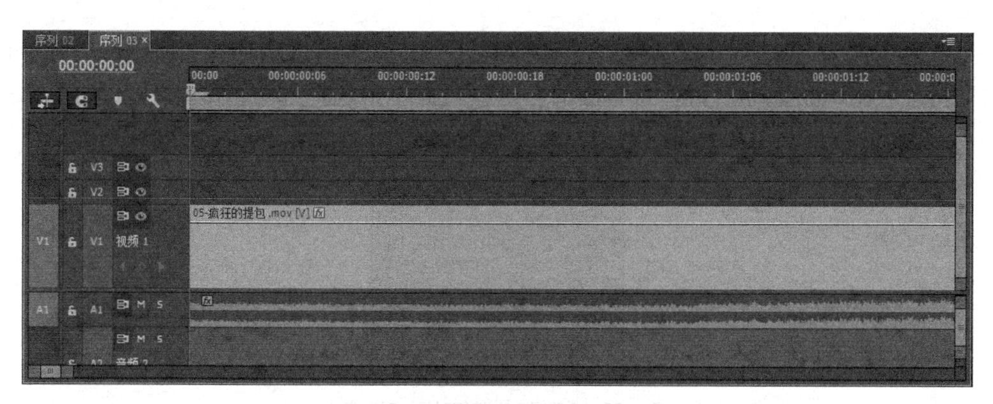

图 4-22 视频与音频轨道的链接关系

2. 编组素材片段

可以将不同轨道上的多个选定素材片段群组在一起，这样就可以同时移动、删除群组后的素材片段。

首先使用选择工具，拖动鼠标框选需要群组的轨道，允许同时选择视频轨道和音频轨道上的素材片段。在选定的素材片段上单击鼠标右键，从弹出的右键快捷菜单中选择“编组”，选定的素材片段被群组在一起。

在群组素材片段上单击鼠标右键，从弹出的右键快捷菜单中选择“取消编组”，选定的素材片段被解除群组。

3. 波纹删除

利用波纹删除功能，可以删除轨道上素材片段之间的间隙。

首先将时间线拖动到轨道中的素材间隙上，在素材间隙上单击鼠标右键，从弹出的右键快捷菜单中选择“波纹删除”，删除素材片段之间的空白区域。也可以直接选择菜单命令“编辑>波纹删除”。

注意

音频轨道上的空白区域一同被删除。

4. 复制、剪切、粘贴素材片段

在“时间线”命令面板中，可以选择轨道上任意一个视频或音频素材片段，然后选择“编辑”菜单命令，从弹出的菜单中可以看到以下的命令（有些粘贴命令在进行复制后才出现）。

剪切：用于剪切当前选定的素材片段到系统剪贴板。

复制：用于复制当前选定的素材片段到系统剪贴板。

粘贴：用于从系统剪贴板中粘贴素材片段到指定位置。

粘贴插入：将系统剪贴板中复制的素材片段，粘贴到“时间线”命令面板轨道的指定区域当中。当所粘贴的素材片段长度与该选定区域不匹配的时候，自动调整粘贴片段的出点位置以适合于选定区域的长度。

粘贴属性：可以只将系统剪贴板中素材片段使用的效果属性（如：效果、运动、不透明度），粘贴到轨道上的其他指定区域当中。

5. 改变回放速度和持续时间

在“时间线”命令面板中选择一个素材片段后，选择菜单命令“剪辑>速度/持续时间”，打开“剪辑速度/持续时间”对话窗口，如图 4-23 所示。也可以直接在“时间线”命令面板中的素材片段上单击鼠标右键，从弹出的右键快捷菜单中选择“剪辑速度/持续时间”命令。

图 4-23 “剪辑速度/持续时间”对话窗口

注意

利用该菜单命令还可以改变在“项目”命令面板中素材片段的速度，但是这样的操作不会影响已经插入到“时间线”命令面板中素材片段的速度。

在该对话窗口中有两种指定素材片段新速度的方式。

速度：在该项目中可以输入新速度相对于原有速度的百分比率。输入值范围是-10000%～10000%，当输入负值时素材片段反向回放。

持续时间：在该项目中可以输入素材片段新的持续时间，如果新持续时间比原来长，则重复素材片段中的某些帧；如果新持续时间比原来短，则忽略掉素材片段中的某些帧。

这种改变素材片段回放速度的方式，实际是重复素材片段中的某些帧或忽略掉某些帧，可以改变素材片段的速度。

注意

如果使用“剪辑速度/持续时间”对话窗口或速率拉伸工具改变了素材片段的回放速度，视频画面可能会出现闪烁的缺陷。这时可以在素材片段上单击鼠标右键，从弹出的快捷菜单中选择“场选项”对话窗口，如图 4-24 所示。

勾选“消除闪烁”选项，消除由于交错场原因造成的画面闪烁；勾选“始终去隔行”选项，也可以有效减少画面的抖动。

6. 改变素材帧速率

素材片段的帧速率指素材片段每秒钟播放的帧数，选择菜单命令“剪辑>修改>解释素材”，打开“修改剪辑”对话窗口，然后选择“解释素材”标签，对“项目”命令面板中选中的素材进行解释说明，在改变素材的帧速率后，素材片段的速度和持续时间随之改变，如图 4-25 所示。

在“解释素材”对话窗口中包含以下几个设置项目。

使用文件中的帧速率：指定使用影片文件的帧速率作为当前素材片段的帧速率。

采用此帧速率：指定使用输入的帧速率作为当前素材片段的帧速率。

持续时间：显示指定了新帧速率后，素材片段的总持续时间。

在“像素长宽比”项目中可以定义不同的像素约束比；在“场序”项目中可以指定场的顺序；在“Alpha 通道”项目中可以指定忽略 Alpha 通道，还是反转 Alpha 通道。

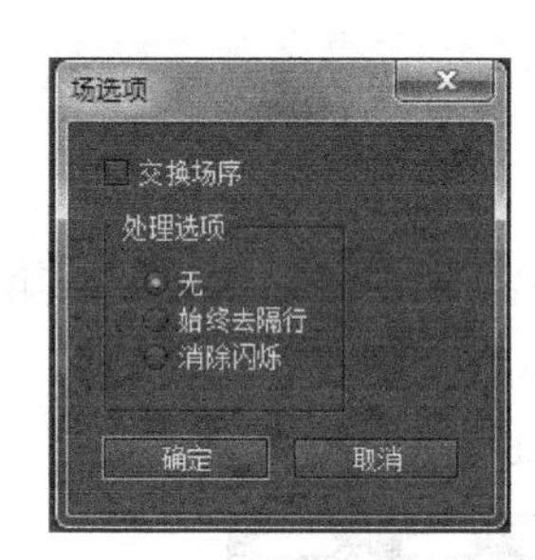

图 4-24 “场选项”对话窗口

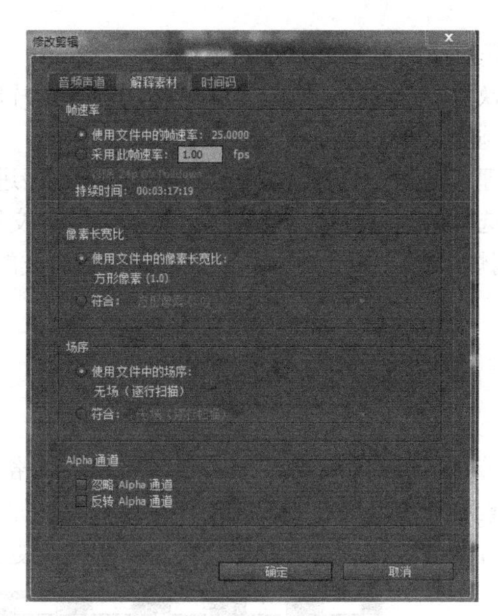

图 4-25 “解释素材”对话窗口

7. 帧保持

选择一个视频素材片段后，选择菜单命令“剪辑>视频选项>帧定格”，弹出“帧定格选项”对话窗口，如图 4-26 所示，利用该菜单命令可以通过改变素材片段帧速率的方式实现帧保持效果，不改变源素材片段的速度和持续时间，视频素材片段看起来就如同一张静止的图像。

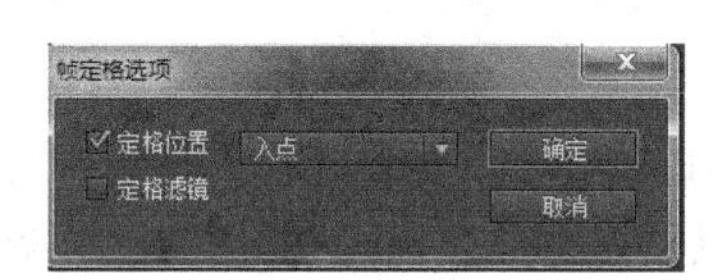

图 4-26 “帧定格选项”对话窗口

如果素材片段还包含音频轨道，音频轨道照常播放，不受帧定格命令的影响。

帧定格：可以将素材片段出点、入点、0 标记位置的帧进行帧保持，则在整个素材片段的持续时间内，只显示被保持的帧画面。

在进行帧保持之前，首先拖动时间线到要进行帧保持的帧画面位置，选择菜单命令“标记>添加标记”设定标记位置。然后选择菜单命令“剪辑>视频选项>帧定格”，再从弹出的“帧定格选项”对话窗口中勾选“定格位置”选项，从其下拉列表中选择标记点。

定格滤镜：勾选该选项后，则在整个素材片段的持续时间内，一直保持滤镜的作用效果。

8. 处理交错视频场

在某些视频制式（如 PAL、NTSC、SECAM）的素材片段中，都指定了视频的扫描场，即一帧画面分别由奇数场扫描线画面和偶数场扫描线画面构成，所以视频文件播放时可分为奇数场优先和偶数场优先两种情况，由于素材片段的视频制式、采集设备、回放设备的不统一，奇数、偶数场的优先设置各不相同，这样会影响影片输出的质量。

如果要处理交错视频场，首先在时线编辑窗口中选择一个要编辑的素材片段后，选择菜单命令“剪辑>视频选项>场选项”，打开如图 4-27 所示的“场选项”对话窗口。

在该对话窗口中包含以下选项。

交换场序：勾选该选项后，反转当前选定片段的奇数场、偶数场优先顺序。

处理选项："无"选项指定不对交错场顺序进行调整；"始终去隔行"选项指定将交错场的素材片段转换为非交错场的素材片段；"消除闪烁"选项指定消除由于交错场原因造成的画面闪烁。

图 4-27 "场选项"对话窗口

4.4 制作实例

本节将通过制作一部反映古代徽州建筑风格的风景专题片，详细讲述如何利用第 2 章中采集的素材片段，进行剪辑并加入转场效果，如图 4-28 所示。实例中涉及的效果、字幕、转场等方面的内容，在后面的相关章节中还有更为详细的讲述。

图 4-28 制作风景专题片

操作步骤如下。

（1）启动 Premiere CC，弹出"欢迎"对话窗口。单击"新建项目"按钮，弹出"新建项目"对话窗口，设定项目名称以后，单击"确定"按钮。再在"项目"命令面板中，单击鼠标右键，在弹出的快捷菜单中选择"新建序列"，并从中选择一个文件预设，如图 4-29 所示。

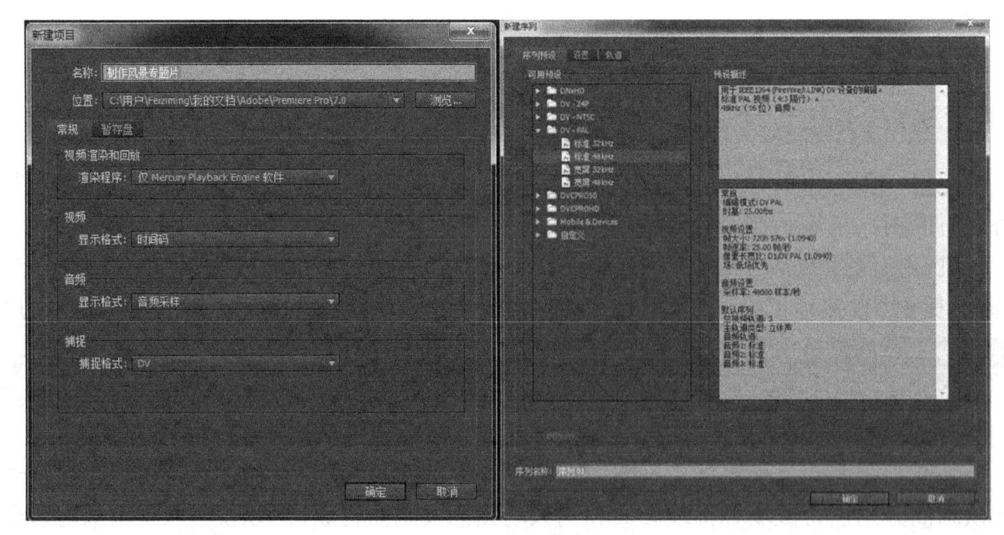

图 4-29 新建项目并设置序列

（2）选择菜单命令"文件>导入"，将视频文件"Clip01""Clip02""Clip03""Clip04""Clip05""Clip06"导入到"项目"命令面板中，并将"项目"命令面板中的视频文件"Clip01"

拖动到“时间线”命令面板的视频轨道中，如图 4-30 所示。

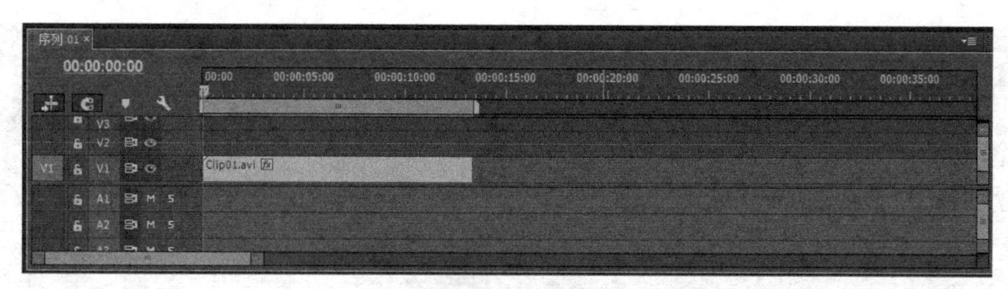

图 4-30 将素材拖动到视频轨道中

（3）如图 4-31 所示，在视频轨道中的素材片段上单击鼠标右键，从弹出的右键快捷菜单中选择“速度/持续时间”。

（4）在弹出的对话窗口中将素材片段的速度参数设置为 120%，如图 4-32 所示。

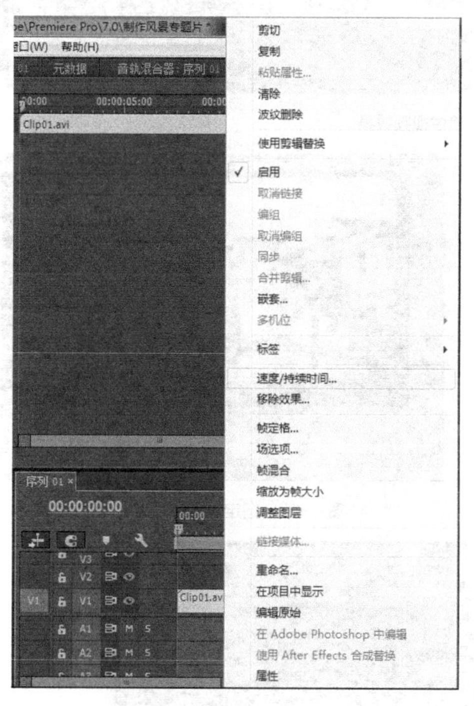

图 4-31 从右键快捷菜单中选择“速度/持续时间”

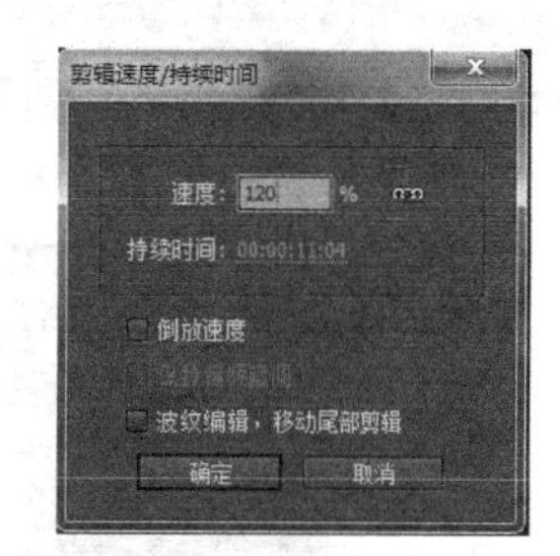

图 4-32 将素材片段的速度参数设置为 120%

（5）将“效果”命令面板中的“镜像”视频效果拖动到“时间线”命令面板的视频素材片段上，参数设置如图 4-33 所示。

（6）将“项目”命令面板中的“Clip02”视频文件拖动到“监视器”命令面板的“源监视器”中，将时间点移动到如图 4-34 所示的位置，单击“源监视器”下的按钮，指定素材片段的入点位置。

（7）将时间点移动到如图 4-35 所示的位置，单击“源监视器”下的按钮，指定素材片段的出点位置。

（8）将设定好入点和出点的素材从“源监视器”拖动到“时间线”命令面板的 V2 视频轨道中，如图 4-36 所示。

（9）在“效果控件”命令面板中，打开“运动”选项，将“缩放高度”和“缩放宽度”

参数进行如图 4-37 所示的设置。

图 4-33　设置镜像视频效果

图 4-34　指定素材片段的入点位置

图 4-35　指定素材片段的出点位置

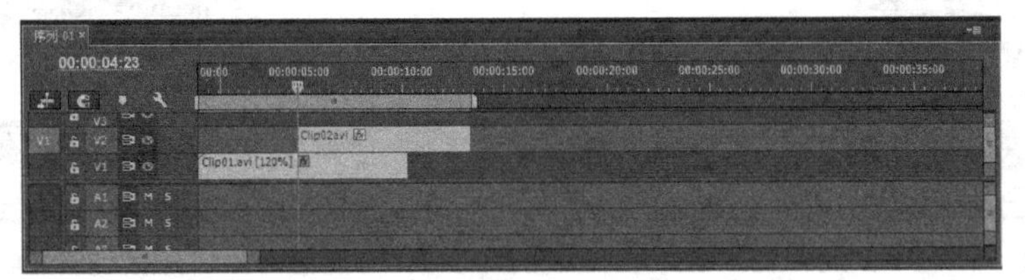

图 4-36　将编辑好入点和出点的素材片段拖动到时间线命令面板中

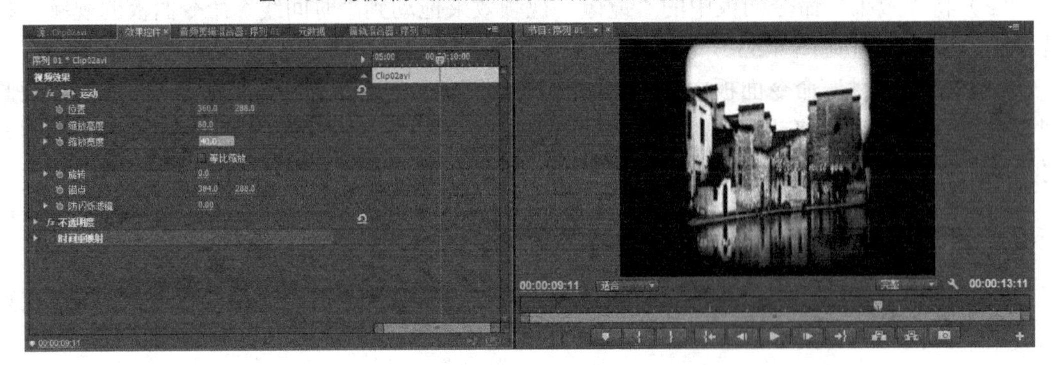

图 4-37　设置“缩放高度”和“缩放宽度”参数

（10）将“项目”命令面板中的“Clip03”视频素材片段拖动指定到“监视器”命令面板的“源监视器”中，为其指定入点和出点参数后，将该素材从“源监视器”拖动指定到“时间线”命令面板的视频轨道中，如图4-38所示。

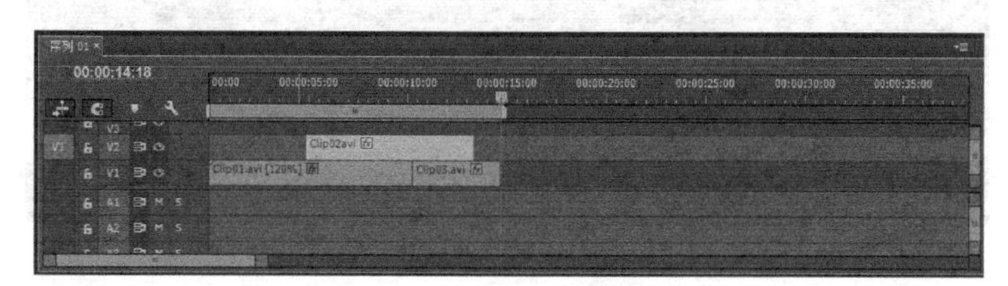

图4-38 将素材拖动到视频轨道中

（11）在“效果控件”命令面板中，打开“运动”选项，将“缩放高度”和“缩放宽度”参数进行如图4-39所示的设置。

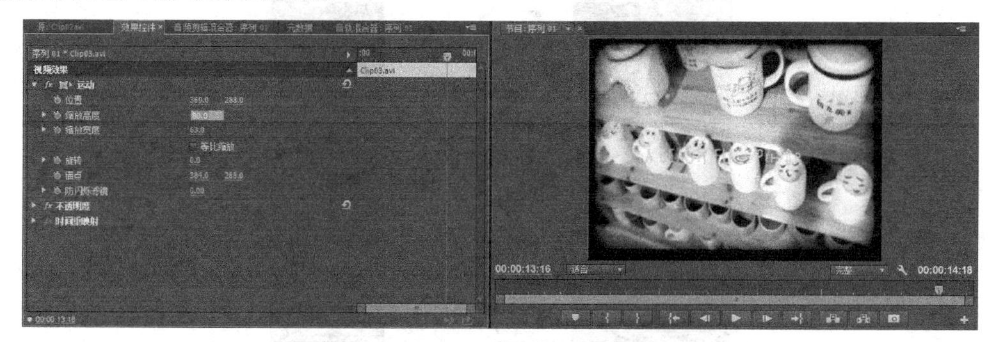

图4-39 设置“缩放高度”和“缩放高度”参数

（12）将“项目”命令面板中的“Clip04”视频素材片段拖动到“监视器”命令面板的“源监视器”中，为其指定入点和出点参数后，将该素材从“源监视器”拖动到“时间线”命令面板的视频轨道中，如图4-40所示。

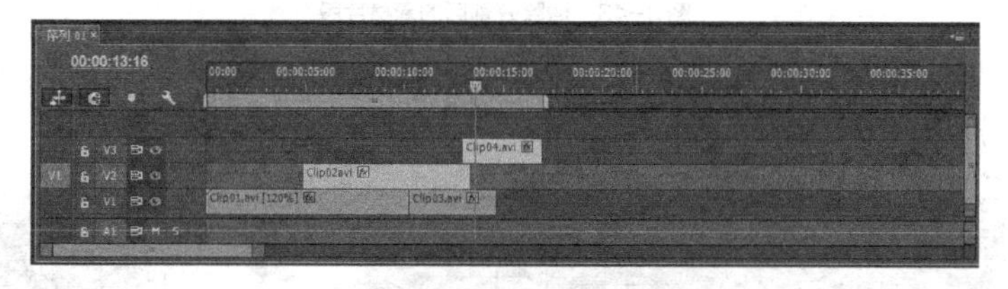

图4-40 将素材拖动到视频轨道中

（13）在“效果控件”命令面板中，打开“运动”选项，将“缩放高度”和“位置”参数进行如图4-41所示的设置。

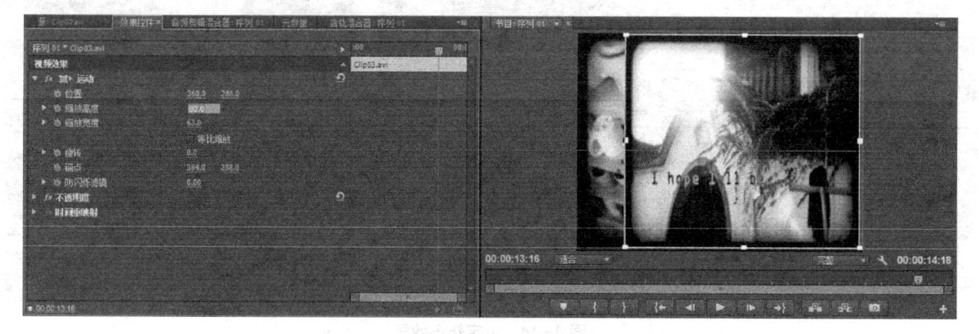

图4-41 设置“缩放高度”和“位置”参数

（14）在工具栏中单击剃刀工具，在如图 4-42 所示的时间点单击视频素材“Clip03”，将其分割成两段。

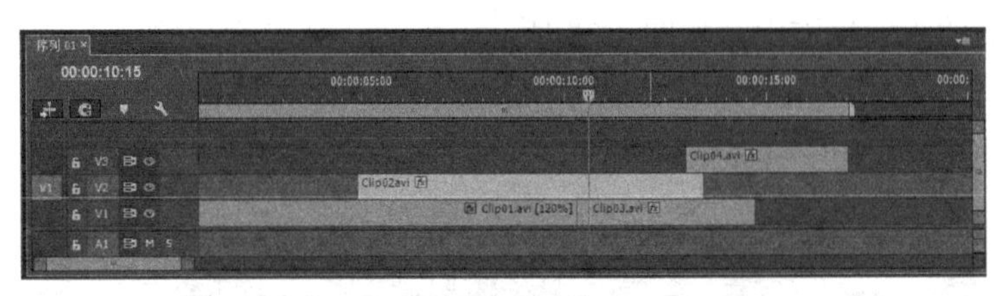

图 4-42　分割素材片段

（15）在分割后的第一段视频素材上单击鼠标右键，从弹出的右键快捷菜单中选择“清除”，如图 4-43 所示。

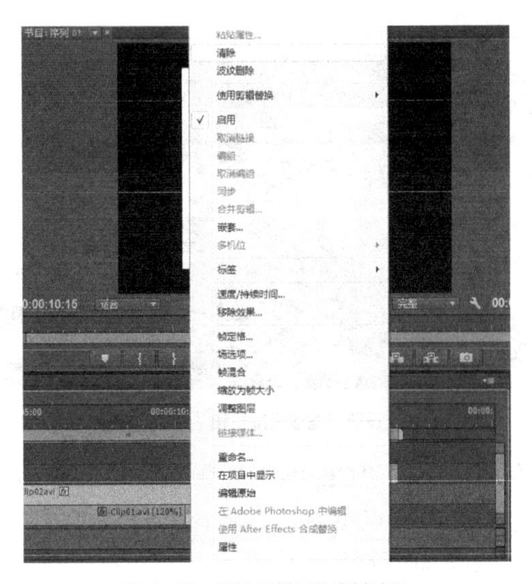

图 4-43　清除分割后的素材片段

（16）将“效果”命令面板中的“翻页”转场效果拖动到“时间线”命令面板的“Clip04”素材左侧边缘，如图 4-44 所示。

图 4-44　指定转场效果

（17）选择菜单命令“序列>添加轨道”，在“时间线”命令面板上序列 01 的 V3 视频轨道上面添加 4 轨道，如图 4-45 所示。

图 4-45　“添加轨道”对话窗口

（18）将“项目”命令面板中的“Clip05”视频素材片段拖动到 V4 视频轨道中。在“效果控件”命令面板中，打开“运动”选项，将“缩放高度”“缩放宽度”和“位置”参数进行如图 4-46 所示的设置。

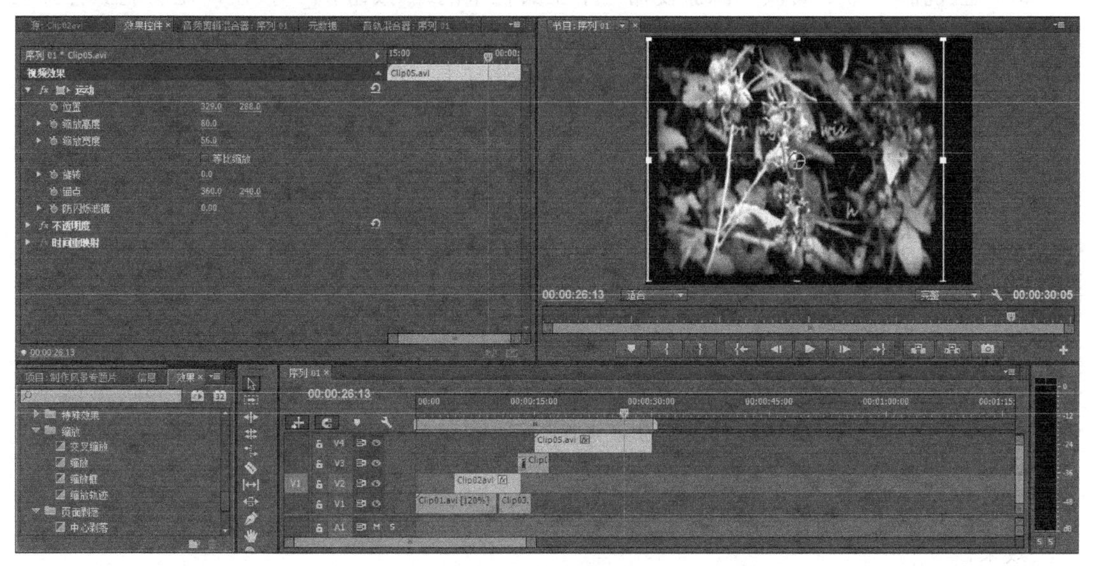

图 4-46　设置“运动”参数

（19）选择菜单命令“文件>导出>媒体”，弹出如图 4-47 所示的“导出设置”对话窗口，在其中单击导出名称选项，指定输出影片的名称及存储地址。

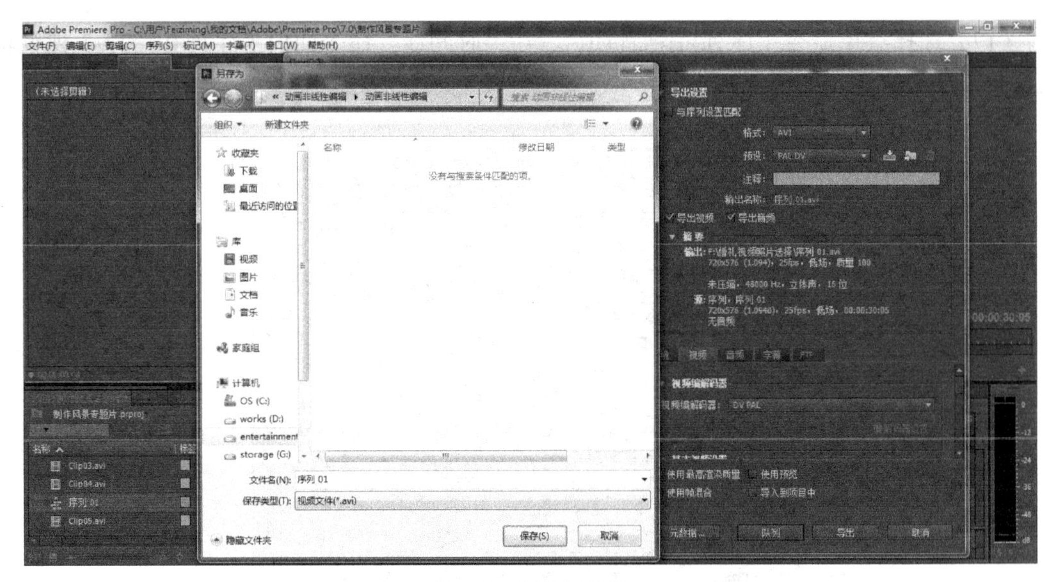

图 4-47　最终输出影片

习题

1. 什么是“蒙太奇”？

2. “监视器”命令面板共分为哪三种模式？如何在这三种模式之间切换？

3. “监视器”命令面板“源监视器”下工具栏中的按钮和按钮，在功能上有哪些区别？

4. “时间线”命令面板工具栏中的滚动编辑工具、波纹编辑工具、传递编辑工具、滑动编辑工具，在功能上有哪些区别？

5. 被锁定轨道上的素材片段是否包含在预演或输出的影片中？被禁止的素材片段是否包含在影片预演与输出的过程中？

课后操作题

目标：利用本章学到的知识，剪辑《欢庆儿童节》宣传片。

要求：①利用“新建项目”对话框，创建合适的项目，并导入素材。

②使用剃刀工具，剪辑素材。

③使用菜单命令“剪辑>速度>持续时间”调整素材速度，丰富短片的节奏。

效果：

六一
儿童节
特别献礼

Premiere Pro CC

5 Chapter

第 5 章 声音合成

本章首先概述动画数字音频的基础知识，并从音频淡化、平衡音频、调节声音增益、分离声道、查看音频素材片段左右声道等方面，介绍“时间线”命令面板中的音频调整技术，最后介绍“音轨混合器”命令面板中的音频调整模式。

5.1 数字音频概述

音频在动画中起着重要的作用，影片所传达的信息并不是包含在某一镜头的画面中，而是在画面的组接方式中，包含在画面与声音的关系中。动画是综合艺术，是声音和画面结合的视听艺术，视觉效果和听觉效果在动画中是相辅相成的，二者不可偏废。因此，视听语言的剪辑成败，关系动画的整体艺术生命，在非线性编辑过程中，声音本身就决定着画面的剪接点，尤其在今天，对多声道音频的编辑成为Premiere CC发展的重点。

在动画后期非线性编辑过程中，声音的剪接点一般可以分为如下几种。

（1）对白剪接点。以语言对话为依据，根据对白内容、音调语气选择剪接点。

（2）音乐剪接点。以音乐的主旋律、节拍、乐句等为依据选择剪接点。（音乐在动画中的作用可以分为：段落音乐、主题音乐、氛围音乐三种类型。段落音乐一般比较简短，常出现在动画间隙，划分动画章节；主题音乐用于展现整个动画主题，在影片中反复出现；氛围音乐用于渲染影片某一段落的气氛或勾勒角色的内心。）

（3）音响剪接点。掌握拟音与画面的关系，结合剧情及气氛的变化选择剪接点，有效地烘托渲染剧情。同时剪接时要注意音响的轻重缓急、以及与画面衔接的真实感。

数字音频信息包含以下来源。

（1）视频采集时同步加入的音频，从数字录像带中随视频信号一同被采集输入到计算机中。

（2）可以直接从CD-ROM中转换获取伴奏音乐或声音效果，当然要注意版权问题。

（3）利用声卡和外部音频设备单独录制的音频信息。

在获取数字音频信息的过程中可以采用同期录音，人物对话、行为举止、群众场面、鼓掌、欢呼、大笑、痛哭等，这些表情动作和各种声响都是与人物的对白同期录制的，因此大大增强了影片的真实感；但与此同时，音响剪辑的难度也就提高了。要使音响效果与画面内容有机衔接，必须注意尽量保持完整的原始录音。因为同期录音的音响效果与画面是丝丝入扣、表里如一的，具有鲜活的现场感。原始录音轻易不要删减，以防破坏影片的真实感。另外，如果画面的人物表情、环境气氛与音响效果有出入时，可以采用挖剪或拼剪的方法调整。

在获取数字音频信息的过程中还可以采用后期录音的方式。图5-1所示的是三维动画电影《机器人历险记》的后期录音。后期录音的剪辑主要包括几个方面：配对白的剪辑、画外音的剪辑、音乐的剪辑、音响效果的剪辑、综合的声画剪辑等。特别要注意综合的声画剪辑，对白、音乐、音响三种声音要层次清晰，不能重叠、相互干扰，而且要与画面对位组接、音画一体。

图5-1 动画后期录音

Premiere CC 支持的音频素材格式包括：Windows Wave Form（*.wav）、Audio-Video Interleaved（*.avi）、Quicktime（*.mov）、MP3（*.mp3）、Audio Interchange（*.aif）。最常用的音频素材格式是 PC 机中的 wave（*.wav）和苹果机中的 aiff（*.aif）。它们和音乐 CD 的格式在波形音频的本质上是相同的。

采样频率和量化等级是数字化波形音频的两个最基本要素（在本书 1.3 节数字动画的基础知识中有详细的讲述）。44.1kHz 是最常见的采样频率标准，此外还有 22.05kHz 和 11.025kHz 等。16bit 是最常见的量化等级，此外还有 8bit 和 24bit 等。CD 的格式就是 44.1kHz/16bit，多数 wave 音频也采用这个标准。

注意

在输出影片过程中，如果输出音频的采样频率高于原始素材片段中声音的采样频率，输出的影片在回放过程中会产生噪声。

音频文件的压缩格式大部分是有损压缩，最常见的是 mp3 和 Quicktime 的 mov ，还有 wma、real 等。最常用也是效果最好的 mp3 压缩格式，并不是 MPEG-3 的音频压缩格式，而是 MPEG-1 的第三层（MPEG-1 Layer3）。

在 Premiere CC 中可以用以下方式处理音频素材片段。

（1）调整音频素材片段的音量。

（2）调整音频素材片段的摇移和平衡，既可以在“时间线”命令面板中调整，也可以在“音轨混合器”命令面板中调整。

（3）为选定的音频素材片段指定一个菜单命令。

（4）为选定的音频素材片段指定音频效果。

当预演、回放或输出音频时，要注意 Premiere CC 音频调整的执行顺序，首先，Premiere CC 使用在项目“音频设置”对话窗口中设置的参数项目转化音频素材片段，如果选择“立体声”选项，可以在“剪辑>音频选项”菜单中找到针对音频片段的操作命令。

然后，为音频素材片段指定各种音频效果，接着在“时间线”命令面板的音频轨道中调整音频素材片段的摇移、平衡或音量。

最后，Premiere CC 利用菜单命令“剪辑>音频选项>音频增益”调整音频素材片段的增益属性。

5.2 时间线命令面板中的音频调整

本节重点讲述如何利用“时间线”命令面板中提供的工具，对动画的音频信息进行编辑。

5.2.1 音频淡化

在较早版本的 Premiere 里，“时间线”命令面板中音频轨道名称有一个隐藏标记，里面会弹出右键快捷菜单，包含了很多菜单命令，比如“显示片段关键帧”“显示片段音量”“显示轨道关键帧”“显示轨道音量”等。

然而在最新的 Premiere CC 中，这些选项得以简化，整个项目界面的设计更加紧凑和高效，但以往的重要功能都得以保留，比如淡化控制线。

利用淡化控制线可以精确指定素材片段持续时间内，各个时间点的音量变化，如图 5-2 所示。在淡化控制线上可以创建一个节点，通过上下拖动节点就可以改变音频素材片段在节点位置的音量大小。

图 5-2　淡化控制线

如果在“音轨混合器”命令面板中指定了淡化设置，该设置会自动反映在“时间线”命令面板中，并且最终的淡化处理效果是相同的。不同点在于，在“时间线”命令面板中主要依据视觉调整音量；而在“音轨混合器”命令面板中主要依据实时听到的声音进行调整。

调整素材片段的淡化控制线可以执行以下操作。

（1）在音频轨道中放置一个素材片段后，该素材片段音频部分分别出现一条淡化控制线，如图 5-3 所示。

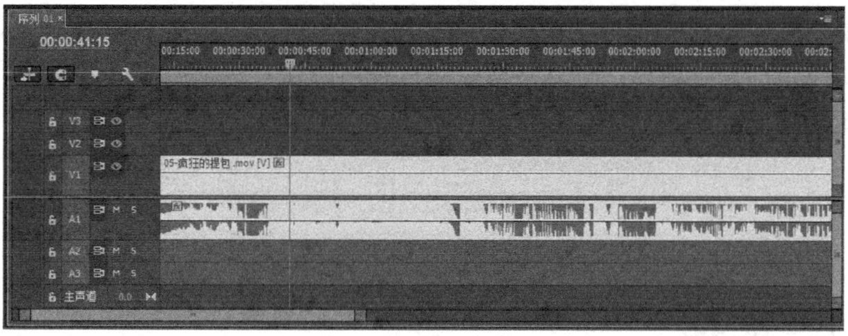

图 5-3　添加素材至轨道

（2）将鼠标放在音频轨道的空白处，滚动鼠标滚轮，轨道中隐藏的部分将会展开，出现“添加-移除关键帧”标记，如图 5-4 所示。

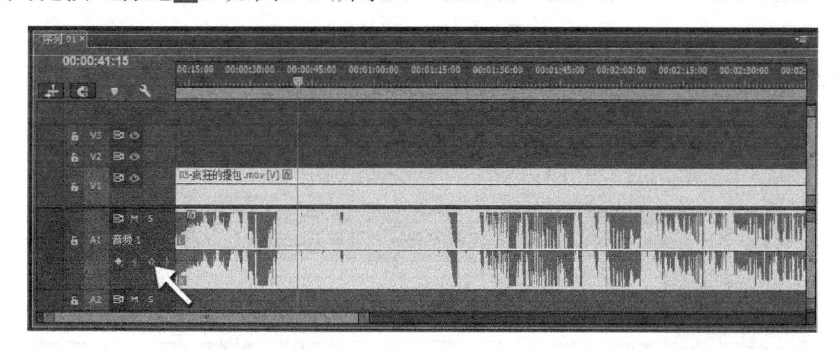

图 5-4　展开轨道

（3）将时间线移动到要加入淡化控制点的位置，单击“添加-移除关键帧”标记创建一个淡化控制点，如图 5-5 所示。

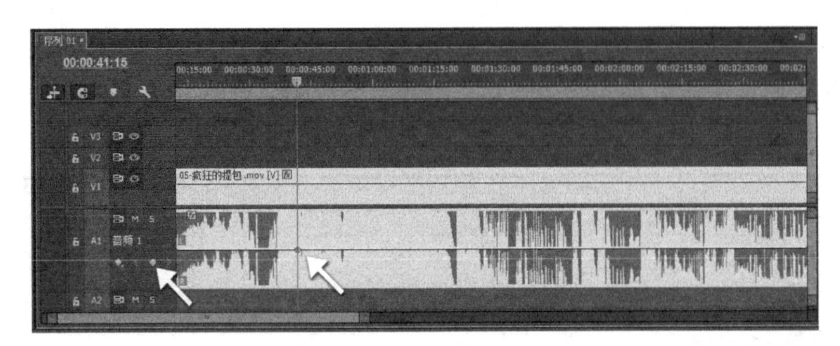

图 5-5　创建淡化控制点

（4）依据相同的操作步骤再在淡化控制线上创建几个控制点，如图 5-6 所示。

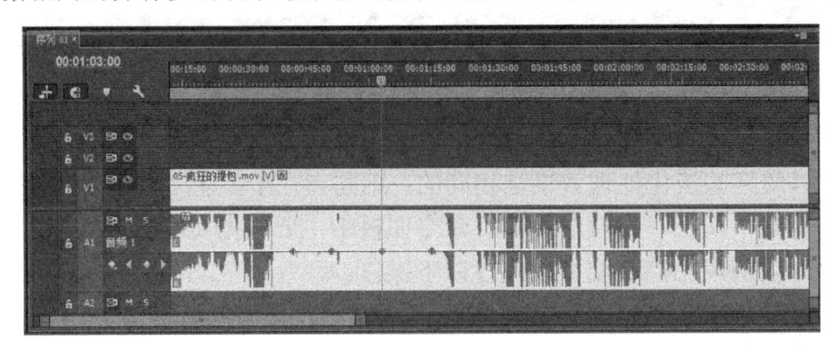

图 5-6　创建多个淡化控制点

（5）使用“选择”工具拖动淡化控制点，指定音频素材片段的淡化属性，如图 5-7 所示，向上移动控制点音量增加；向下移动控制点音量降低。两个控制点之间的音量控制线段长度表明音量变化的趋势和速度；线段越陡，音量变化的幅度越大。

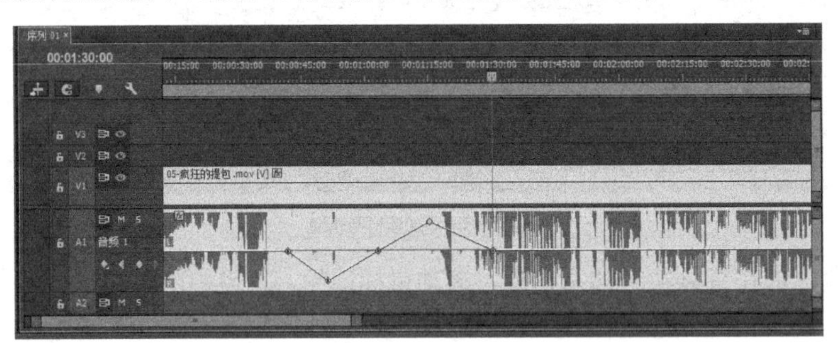

图 5-7　移动淡化控制点

（6）左右拖动淡化控制点，可以重新指定控制点的位置，如图 5-8 所示。

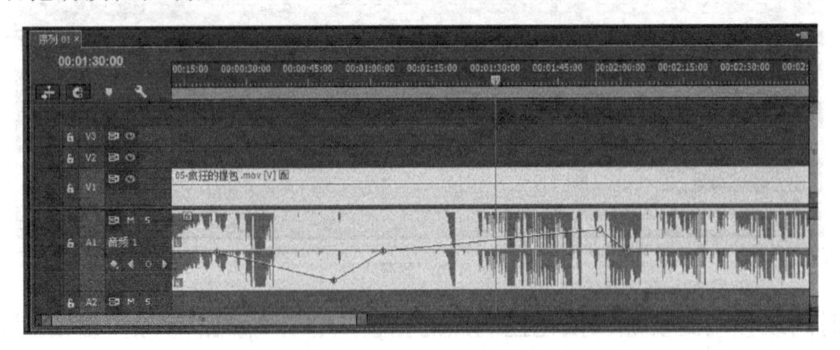

图 5-8　移动淡化控制点

（7）将鼠标移动到一段淡化控制线上，可以拖动一整段淡化控制线，两端的控制点同步移动，如图 5-9 所示。在移动过程中，同时显示声音的分贝参数。

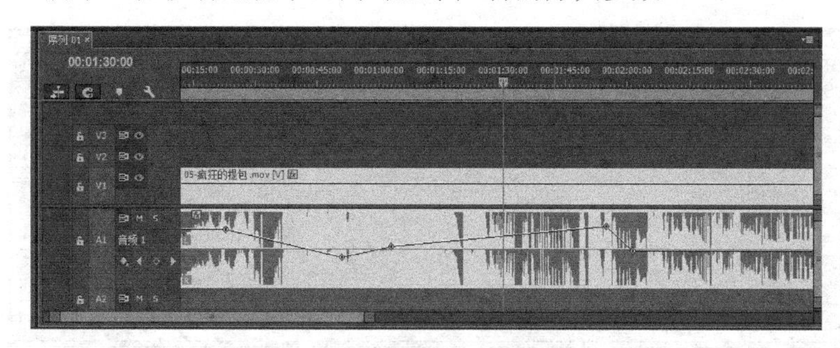

图 5-9　移动淡化控制线

（8）在淡化控制线上选择一个不需要的淡化控制点，按键盘上的“Delete”键，删除该控制点。

音量的百分数显示在“信息板”中，随着鼠标拖动控制点，“信息板”中音量的百分数随之变化。

注意

当调整完一个素材片段的淡化控制线后，如果拖动音频素材片段的边缘改变素材片段的出点和入点位置，淡化控制点保持原先的位置不变。

在两个音频素材片段之间创建交叉淡化效果，可以执行以下操作。

（1）在两个音频轨道中各放置一个素材片段，并确保两个音频素材片段之间具有一段重叠部分，如图 5-10 所示。

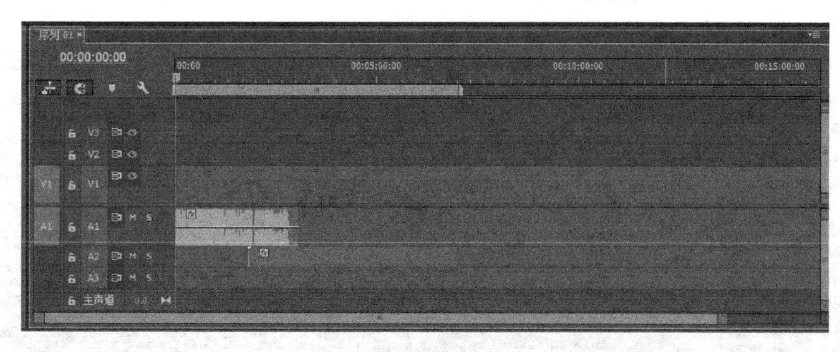

图 5-10　放置素材片段

（2）依据前面讲述的操作步骤，分别在两段素材片段上创建淡化控制点，如图 5-11 所示。

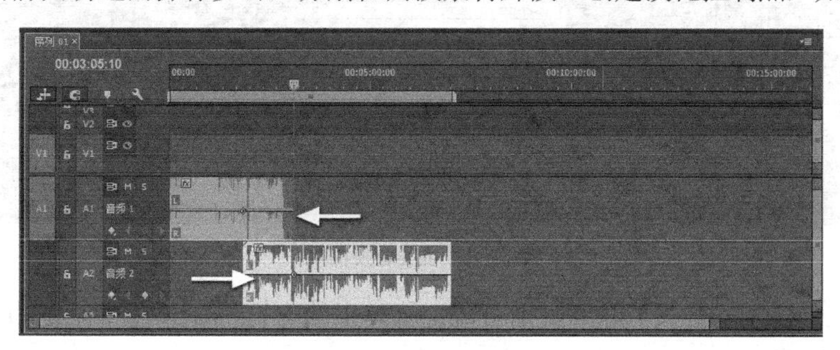

图 5-11　创建淡化控制点

（3）使用“钢笔”工具拖动淡化控制点，分别指定两段音频素材片段的淡化属性后的效果，如图 5-12 所示。

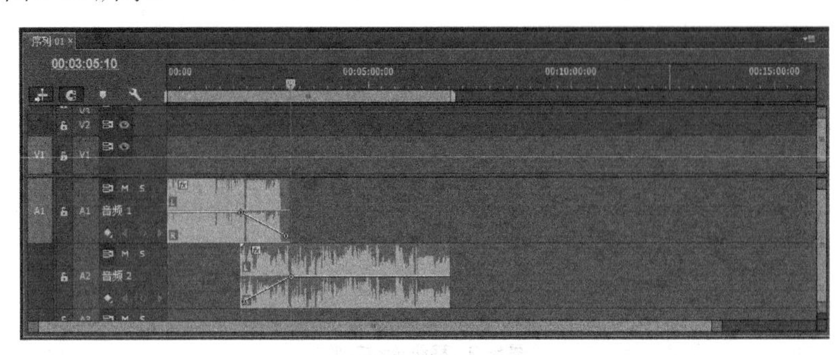

图 5-12 创建交叉淡化效果

调整音频级别或创建交叉淡化效果，既可以直接在“时间线”命令面板中完成，也可以在“音轨混合器”命令面板中进行。

5.2.2 平衡音频

可以对一个音频素材片段执行平衡处理，以确定该音频在左右声道之间的位置。

对音频素材片段执行平衡处理，既可以在“时间线”命令面板中进行也可以在“音轨混合器”命令面板中进行，处理的结果是相同的。

对音频素材片段进行平衡处理可以依据以下操作步骤。

（1）将素材放置在音频轨道中。

（2）在“效果”命令面板中，将音频效果文件夹下面的“平衡”效果拖动到音频素材片段上，如图 5-13 所示。

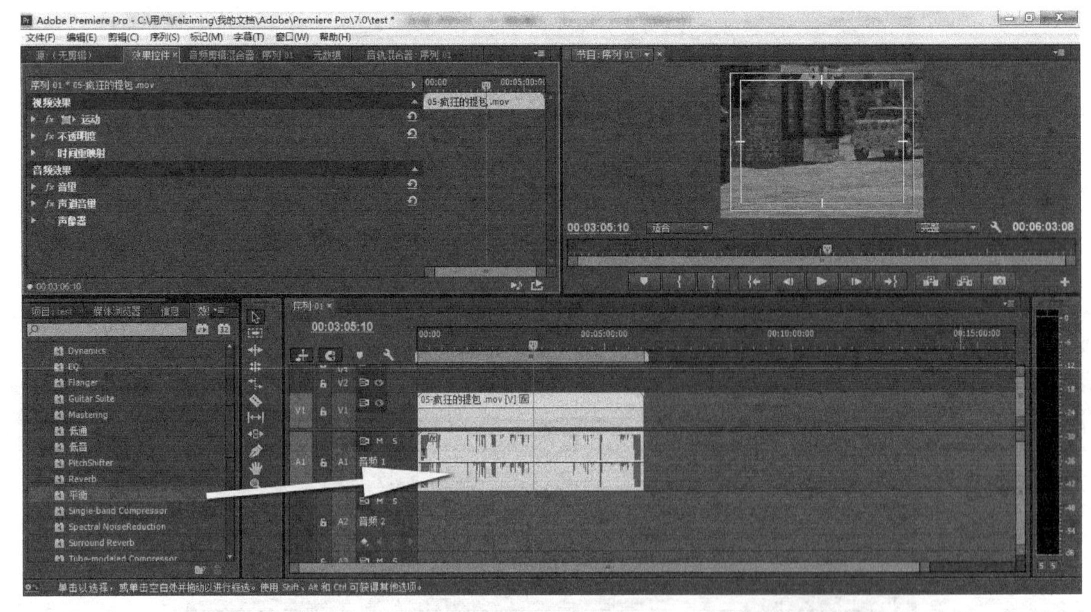

图 5-13 指定音频效果

（3）在音频素材片段上，单击鼠标右键，从弹出的右键快捷菜单中指定为“平衡”编辑状态，如图 5-14 所示。

图 5-14　平衡编辑状态

（4）将“时间线”移动到要加入效果关键帧的位置，单击“关键帧”标记，创建一个平衡效果关键帧，如图 5-15 所示。

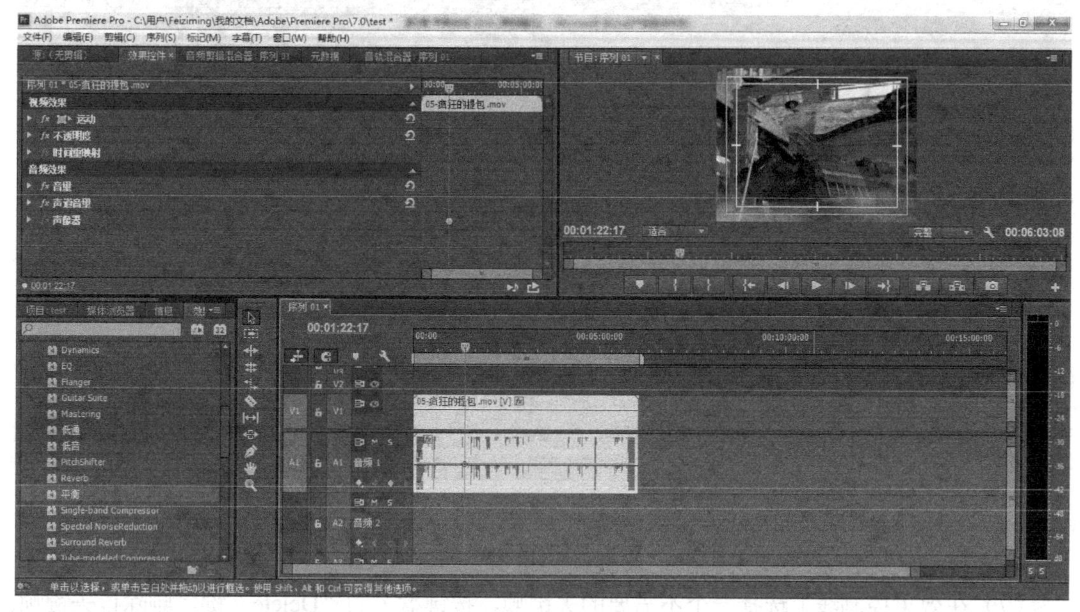

图 5-15　创建效果关键帧

在“监视器”命令面板的“效果控件”命令面板中也可以创建关键帧，关于该命令面板的详细讲述参见后面的相关章节。

（5）依据相同的操作步骤再在控制线上创建几个关键帧，如图 5-16 所示。

（6）使用“选择”工具或“钢笔”工具拖动关键帧，指定音频素材片段的平衡属性，如图 5-17 所示。

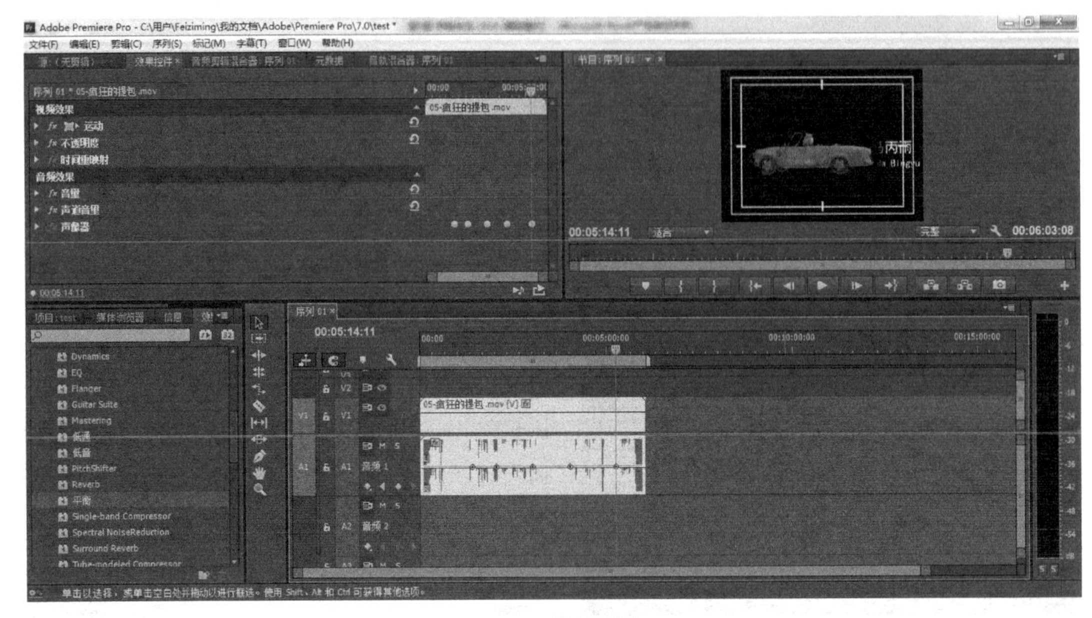

图 5-16　创建关键帧

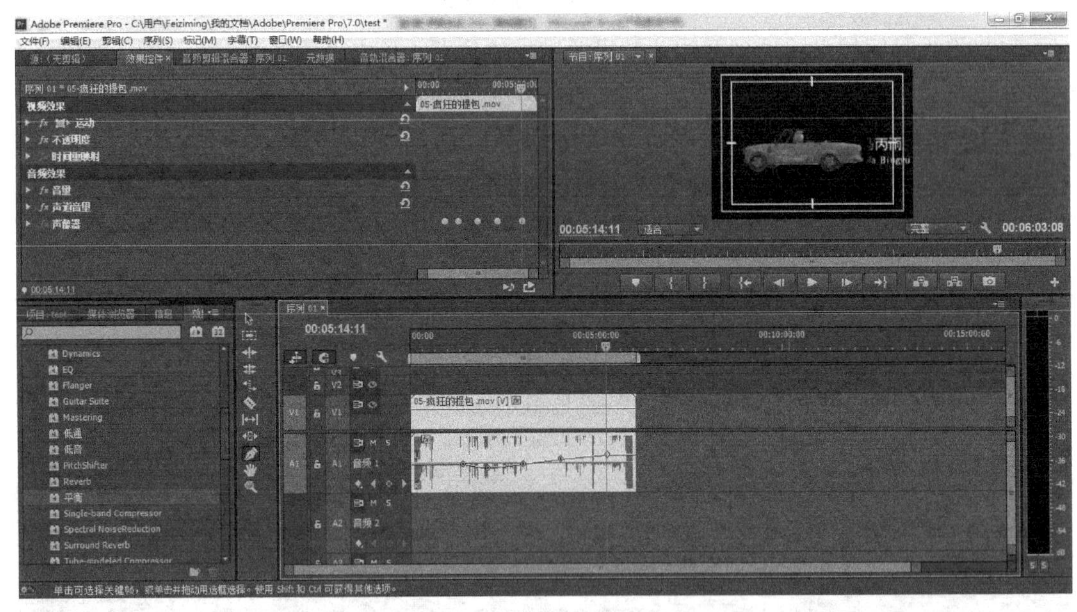

图 5-17　移动关键帧

左右拖动关键帧，可以重新指定关键帧的位置。

（7）在效果控制线上选择一个不需要的关键帧，按键盘上的“Delete”键，删除该关键帧。

利用平衡控制线可以精确指定素材片段持续时间内，各个时间点的平衡变化。在对音频素材片段进行平衡编辑过程中，首先要保证声卡支持立体声模式，并确定左右声道没有被颠倒。

5.2.3　调节声音增益

音频的增益属性控制声音的音量。

可以依据以下操作步骤进行调整。

（1）使用“时间线”命令面板中的“选择”工具选择音频轨道上的一个音频素材片

段后，选择菜单命令“剪辑>音频选项>音频增益”，弹出“音频增益”对话窗口，如图5-18所示；也可以直接在素材片段上单击鼠标右键，从弹出的右键快捷菜单中选择“音频增益”。

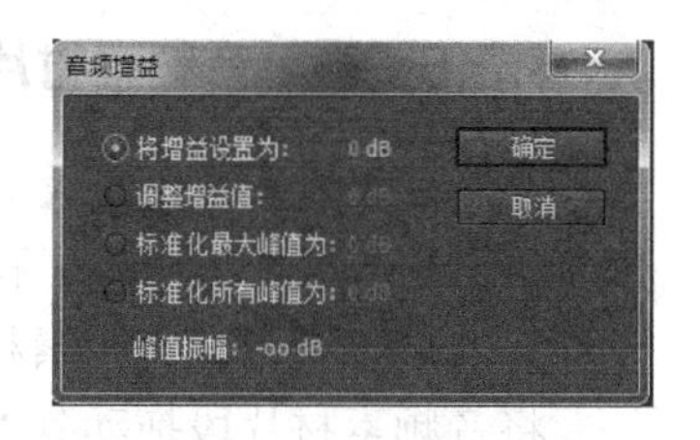

图5-18　“音频增益”对话窗口

（2）将增益设置为：设置音量绝对值。

（3）调整增益值：设置音频的相对增益。

（4）标准化最大峰值为：设置最高波峰的绝对值。

（5）标准化所有峰值为：设置匹配所有波峰的绝对值。

（6）设置完成后单击“确定”按钮关闭该对话窗口。

在Premiere CC中可以为整个音频素材片段设置增益。增益调整被放在音量调整、摇移/平衡、音频效果等处理过程之后，对于增益属性的调整不会影响所有上述操作的执行结果。对于增益的设置有利于平衡几个音频素材片段的增益水平，也有利于调整音频信号过高或过低的素材片段。

在调整过程中要牢记，在音频信号数字化的过程中，如果将音频素材片段的增益水平设置得过高，会使声音失真或加重噪声。所以要想采集理想的音频素材片段，要依据惯例合理指定音频的增益参数。

5.2.4　分离声道

在Premiere CC中可以将多通道的音频素材片段分离为单声道的音频素材。

分离声道可以采用以下操作步骤。

（1）首先在“时间线”命令面板中选择一个立体声或5.1声道的音频素材片段。

（2）选择菜单命令“片段>音频选项>拆分为单声道”。立体声音频素材片段将被分离为两个单声道音频素材；5.1声道的音频素材片段将被分离为6个单声道音频素材。

分离之后，原先的音频素材片段不会被删除，分离出来的两个单声道音频素材出现在项目命令面板中，如图5-19所示。

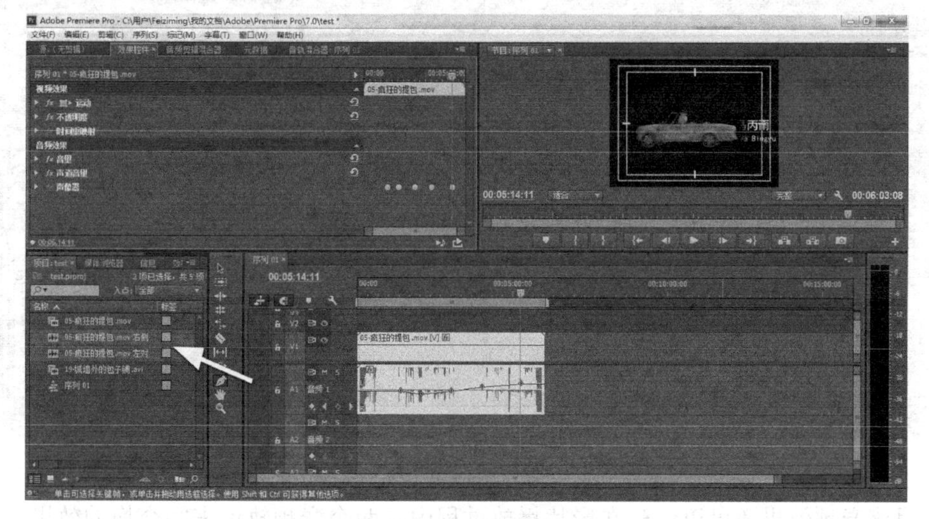

图5-19　分离结果

5.2.5 查看音频素材片段

在“时间线”命令面板中不仅可以查看音频素材片段的平衡控制线、淡化控制线，还可以查看素材片段的波形图。利用波形图可以精确同步视频的变化与音频的节拍，还可以在一个独立的窗口中查看音频素材片段，以精确指定该素材片段的入点和出点位置。

将音频素材片段拖动到“监视器”命令面板的左侧视窗中，也可以查看音频素材片段的波形图，如图 5-20 所示。

图 5-20 查看音频波形

5.2.6 交换立体声素材片段的左右声道

如果立体声的左右声道位置不正确，可以在“时间线”命令面板中对立体声的左右声道进行交换处理。

交换声道可以依据以下操作步骤。

（1）首先在“时间线”命令面板中选择一个立体声音频素材片段。

（2）在“效果”命令面板中，将音频效果文件夹下面的“互换声道”效果拖动指定到音频素材片段上，如图 5-21 所示。

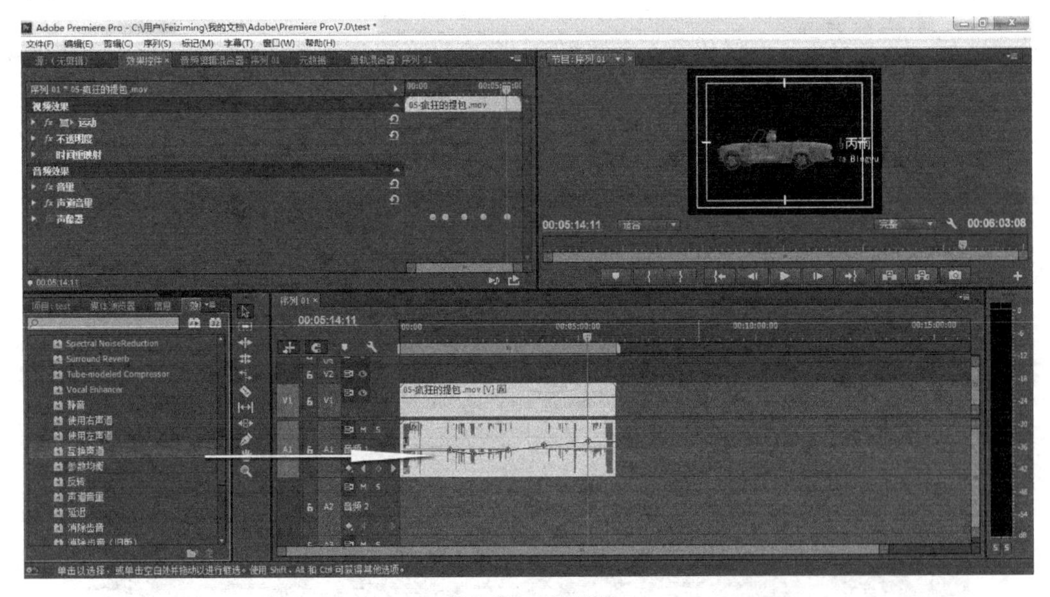

图 5-21 交换声道

利用该音频效果还可以创建在影片播放过程中，两个音频轨道来回交换的效果。

5.3 音轨混合器中的音频调整

选择菜单命令“窗口>音轨混合器”，打开“音轨混合器”命令面板，在该命令面板中，可以边听边调整同一音频轨道上多段音频素材片段的音量或摇移/平衡属性，如图 5-22 所示，Premiere CC 自动将编辑结果指定到“时间线”命令面板中。

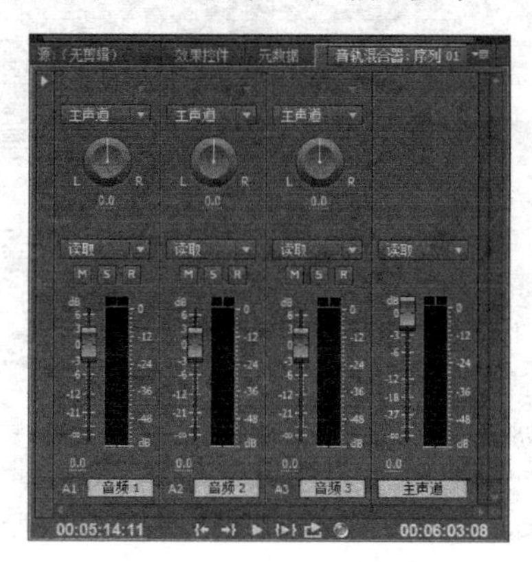

图 5-22　“音轨混合器”命令面板

Premiere CC 中包含四种不同类型的混合器，分别是单声道混合器、立体声混合器、5.1 声道混合器、16 通道混合器。在“新建项目”对话窗口、“新建序列”对话窗口、“项目设置”对话窗口都可以设置音频轨道的属性，如图 5-23 所示。

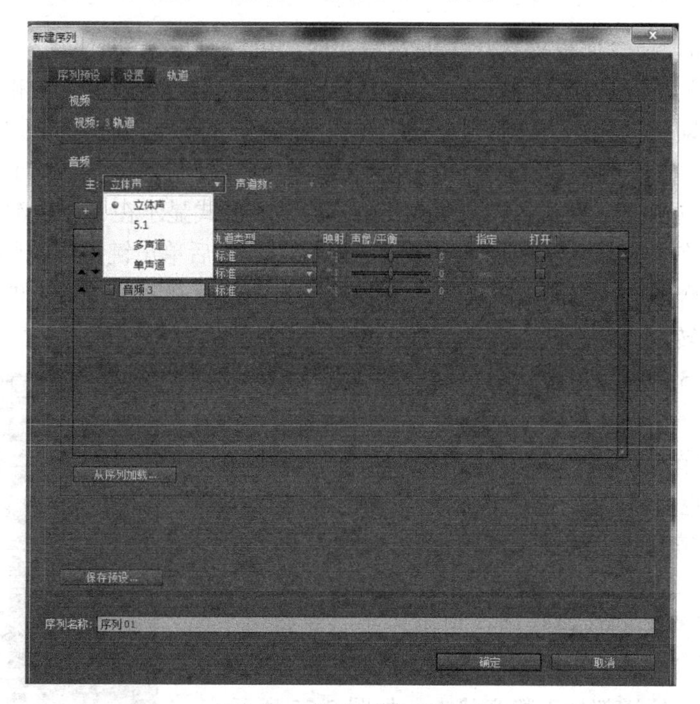

图 5-23　“新建序列”对话窗口

5.3.1 “音轨混合器”命令面板结构

在“音轨混合器”命令面板中可以改变音频轨道的名称，“时间线”命令面板中对应音频轨道的名称会随之改变，如图 5-24 所示。

图 5-24　改变音频轨道名称

注意

“主声道”的名称无法改变。

“音轨混合器”命令面板就像一个混音台一样，可以对每个“时间线”命令面板中的音频轨道执行一系列编辑操作，音频轨道的编号与“时间线”命令面板完全相同。使用鼠标拖动音量滑块可以即时调整声音的音量，在“音轨混合器”命令面板中对音频素材片段进行编辑后，Premiere CC 自动在“时间线”命令面板的控制线上创建节点。对于整个轨道音量的调整可以直接拖动滑块，调整的结果以“dB 分贝”的模式显示在“音轨混合器”命令面板中，还可以直接在参数输入区中输入+6 到-95 之间的数值后单击键盘中的回车键确定。

在“音轨混合器”命令面板中还以 VU 表的方式图形化显示音频调整的结果。当 VU 表顶部的小指示器转变为红色时，说明音频的设置结果过高会导致失真。

在立体声和 5.1 声道“音轨混合器”命令面板中，每个音频轨道还包含一个摇移/平衡控制。可以方便地通过顺时针或逆时针旋转调节旋钮，在左右声道之间摇移/平衡音频轨道中的素材片段，也可以直接在参数输入区中输入-100 到+100 之间的数值后，按键盘上的回车键确定。

单击一个音频轨道上的“静音”按钮M，则该轨道中的声音不出现在最终的回放过程中；单击一个音频轨道上的“独奏”按钮S，则只有该轨道中的声音出现在最终的回放过程中，其他音频轨道都处于静音状态，如图 5-25 所示。

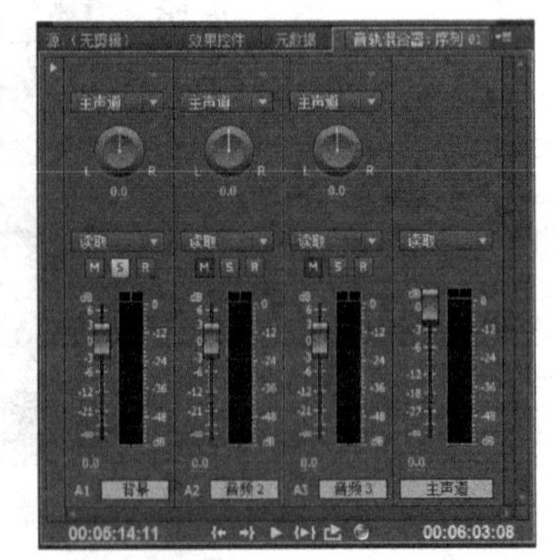

图 5-25　“独奏”按钮

5.3.2　“音轨混合器”命令面板菜单

单击“音轨混合器”命令面板右上角的三角标记，弹出“音轨混合器”命令面板的快捷菜单，其中包含以下命令。

显示/隐藏轨道：选择该命令后，弹出如图 5-26 所示的“显示/隐藏轨道”对话窗口，在该对话窗口中可以指定显示/隐藏哪些轨道。

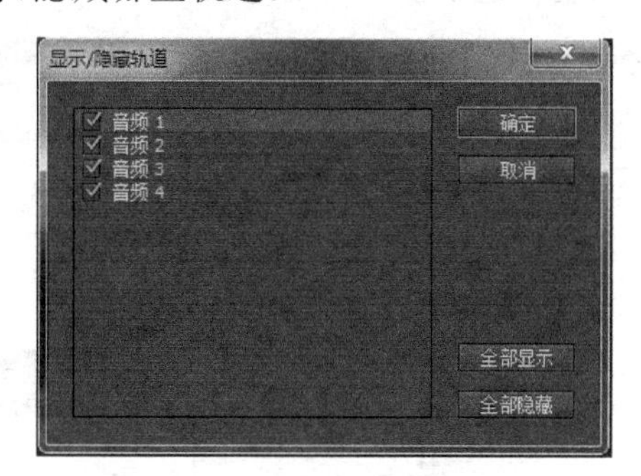

图 5-26　“显示/隐藏轨道”对话窗口

注意

在“时间线”命令面板中的音频轨道不受该命令的影响。

显示音频时间单位：选择该命令后，以音频时间单位显示时间。

循环：选择该命令后，在指定区间循环播放。

仅计量器输入：选择该命令后，每个轨道只显示输入的音频信号。

写入后切换到触动：选择该命令后，在结束自动写模式之后，自动恢复为接触模式。

5.3.3　录制声音

在“音轨混合器”命令面板中，每个音频轨道还包含一个“录制声音”按钮，利用该功能既可以进行内部线路录制，也可以录制外部麦克风的声音。

录制外部声音一般要依据以下操作步骤。

（1）首先要确认外部设备正确接入到计算机中，在 Windows 操作系统中选择“开始>控制面板”，打开如图 5-27 所示的“控制面板”对话窗口。

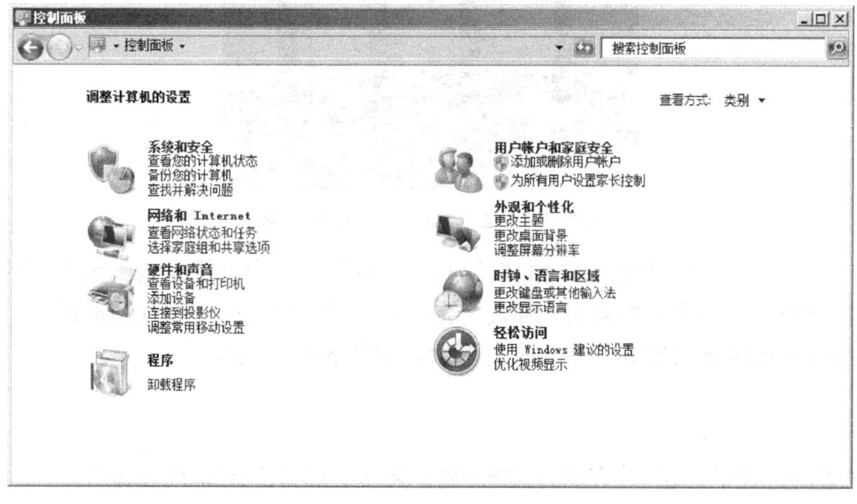

图 5-27　“控制面板”对话窗口

（2）单击“硬件和声音”项目，然后单击“管理音频设备”项目，打开如图 5-28 所示的“声音”对话窗口。

（3）在此窗口中单击“录制”选项卡，启用“录制播放”选项，如图 5-29 所示。

图 5-28 “声音”对话窗口

图 5-29 “录制”选项卡

（4）首先在“音轨混合器”命令面板上单击轨道下的“录制声音”按钮，再单击对话窗口下的“录音”按钮，开始通过麦克风进行录音；再次单击“录音”按钮结束录音过程，如图 5-30 所示。

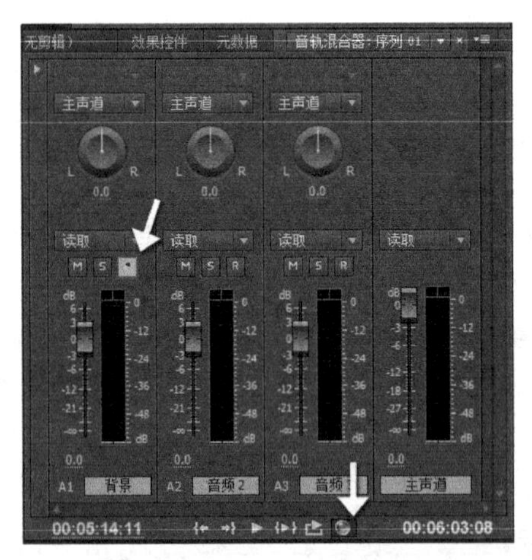

图 5-30 单击“录音”按钮开始录制声音

录音结束后，在“时间线”命令面板的对应音频轨道中自动插入刚刚录制好的声音，如果原先该轨道中已经包含音频素材，则插入的录制声音将覆盖原先的音频素材。同时，在“项目”命令面板中也出现录制好的音频素材片段，如图 5-31 所示。

注意

在录制声音的过程中，也可以同时控制其他音频轨道的音量或摇移等属性。

图 5-31　录制结果

5.3.4　指定音频效果

利用“音轨混合器”命令面板可以为音频轨道指定各种效果。

操作步骤如下。

（1）将鼠标移动到“音轨混合器”命令面板的音频效果区域，单击右侧的“箭头”标记 ，弹出如图 5-32 所示的快捷菜单，在其中可以选择一个音频效果。

在“音轨混合器”命令面板中指定的音频效果，不包含在“效果控件”命令面板上；该效果作用于整个音频轨道，而不是某一个音频素材片段。

（2）在效果和传输区域的下部，出现该音频效果的部分调整参数（可以从下拉列表中选择其他参数进行编辑），如图 5-33 所示。

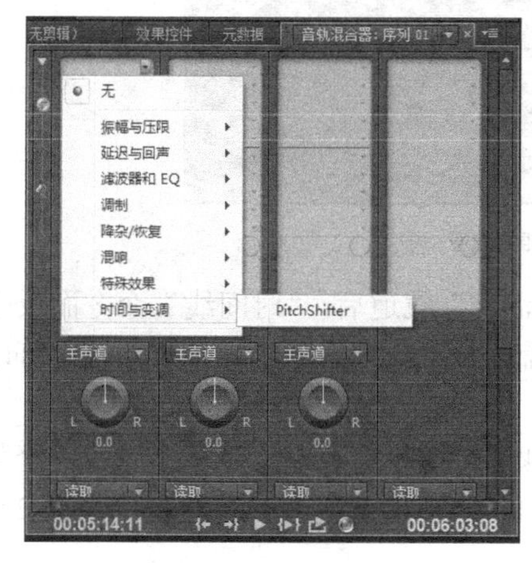

图 5-32　选择音频效果

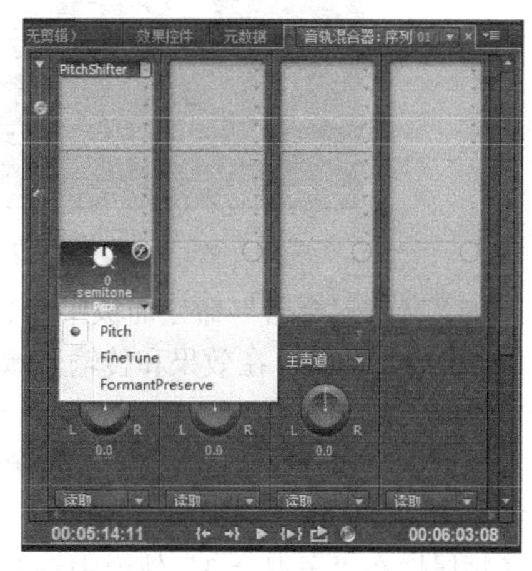

图 5-33　设置音频效果的参数

（3）在音频效果上单击鼠标右键，从弹出的右键快捷菜单中选择“编辑”，弹出该音频效果的完整参数设置对话窗口，如图 5-34 所示。

图 5-34 “轨道效果编辑器”对话窗口

如果在右键快捷菜单中选择“无”，就可以删除该音频效果。

5.3.5 创建子混合轨道

“子混合”轨道用于混合其他的音频轨道。

创建“子混合”轨道可以依据以下操作步骤。

（1）将鼠标移动到“音轨混合器”命令面板的传输区域，单击右侧的箭头标记，弹出如图 5-35 所示的快捷菜单，在其中可以选择创建一个“子混合”轨道。可以选择的子菜单包括：创建单声道子混合、创建立体声子混合、创建 5.1 子混合、创建自适应子混合。

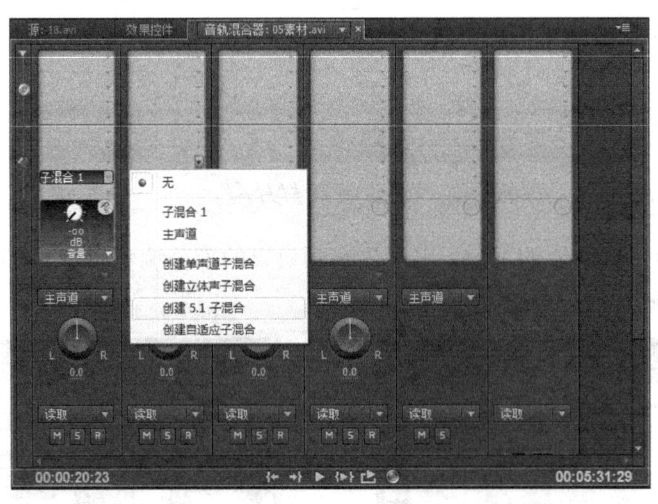

图 5-35 创建子混合轨道

（2）在“音轨混合器”命令面板中创建“子混合”轨道后，“时间线”命令面板中同时增加了“子混合”轨道。在效果和传输区域的下部，从下拉列表中选择该音频轨道可以传输的混合参数，如图 5-36 所示。

（3）在另一个音频轨道的传输区域中单击右侧的“箭头”标记，从弹出的快捷菜单中可以选择传输到“子混合 3”轨道。这时“音频 1”轨道的选定音频属性和“音频 2”轨道的选定音频属性在“子混合 3”轨道中混合在一起。

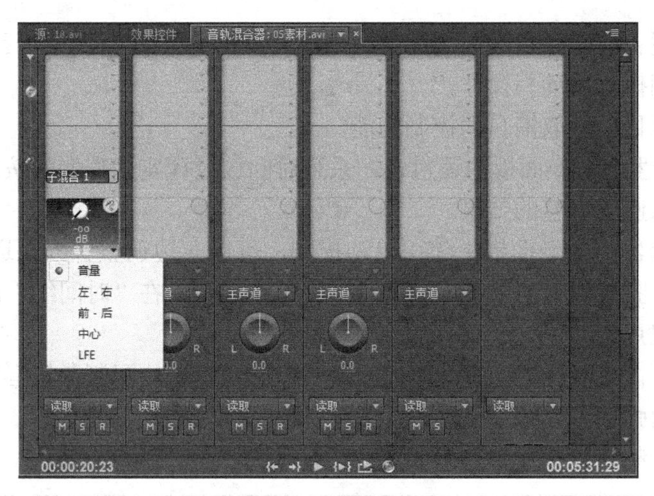

图 5-36　选择要混合的项目

5.3.6　自动控制

如图 5-37 所示，对于每个音频轨道，都可以通过以下四个选项控制混音过程中的自动控制状态。

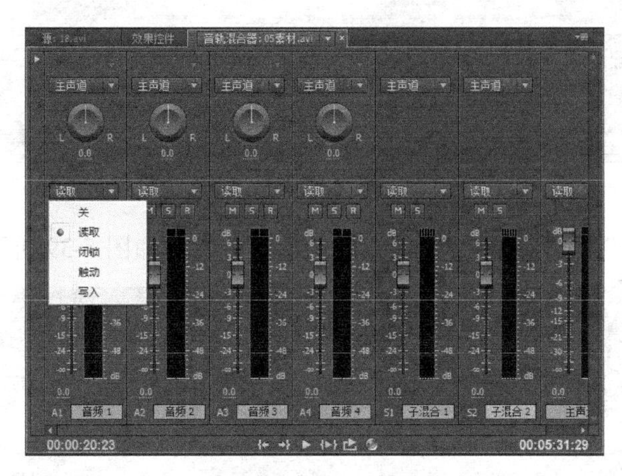

图 5-37　自动控制选项

读取：选择该项目后，读取音量与摇移/平衡数据，并在回放过程中使用读取的数据控制音频素材片段的属性。

闭锁：选择该项目后，拖动滑块时自动对素材片段的音量水平和摇移/平衡数据进行修改；当释放鼠标之后，音量水平和摇移/平衡数据不回复到初始状态，而保留在调整后的位置。

触动：选择该项目后，拖动滑块时自动对素材片段的音量水平和摇移/平衡数据进行修改，当释放鼠标之后，音量水平和摇移/平衡数据自动回复到初始状态。

写入：选择该项目后，读取“时间线”命令面板中音频轨道的音量与摇移/平衡数据，并自动记录在“音轨混合器”命令面板中。在“音轨混合器”命令面板中音量与摇移/平衡数据的调整结果，被保存为“时间线”命令面板中控制线上的新节点。

另外，基于当前滑块的位置，自动对素材片段的音量水平和摇移/平衡数据进行修改，这样在开始自动写的过程中就不必再拖动滑块。

该选项特别适于在开始自动写之前就预先精确设定调整的结果，然后在开始回放时，依据预先的设置立刻执行自动写操作。

关：选择该项目后，取消自动控制功能。

在“音轨混合器”命令面板中还包含一系列对回放过程实施控制的按钮，在混音过程中利用这些按钮可以监听调整的结果。

在“音轨混合器”命令面板中使用自动控制，可以一边调整音频轨道的音量和摇移/平衡属性，一边实时监听调整的结果。当调整结果被指定后，在“时间线”命令面板中自动在控制线上创建关键点。

下面将利用“音轨混合器”命令面板，为一个风景专题片配制背景音乐，并在播放过程中手动控制声音的强弱。

（1）首先在音频轨道中放置一个素材片段，如图 5-38 所示。

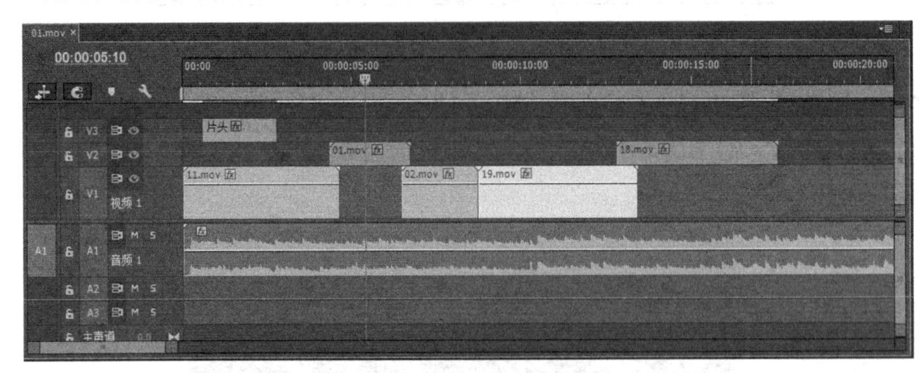

图 5-38　将素材加入到音频轨道中

（2）使用“选择”工具调整音频素材的出点位置，如图 5-39 所示。

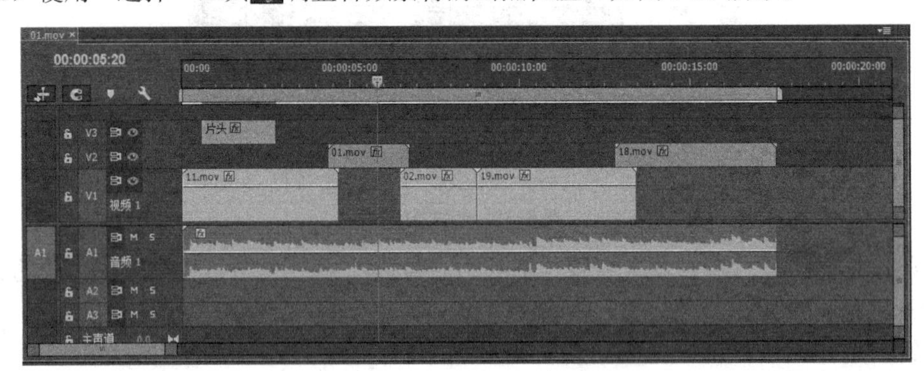

图 5-39　调整音频素材的出点位置

（3）选择菜单命令“窗口>工作区>音频”，将界面指定为音频编辑状态，如图 5-40 所示。

（4）拖动“时间线”命令面板中的时间线到要进行自动控制的起点位置。

（5）在“音轨混合器”命令面板中选择一个要进行调整的轨道，“音轨混合器”命令面板中的轨道与“时间线”命令面板中的音频轨道一一对应。从轨道顶部的下拉列表中选择“写入”，如图 5-41 所示。

（6）单击“音轨混合器”命令面板中的“回放”按钮，开始进行自动控制记录。

（7）向上拖动音量滑块增加素材片段的音量，向下拖动音量滑块降低素材片段的音量，如图 5-42 所示。为了避免调整后音频失真，注意滑块右侧的 VU 表显示应为黄色的正常状态，而不是红色的失真状态。当处于失真状态后，向下拖动音量滑块并单击 VU 表顶部的红色方块可以避免失真。

图 5-40　指定为音频编辑状态

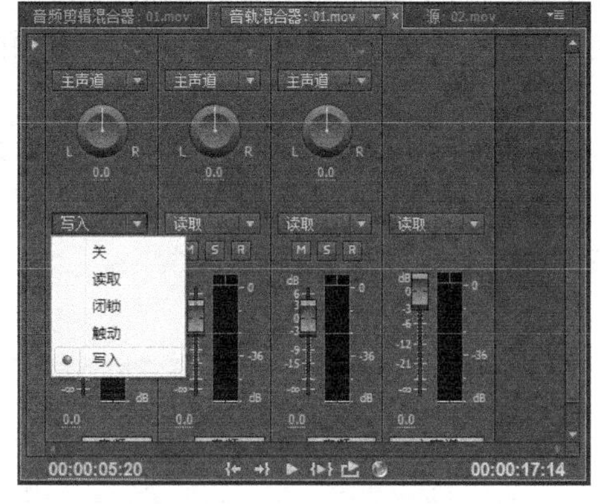

图 5-41　指定为自动写入的状态

图 5-42　手动控制音量的属性

注意

溢出（overflow），即声音超出了音响器材所能承担的最大限度。当 VU 表上面出现了红灯警报，就表示音频信号溢出了。如果是瞬间的溢出，对于音频回放的结果没有太大影响；但如果是长时间的溢出，那么声音中就会掺杂许多噪波。在音频处理过程中，防止溢出是每一个制作人员应该养成的最基本习惯，尤其是在录音以及音量/动态处理的时候。

（8）单击“停止”按钮■可以停止记录过程。如图 5-43 所示，在“时间线”命令面板的音频控制线上出现新增的关键帧。

（9）从“音轨混合器”命令面板轨道顶部的下拉列表中选择“读取”。

（10）按键盘上的“Home”键，将时间线移动到轨道的编辑起点。单击“回放”按钮▶，听一听音量调整的结果。

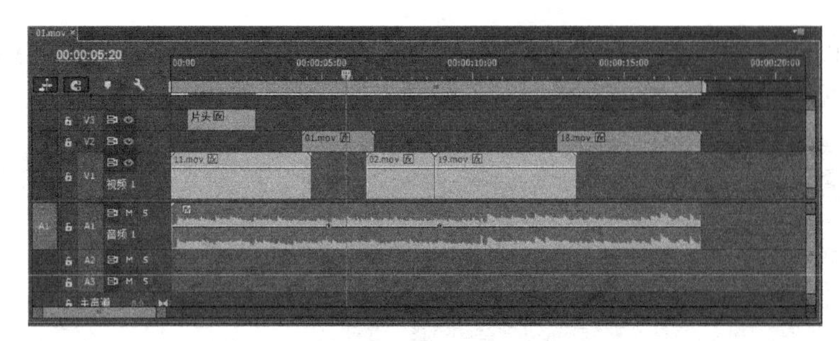

图 5-43　在音频控制线上出现新增的关键帧

习题

1．数字化波形音频的两个最基本参数是什么？

2．利用淡化控制线可以精确指定素材片段持续时间内的哪些属性？

3．如何在两个音频素材片段之间创建交叉淡化效果？

4．音频素材片段的平衡处理，可以实现哪些效果？

5．在 Premiere CC 中为整个音频素材片段设置增益的操作，应当放在音量调整、摇移/平衡、音频效果等处理过程之后，还是之前？

6．在 Premiere CC 中如何将多通道的音频素材片段分离为单声道的音频素材？

7．如何显示音频素材片段的波形图，如何利用波形图精确同步视频的变化与音频的节拍？

8．如果立体声的左右声道位置不正确，如何在“时间线”命令面板中对立体声的左右声道进行交换处理？

9．在 Premiere CC 中包含哪几种不同类型的混合器？

课后操作题

目标：为动画短片添加音乐及音效。

要求：①使用“显示轨道关键帧”选项制作音乐的淡入淡出。

②为片段添加猫或青蛙的叫声的音效。

效果：

Chapter

6

第 6 章
转场效果

本章讲述转场效果的使用方法，介绍如何加入与预演转场效果，如何设置默认转场效果，以及转场效果的应用实例。

6.1 转场概述

6.1.1 什么是转场

从一个素材片段向另一个素材片段的转换过程被称为“转场”，最简单的转场过程就是“切换”，“切换”就是将两个视频素材片段直接首尾连接在一起，从一个素材片段的最后一帧直接连接到下一个素材片段的第一帧，如图 6-1 所示。

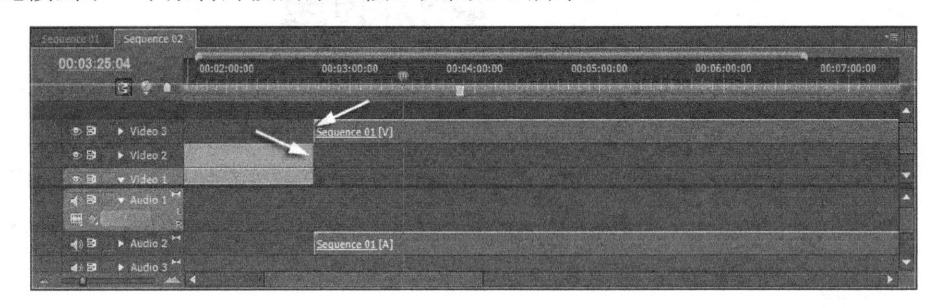

图 6-1　简单的切换

创造性地使用素材经常意味着增加特技的效果，以及采用比直接简单切换复杂得多的其他转场效果，如图 6-2 所示，以翻页的方式从一个素材片段切换到另一个素材片段。

图 6-2　翻页转场效果

在 Premiere CC 中包含了几十种转场效果，并在“效果”命令面板中依据转场的类型进行分类。

在“效果”命令面板中包含视频转场和音频转场两类，其中视频转场包含 10 个子文件夹，音频转场包含 1 个子文件夹，每一个文件夹代表一个转场效果类别，在文件夹中包含这一类别的所有转场效果，单击转场效果文件夹左侧的三角标记可以展开该文件夹。

单击“效果”命令面板中的“新建文件夹”按钮，或从“效果”命令面板的弹出式菜单中选择“新建自定义素材箱”菜单命令，就可以创建一个新的文件夹，如图 6-3 所示。

在“效果”命令面板中，可以直接将一个常用转场效果拖曳移动到自定义的素材箱中，如图 6-4 所示，以后再使用该转场效果时就不用查找了。

图 6-3　新建素材箱

图 6-4　将常用效果移动到自定义的素材箱中

6.1.2　指定转场效果

在 Premiere CC 中可以为任意两个轨道上的素材片段加入转场效果。

一般的操作步骤如下。

（1）使用工具栏中的“选择”工具，分别移动两条需要转场处理的素材片段，使它们之间拼合起来，如图 6-5 所示。

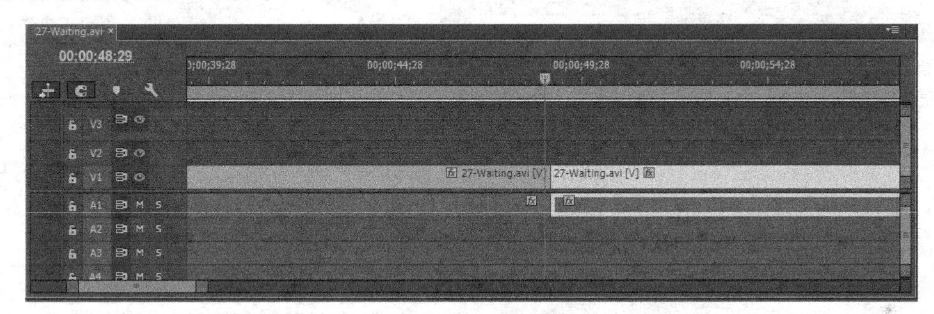

图 6-5　移动素材片段

（2）按住鼠标将“效果”命令面板“溶解”类型中的“交叉溶解”转场效果拖动到两段素材的接缝处，如图 6-6 所示。该转场效果可以创建素材片段 A 逐渐交叉溶解淡化呈现素材片段 B 的淡入、淡出效果。

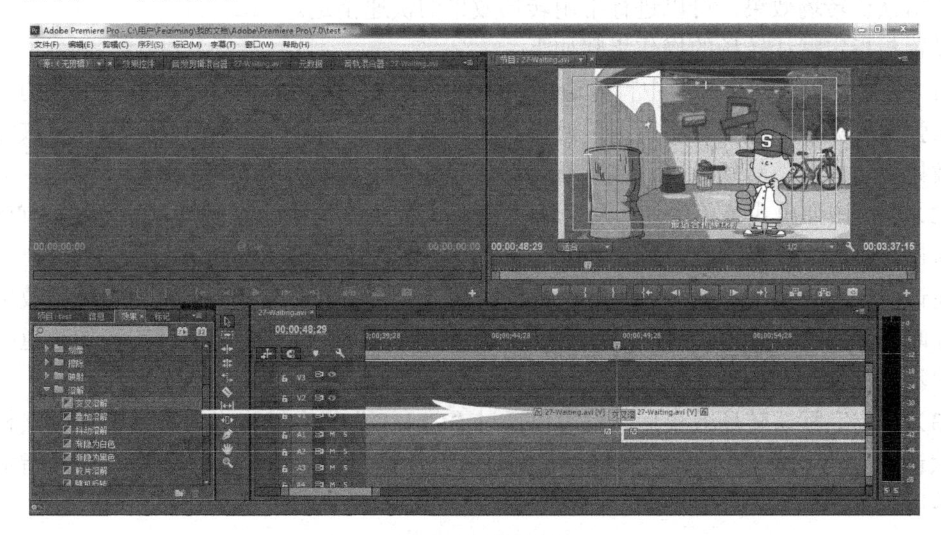

图 6-6　指定转场效果

（3）轨道上的转场效果像一般轨道上的素材片段一样，使用“选择”工具拖动转场效果片段的右边缘改变该片段的持续时间，使其只出现在两个素材片段的交叠位置，如图 6-7 所示。

图 6-7　改变转场效果持续时间

（4）在“效果控件”命令面板中可以设置转场效果的参数，单击窗口左上角的播放按钮，还可以查看转场的动态效果，如图 6-8 所示。

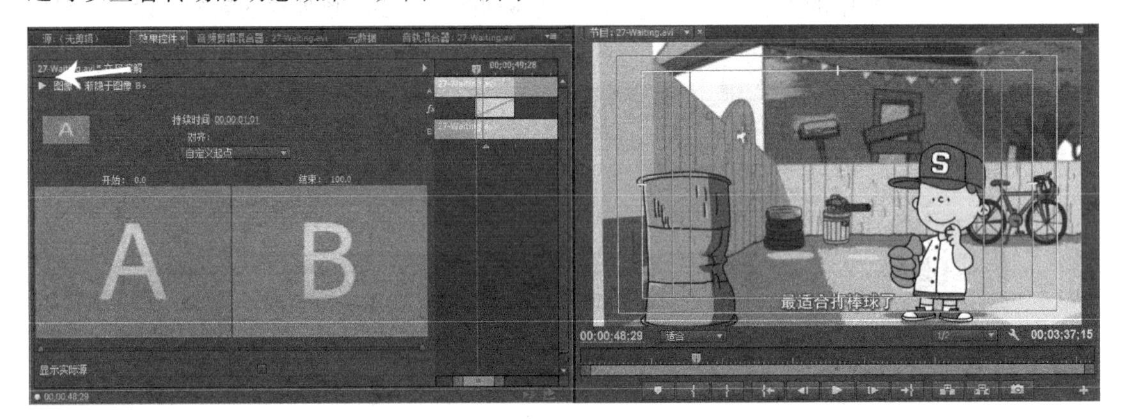

图 6-8　设置转场效果参数

6.1.3　默认转场效果

利用默认转场效果，可以进行常用转场效果的快速指定。

设置与指定默认转场的操作步骤如下。

（1）在“效果”命令面板中首先选定一种转场效果，再单击该命令面板右上角的三角按钮，从弹出式菜单中选择“将所选过渡设置为默认过渡”，如图 6-9 所示，预先将该常用的转场效果设定为默认转场效果，在默认转场效果图标上显示一个黄色线框。

（2）选择该弹出式菜单中的“设置默认过渡持续时间”，弹出如图 6-10 所示的“首选项”对话窗口。

在该对话窗口中的“视频过渡默认持续时间”选项，用于设置视频轨道中转场效果的默认持续时间，默认设置为 25 帧；“音频过渡默认持续时间”选项，用于设置音频轨道中转场效果的默认持续时间，默认设置为 1 秒。

（3）指定完默认转场效果后，就可以通过“Ctrl+D”组合键为当前选定的视频素材片段指定默认视频转场效果；通过“Ctrl+Shift+D”组合键为当前选定的音频素材片段指定默认音频转场效果。

图 6-9　设置默认转场效果

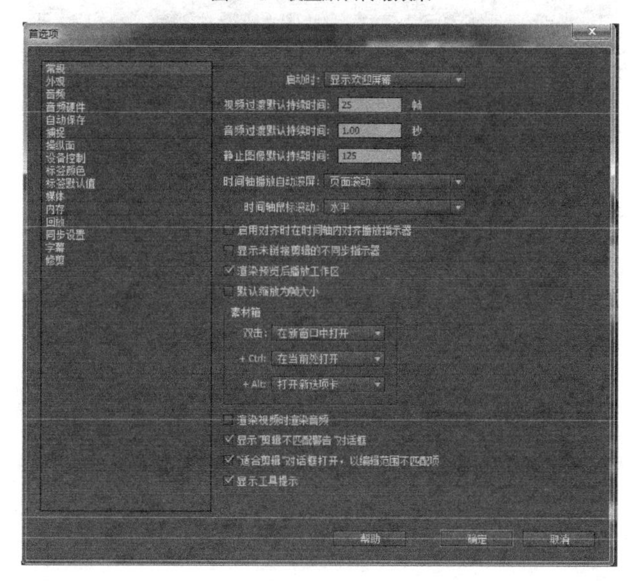

图 6-10　“首选项”对话窗口

6.2　转场效果设计实例

本节将通过一个液晶显示器效果创建实例，详细讲述转场效果的创建与编辑方式。

下面将使用“缩放”转场效果，创建一段视频素材片段在 3D 卡通电视机中播放的效果。

（1）启动 Premiere CC，弹出“欢迎”对话窗口。单击“新建项目”按钮，弹出“新建项目”对话窗口，设定项目名称以后，单击“确定”按钮。

（2）在“项目”命令面板中，单击鼠标右键，从弹出快捷菜单中选择“新建序列”，在“新建序列”对话框口中选择一个文件预设，如图 6-11 所示。

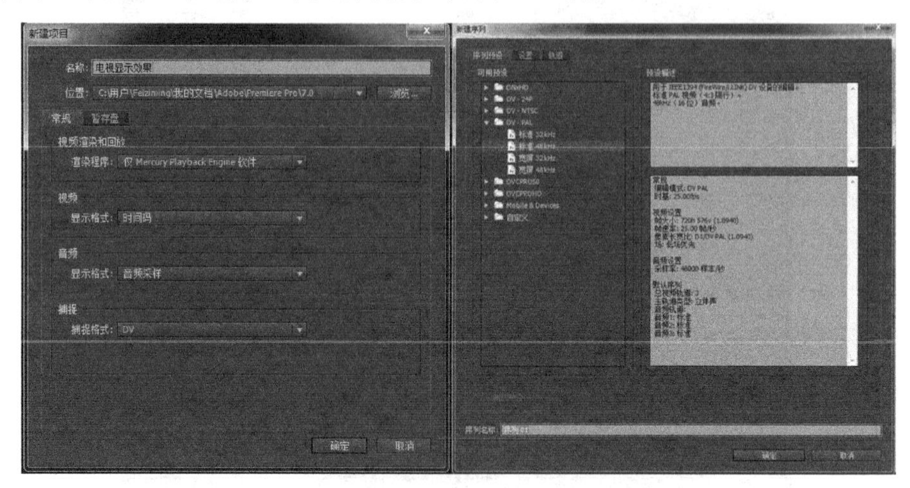

图 6-11　新建项目并设置序列

（3）选择菜单命令“文件>导入”，将视频文件“18”和卡通电视机图片素材“看电视”导入到“项目”命令面板中，如图 6-12 所示。

图 6-12　导入素材文件

（4）将“看电视”素材拖动到“时间线”命令面板的 V1 轨道中，如图 6-13 所示。

图 6-13　插入素材图片

（5）将视频素材片段拖动到“时间线”命令面板的V2轨道中，如图6-14所示。通过设置出点和入点，将视频素材片段的持续时间与图像素材片段的持续时间对齐。

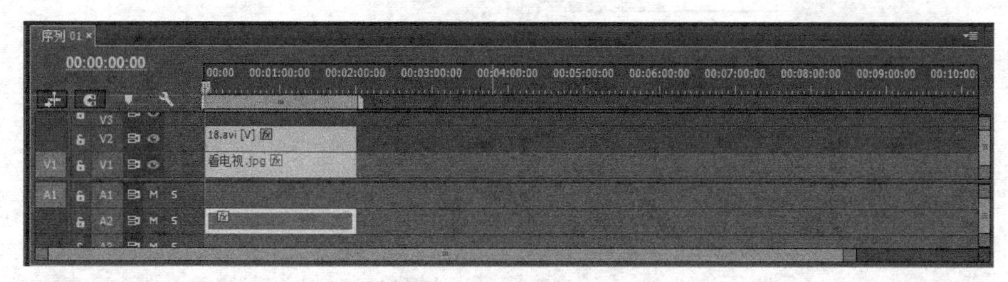

图6-14 插入视频素材

（6）在“效果”命令面板中将“缩放”转场效果拖动到V2轨道中的视频素材片段上，如图6-15所示。

图6-15 指定转场效果

（7）在“时间线”命令面板中，拖动转场效果的右侧边缘，将其出点位置对齐到视频素材片段的出点位置，如图6-16所示。

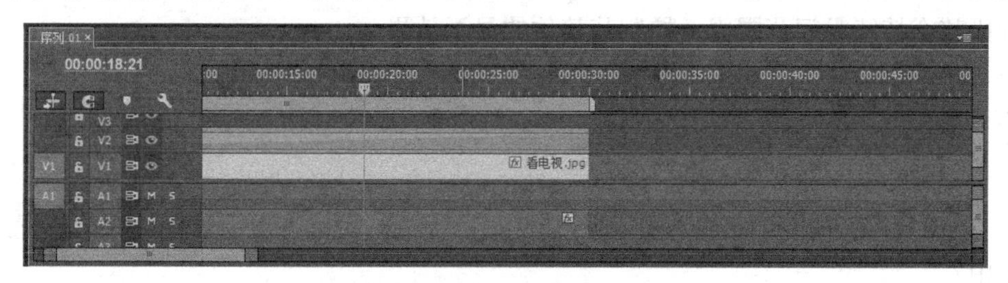

图6-16 指定转场持续时间

（8）在“效果控件”命令面板中，按住“Shift”键的同时，拖动素材片段A视窗下面的缩放比例滑块，可以观察到素材片段B视窗下面的缩放比例滑块同步移动，将视频素材片段缩放到与图像中液晶显示器大小一致的尺度，如图6-17所示。

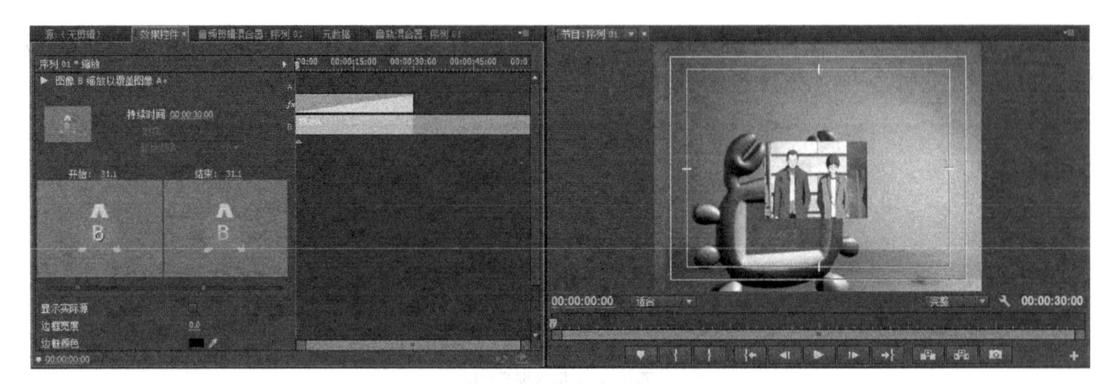

图 6-17　指定缩放尺度

注意

将 A 视窗和 B 视窗设置为同步状态，可以保证素材片段在转场效果整个持续时间内，保持指定的缩放尺度不变。

（9）在左侧的 A 视窗中拖动“基准点”标记，将视频素材片段的显示位置移动到背景图像中液晶显示器的位置，如图 6-18 所示。

图 6-18　指定缩放基准点

回放过程中可以观察到，在视频素材片段整个持续时间内，一直保持相同的尺度，在背景图像中液晶显示器的位置播放。

通过这个例子，可以看出转场效果并非只能在两段素材片段的交接位置使用，还可以在素材片段整个持续时间范围内，控制其整体的显示效果。

习题

1．在“效果”命令面板中，如何创建收藏素材箱？如何将常用的转场效果放置到收藏素材箱中？

2．删除收藏素材箱后，该文件夹中的转场效果是否会被永久删除？

3．如何在任意两个轨道上的素材片段之间加入转场效果？

4．如何将一个转场效果设置为默认转场效果？如何在轨道上快捷加入默认转场效果？

课后操作题

目标：利用本章学到的转场特效，制作一部介绍四川美景的电子相册。

要求：①使用“比例”选项编辑照片的大小。

②使用“旋绕”制作旋转的转场效果；使用“随机反相”制作照片随机反色过渡效果。

效果：

Premiere Pro CC

7 Chapter

第 7 章
叠加与数字合成

本章讲述素材片段的叠加与数字合成，介绍素材片段的淡化处理方式，详细讲述透明与叠加的方法，并通过设计实例讲述透明键的灵活使用。

7.1 素材片段的透明度

在动画制作过程中，利用透明设置可以使多部素材片段叠加显示，位于下部视频轨道中的素材片段可以在上部素材片段的透明区域中显现出来，以创建数字合成、转换和其他的一些特殊效果。

在 Premiere CC 中可以利用 fade（淡化）处理技术，为视频素材片段中的一段指定整个画面透明程度连续变化的效果，常用于创建素材片段淡入、淡出的切换方式。

淡化处理过程首先要创建几个淡化关键帧，每个关键帧都对应一个不透明度数值，然后 Premiere CC 自动在关键帧之间创建透明度数值连续变化的插补帧，这样就可以创建整个画面透明程度连续变化的效果。

利用“不透明度”参数可以指定整个素材片段或素材片段某个时间段的透明属性，如果“不透明度”参数为 100%，则素材片段完全不透明；如果“不透明度”参数为 0%，则素材片段完全透明，该素材片段下部叠加的其他素材片段便可以显现出来；如果“不透明度”参数为 100% 到 0%之间的一个百分数值，则素材片段处于一种半透明状态，该素材片段下部叠加的其他素材片段可以混合显现出来。

利用“不透明度”参数设置素材片段透明度，可以依据以下操作步骤。

（1）在“时间线”命令面板选择一段视频素材片段。

（2）在“效果控件”命令面板中包含“不透明度”设置项目，此时在“时间线”命令面板的视频轨道上默认显示一条黄色的“不透明度”控制线，如图 7-1 所示。

图 7-1　不透明度控制线

（3）将时间线移动到要加入“不透明度”关键帧的位置，单击“创建关键帧”标记，在“效果控件”命令面板中将“不透明度”参数设置为 66%，如图 7-2 所示。

（4）将时间线移动到另一个位置，单击“创建关键帧”标记，再创建一个关键帧，在“效果控件”命令面板中将“不透明度”参数设置为 100%，如图 7-3 所示。

（5）依据相同的操作步骤，为整个视频素材片段指定多个不透明度关键帧，如图 7-4 所示。

（6）在不透明度控制线上选定一个不需要的关键帧，单击键盘中的“Delete”键，删除该多余的关键帧。

（7）使用工具栏中的“选择”工具或“钢笔”工具，通过拖动控制线上关键帧的位置，编辑素材片段的不透明度属性。拖动过程中，在屏幕上显示关键帧所在位置的时码和不透明度信息，如图 7-5 所示。

图 7-2 创建不透明度关键帧

图 7-3 创建关键帧

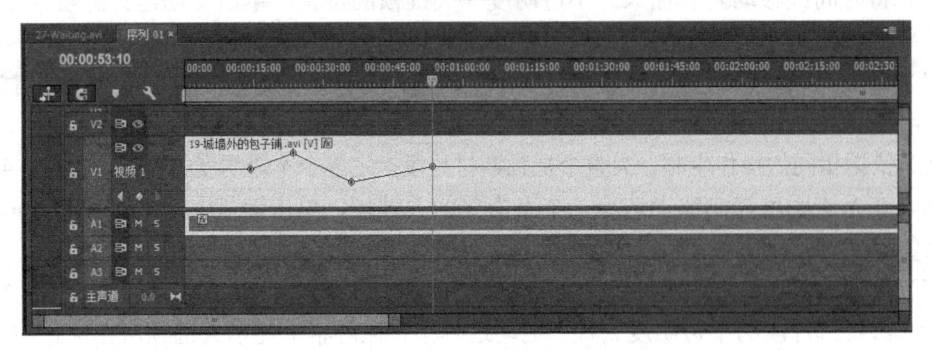

图 7-4 创建多个关键帧

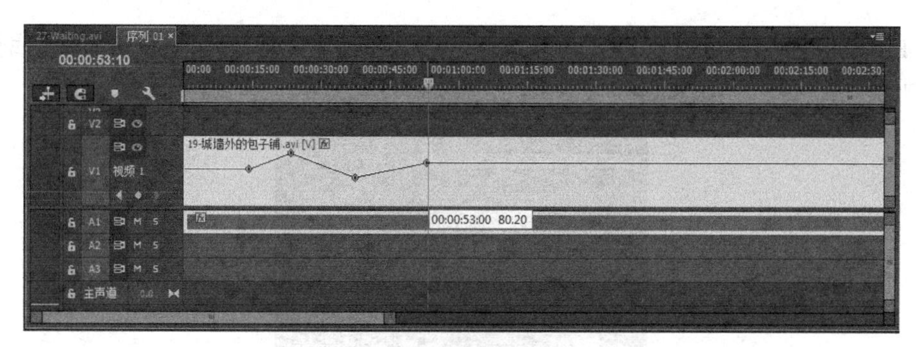

图 7-5 调整关键帧的参数

注意

除了使用“不透明度”参数之外，素材片段的明度数值、Alpha 通道、灰度比例、RGB 图像的单色通道等也可用于指定素材片段的透明属性。

7.2 透明与叠加

7.2.1 数字合成

在数字影片制作过程中，数字合成技术最重要的任务便是将多种源素材混合成单一复合的画面。

通常的电影技术利用具有特殊色彩的背景屏幕拍摄人物或事物，将拍摄完的素材片段采集为数字视频格式后，可以利用屏幕色作为透明设置过程中的“键”色，从而将背景屏幕设置为透明后去除，这一过程又被称为“抠像”或“通道提取”（Matte Extraction）。经过抠像处理后的素材片段可以叠加显示在其他背景素材片段之上，就好像人物或事物真的处于其他场景中一样。

数字合成软件允许用户指定一个颜色范围，颜色在这个范围之内的像素被当作背景，相应的 Alpha 通道数值为 0，在这个范围之外的像素作为前景，相应的 Alpha 通道数值为 1，所以首要原则是保证前景对象上不能包含所选用的背景颜色。

好的数字合成软件具有半透明的 Alpha 通道设置，人物边缘和画面中的透明对象（玻璃瓶）等都可以生成更为真实自然的叠加效果。

注意

在数字影片的拍摄过程中，常常使用蓝色屏幕或绿色屏幕，因为这两种颜色相对不包含在皮肤或头发颜色中。

素材片段中的局部画面可以使用一种被称为 Keying（键）的工具单独指定透明属性，利用“键”可以在素材片段的画面中依据指定的色彩属性、明度属性条件查找与之匹配的像素点，并依据“键”的类型将这些像素指定为透明或半透明。

在数字视频编辑中，以上的透明设置过程被称为 Keying（键）或 Keying out（键出），同样“键”也可以利用素材片段的 Alpha 通道创建透明效果。

在 Premiere CC 中可以利用“效果”命令面板，设置素材片段局部的透明度属性，如图 7-6 所示。

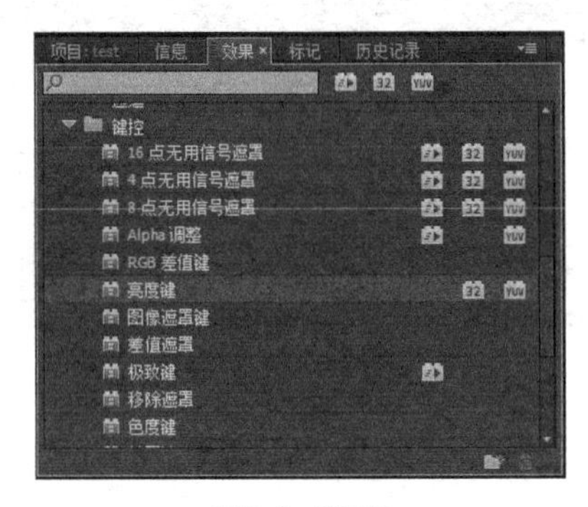

图 7-6　透明键

注意

在电视视频编辑过程中利用“键”控制一个素材片段的透明度属性；在电影的编辑制作过程中利用 Matting（遮罩）控制一个素材片段的透明度属性。

7.2.2　透明键

在 Adobe Premiere CC 中提供了 15 种透明键，这样便可以利用不同的方式为素材片段指定叠加属性，如图 7-6 所示。例如可以利用“颜色键”创建叠加；利用“Alpha 调整”为包含 Alpha 通道的图像指定透明属性；利用“图像遮罩键”创建动态的叠加效果等。

为了能更好地理解透明键的设置效果，请在 Adobe Photoshop 中首先准备以下四张素材图像。

图像一：最外框为纯蓝色、第二框为纯绿色、第三框为蓝绿色、第四框为纯黑色、第五框为纯白色、内部是一个连续渐变的光谱色，如图 7-7 所示，并为该图像再创建一个 Alpha 通道，如图 7-8 所示。

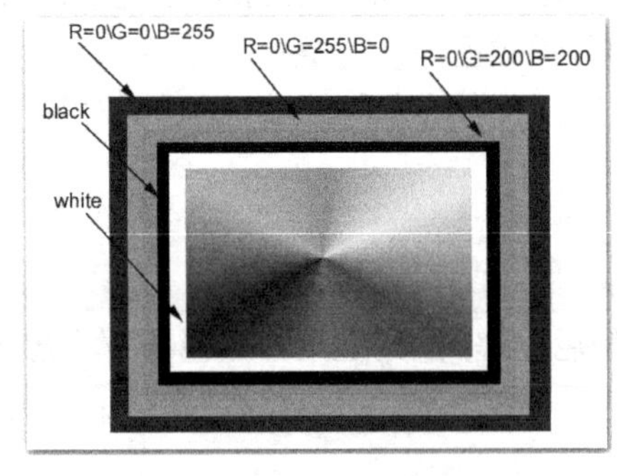

图 7-7　素材图像一

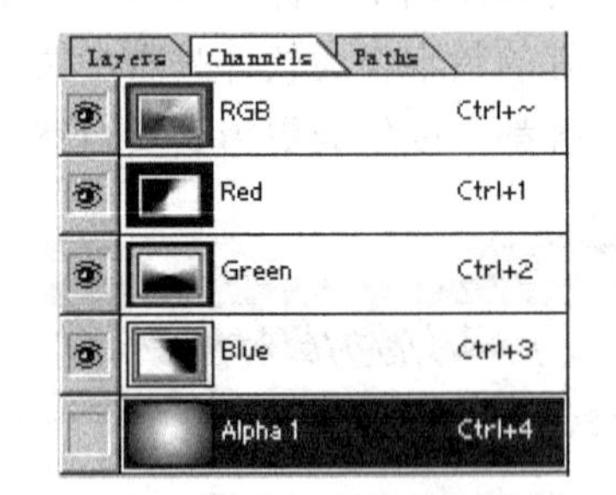

图 7-8　包含的透明通道

图像二：在 Photoshop 中首先打开图像一，然后选择菜单命令 Image>Adjust>Invert（图像>调整>反转），将反转后的图像另存为图像二，如图 7-9 所示。

图像三：在 Photoshop 中创建一张由黑到白连续渐变的灰度图像，如图 7-10 所示。

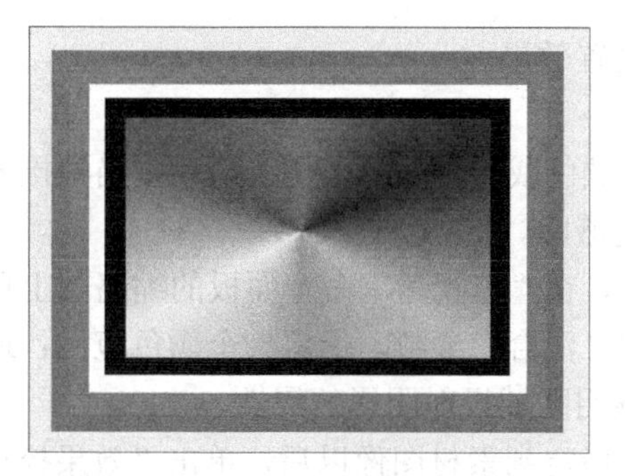

图 7-9　素材图像二

图 7-10　素材图像三

图像四：在 Photoshop 中首先打开图像一，然后框选该图像的一半区域后，选择菜单命令 Image>Adjust>Invert（图像>调整>反转）将一半区域反转后的图像另存为图像四，如图 7-11 所示。

图 7-11　素材图像四

在 Premiere CC 中首先选择菜单命令“编辑>首选项>常规”，在打开的“首选项”对话窗口中，将“静止图像默认持续时间”参数设置为 200 帧，如图 7-12 所示。

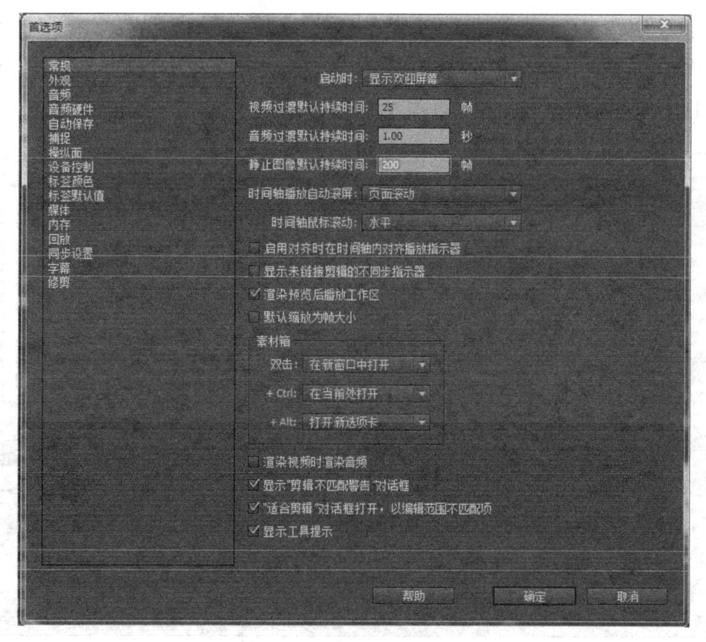

图 7-12　“首选项”对话窗口

下面就分别讲述几个具有代表性的透明键设置效果。

1. 色度键

使用“色度键”可以指定叠加片段中的一种颜色或一个颜色范围为透明，当拍摄的对象处于一个纯色背景之前时，可以使用色度键指定透明。

选择“色度键”后可以使用“吸管”工具，在“监视器”命令面板的缩略图上单击选定一个色彩，然后通过调整下面的“相似性”和“混合”参数，指定一个颜色范围；通过调整下面的“阈值”和“屏蔽度”参数，指定不透明区域投射阴影的属性。

将该“色度键”从“效果”命令面板中拖动指定到素材图像以后，单击“效果控件”命令面板内的“吸管”工具，鼠标移动到“监视器”命令面板时变为“吸管”形状，在该命令面板的缩略图上单击选定一个黄色作为透明色，如图 7-13 所示。

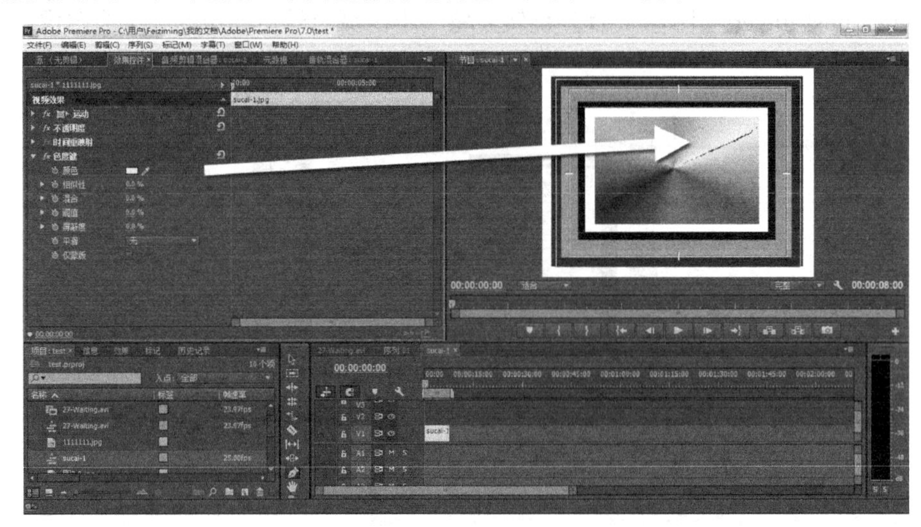

图 7-13 色度键效果

相似性：该参数用于指定色彩之间的近似程度，数值越大则数量越多的像素点被指定为透明，扩大了画面中的透明区域范围。相似性参数变大，与选定像素色彩相近的像素都被指定为透明的，所以透明区域在扩大，如图 7-14 所示。

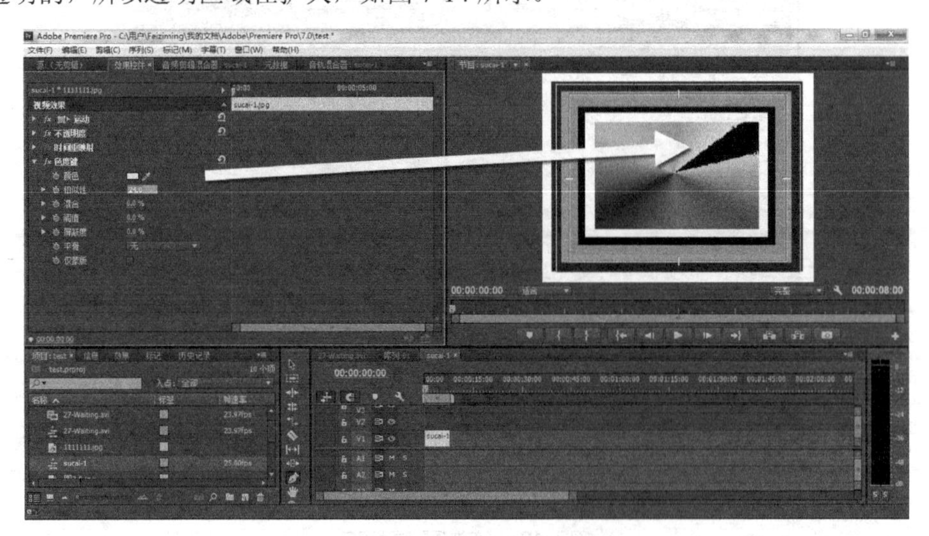

图 7-14 增大“相似性”参数的效果

混合：该参数用于指定不透明区域与下部叠加素材片段的混合程度。混合参数变大，不透明区域与下部叠加素材片段的混合程度增大，所以透明区域在扩大，如图 7-15 所示。

图 7-15　增大"混合"参数的效果

阈值：该参数用于指定不透明区域的色彩阈限范围。

屏蔽度：该参数用于指定不透明区域色彩阈限范围的终止度，设置效果如图 7-16 所示。

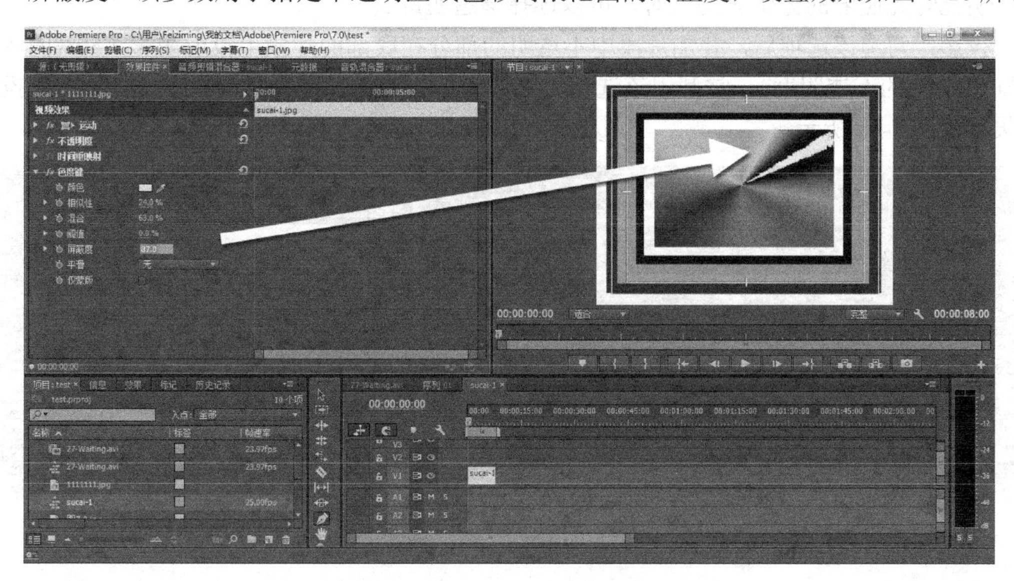

图 7-16　"屏蔽度"参数效果

平滑：用于指定素材片段中透明区域与不透明区域之间界限的光滑程度，可以选择的光滑方式包括以下几种。

① 无：指定在透明区域与不透明区域之间创建比较锐利的边界。

② 比较光滑：在透明区域与不透明区域之间创建比较柔和的边界。

③ 十分光滑：在透明区域与不透明区域之间创建十分柔和的边界。

④ 仅蒙版：该选项指定只显示设置后的透明蒙版，如图 7-17 所示。

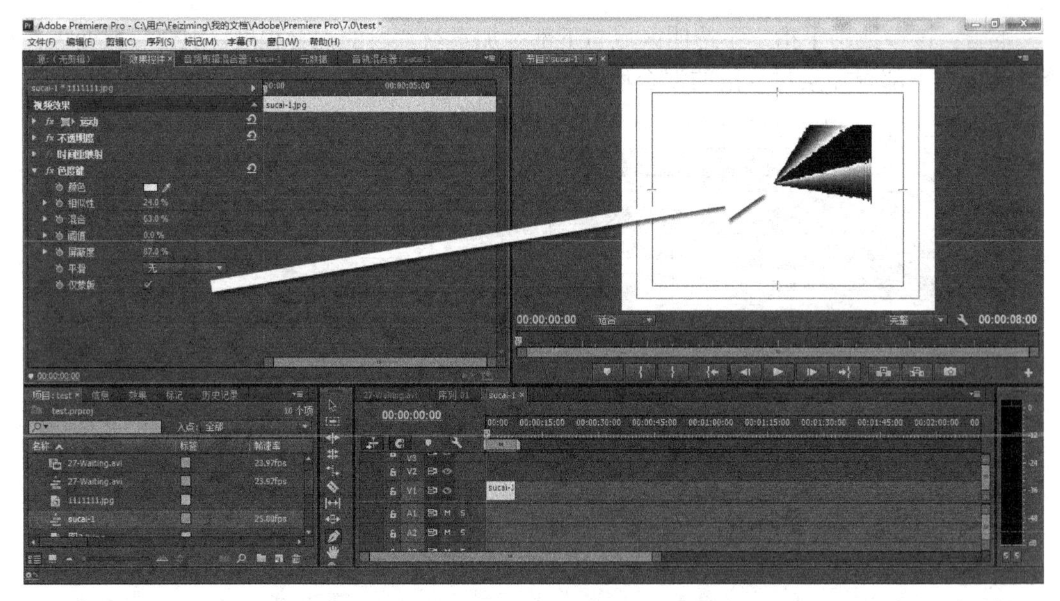

图 7-17　只显示蒙版的状态

2. RGB 差值键

使用“RGB 差值键”与使用“色度键”大致相同，也是指定叠加片段中的一种颜色或一个颜色范围为透明，但只能通过调整一个“相似性”参数指定颜色范围，当被拍摄的对象处于明亮灯光照射的无阴影场景时，可以选择该透明键。

投影：勾选该选项后，叠加片段中不透明的部分在底部的片段上投射阴影（50%的灰度级别和 50%的不透明度）。常利用该选项为字幕或单独的图形素材片段指定一种柔和的投影效果，如图 7-18 所示。

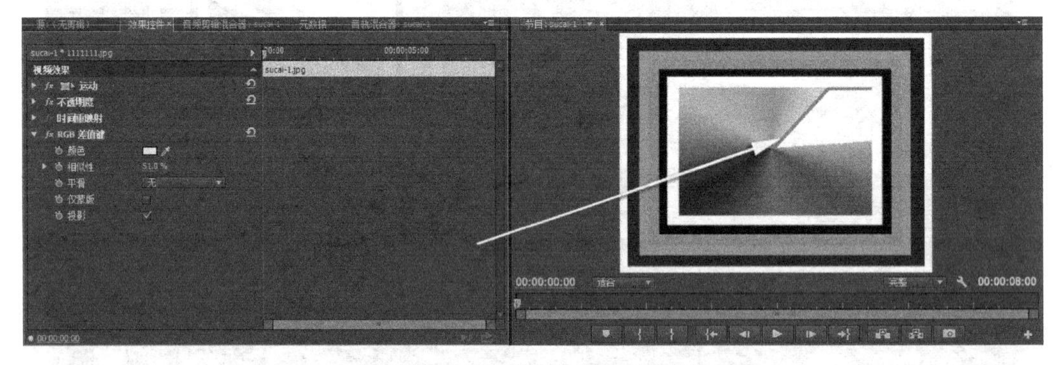

图 7-18　“RGB 差值键”的投射阴影效果

注意

图 7-18 中，在图像一下面的视频轨道中放置了一个白色的色彩蒙版。

3. 亮度键

使用“亮度键”可以依据叠加片段中的灰度级别指定透明属性，黑暗的背景被指定为透明，明亮的被拍摄对象为不透明。通过调整下面的“阈值”和“屏蔽度”参数，调整叠加画面中的阴影细节。“亮度键”适用于对象自身发光或被灯光照射，背景全黑，对象明亮，利用明度差别来进行抠像处理，常用于进行爆炸效果、飞溅的火星、烟雾等叠加。

“阈值”参数变大，被叠加素材片段阴影部分变大，半透明区域变大，如图 7-19 所示。

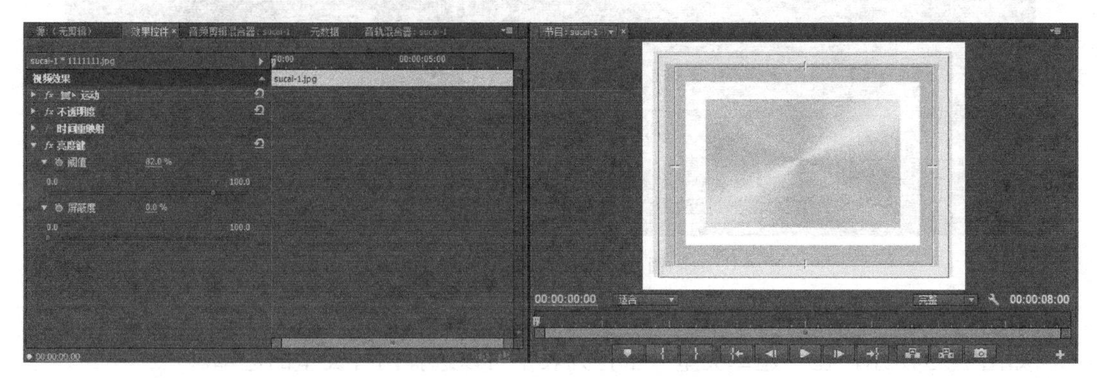

图 7-19　“阈值”参数效果

4. Alpha 调整

“Alpha 调整键”使用素材片段自身的 Alpha 通道决定叠加片段的透明属性，在 Alpha 通道中黑色的部分为完全透明；白色的部分为完全不透明；灰色的部分依据其明度值呈半透明，如图 7-20 所示。很多程序如 Adobe Illustrator、Photoshop、After Effects、3ds max 等都可以创建 Alpha 通道。

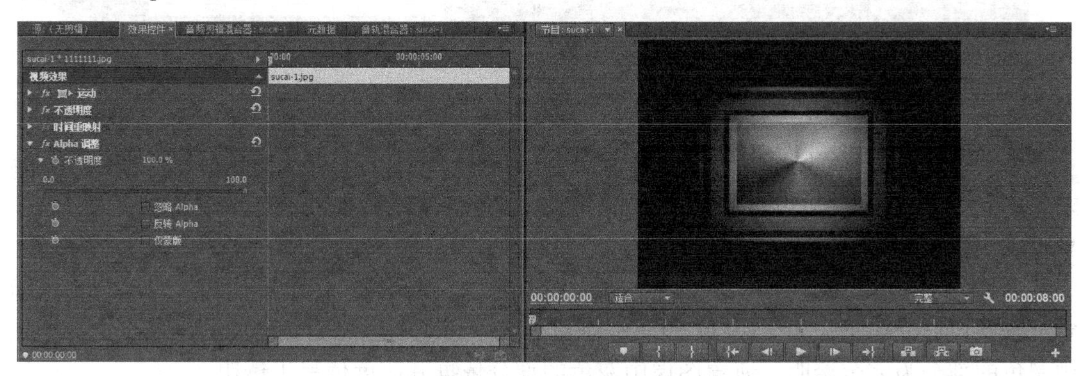

图 7-20　Alpha 通道键效果

勾选“反转 Alpha”选项，则透明区域和不透明区域反转显示，如图 7-21 所示；勾选“仅蒙版”选项，则只显示图像的 Alpha 通道，如图 7-22 所示。

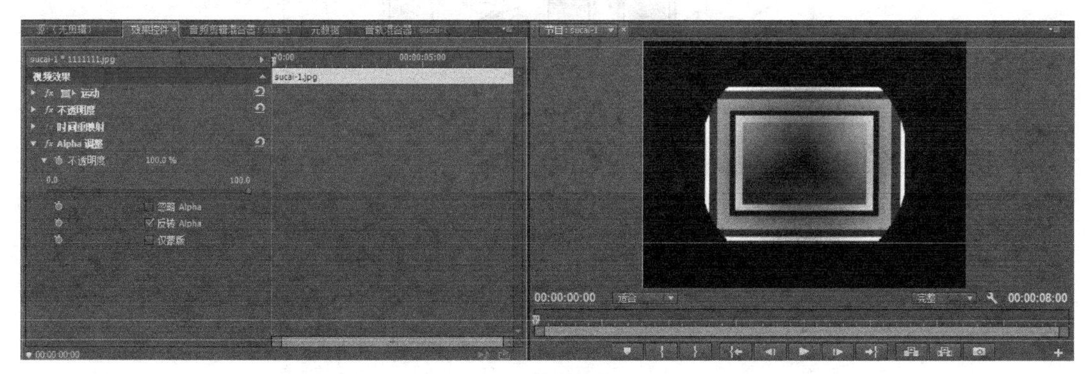

图 7-21　反转透明通道的效果

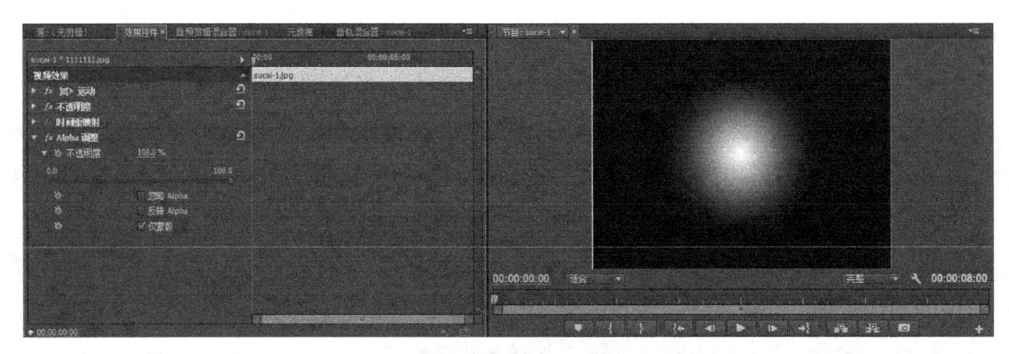

图 7-22　只显示蒙版的效果

5. 移除遮罩

如图 7-23 所示，在“遮罩类型”下拉列表中可以选择两种类型的遮罩。

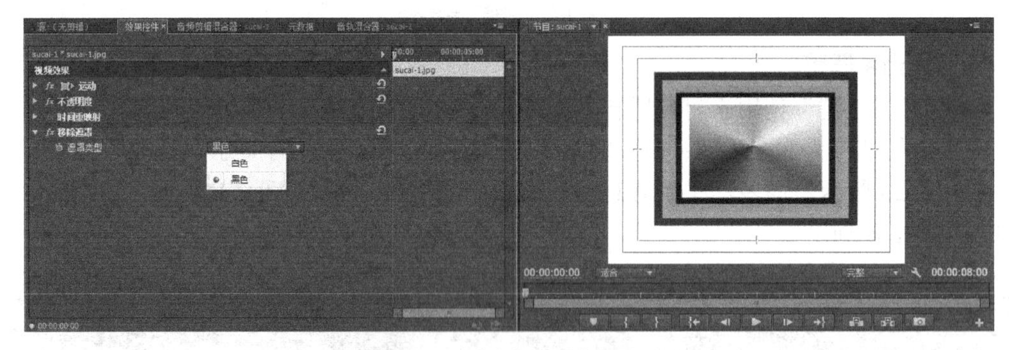

图 7-23　“移除遮罩键”效果

对于具有黑背景色的叠加片段，选择“黑色”遮罩键后可以有效地去除素材片段的黑色背景；对于具有白背景色的叠加片段，选择“白色”遮罩键后可以有效地去除素材片段的白色背景。

6. 图像遮罩键

选择“图像遮罩键”后，可以单击按钮，从打开的“选择遮罩图像”对话窗口中指定一张图像作为遮罩，如图 7-24 所示。遮罩图像中白色的区域为不透明的区域；遮罩图像中黑色的部分为完全透明；遮罩图像中灰色的部分依据其明度值呈半透明。

图 7-24　选择遮罩图像

注意

一般应当选择一张灰度图像作为遮罩图像，选择彩色遮罩图像会改变叠加素材片段的色彩属性，在遮罩中存在的色彩，会从叠加素材片段中去除，例如遮罩图像为红色，叠加素材片段为白色，设置“图像遮罩键”的结果是从叠加素材片段的白色（白色是由 100%R、100%B、100%G 三原色混合成的复色）中去除红色成分，最终叠加素材片段呈现蓝绿色。

单击按钮，从打开的“选择遮罩图像”对话窗口中指定图像“sucai-3”作为遮罩，结果如图 7-25 所示。

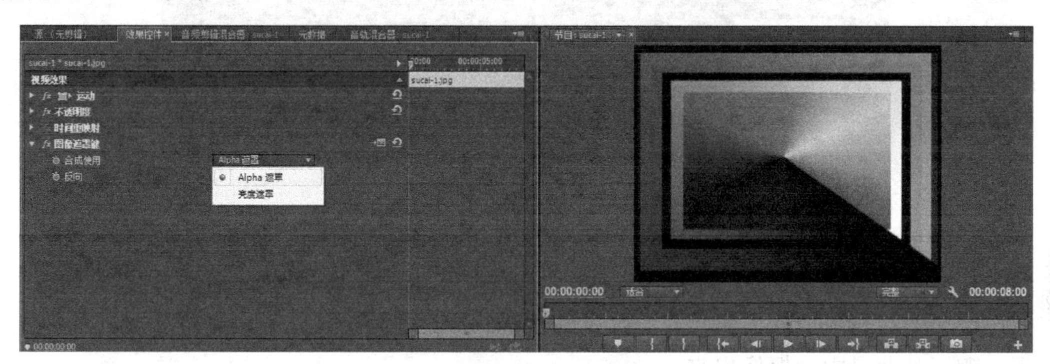

图 7-25　“图像遮罩键”效果

勾选“反向”选项，可以反转素材片段中透明与不透明的区域，即原来被指定为透明的区域变为不透明；原来被指定为不透明的区域变为透明。

7. 差值遮罩

选择“差值遮罩”后，从“时间线”命令面板中选择并指定某张图像所在轨道作为遮罩图层，然后将遮罩图像中的像素色彩与原视频片段中的像素色彩进行比较，将相匹配的像素点指定为不透明区域；将具有色彩差异的像素点区域指定为透明区域。

使用“差值遮罩”可以依据以下操作步骤。

（1）如图 7-26 所示，首先准备一段鸭子的动画视频，在这段动画中鸭子挥舞了几下手中的锤子，然后走出画面。

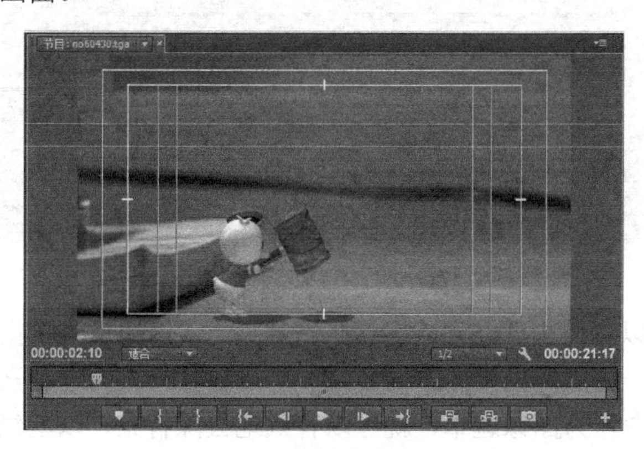

图 7-26　准备视频素材片段

（2）将视频素材片段放置到“时间线”命令面板的视频轨道中。

（3）拖动鼠标到鸭子走出画面后，只留下背景的画面，单击“监视器”命令面板右下侧的[按钮]按钮，弹出如图 7-27 所示的“导出帧”对话窗口，将该画面输出为一张静止图像，并将该静止图像导入到“项目”命令面板再拖动指定到新的视频轨道中。

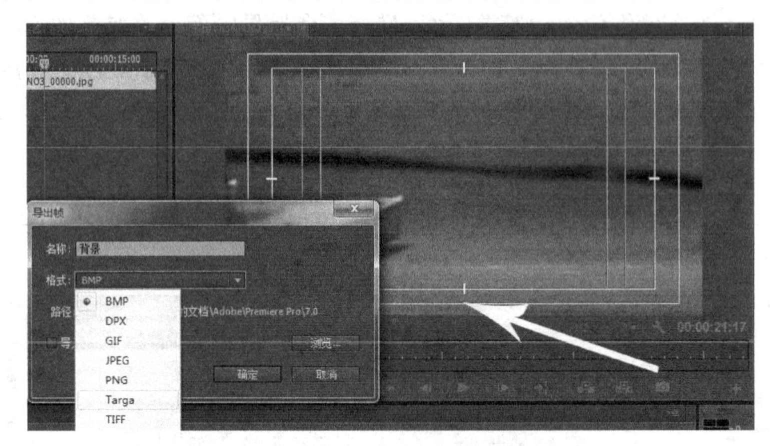

图 7-27　输出遮罩素材图像

（4）将“效果”命令面板中的“差值遮罩”效果拖动指定到视频素材片段上。

（5）在“效果控件”命令面板中单击“差值图层”右侧的下拉菜单选项，选择并指定空背景图像所在视频轨道作为遮罩层。适当设置其他参数控制颜色差异的阈限范围；如图 7-28 所示，鸭子从背景中被抠像出来。

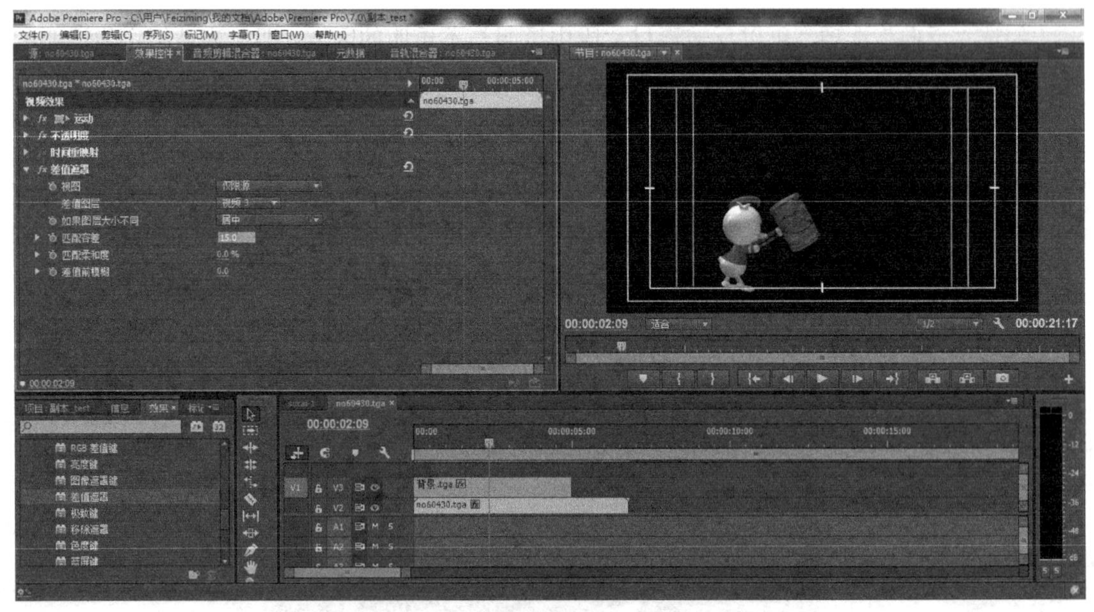

图 7-28　“差值遮罩”效果

利用该透明键可以有效去除动态对象后的静态背景，例如首先拍摄一个人在布景前走动的素材片段，再在同一机位只拍摄静态的背景，在合成时将人的运动素材片段作为叠加素材片段，将静态背景图像作为图像遮罩，就可以有效地去除背景，以创建人在其他场景中走动的视频合成效果。

但要注意即使机位完全固定，两次实际拍摄的效果也不会完全相同，光线的微妙变化，胶片的颗粒，视频的噪波都会使两次拍摄到的背景有所不同，所以使用这种方法创建的前景对象 Alpha 通道不干净。需要后期对通道进行处理，这种透明键适于在没有条件创建蓝屏时使用，得到的通道虽然粗糙但也可以大大降低手工作业的工作量。

8. 蓝屏键

如果叠加视频片段是在蓝屏背景中拍摄的，利用“蓝屏键”可以将蓝色的背景指定为透明，将其余部分抠像出来，如图 7-29 所示，最后再与其他方式拍摄的场景合成为一个画面。蓝屏背景指背景色中不包含红色和绿色原色，且色彩值接近于色彩标号 PANTONE2735 的蓝色幕布，如图 7-30 所示。

图 7-29　利用蓝屏进行抠像的效果

图 7-30　蓝屏拍摄环境

注意

PANTONE 是一种工业专色标准。

9. 轨道遮罩键

选择“轨道遮罩键”后，可以指定一段运动的视频片段、滚屏的字幕片段、静止的图像或指定了运动效果的静止图像作为遮罩，遮罩片段中白色的区域为不透明的区域；黑色的部分为完全透明；遮罩片段中灰色的部分依据其明度值呈半透明。

注意

最好选用灰度的素材片段作为遮罩，可以获得比较精确的轨迹遮罩效果。

10. 非红色键

如果叠加视频片段是在蓝绿屏背景中拍摄的，利用“非红色键”可以将蓝绿色的背景指定为透明，将其余部分抠像出来，如图 7-31 所示是素材图像二被指定“非红色键”后的效果。

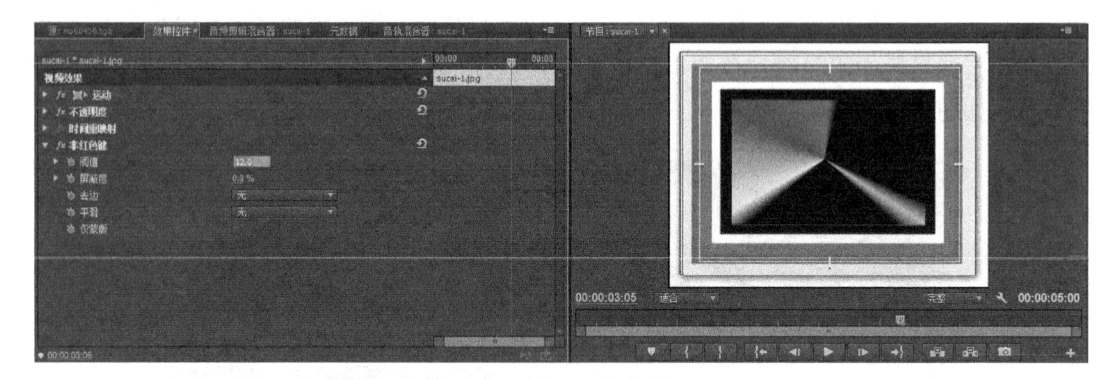

图 7-31 “非红色键”合成效果

11. 8 点无用信号遮罩

单击“图形控制”按钮，如图 7-32 所示，在“监视器”命令面板中用鼠标拖动边角的控制节点，可以定义“8 点无用信号遮罩”的形状，在遮罩内部的区域中显示叠加片段的内容；在遮罩外部的区域中显示下面素材片段的内容。下面的几组参数分别用于指定控制节点的坐标位置。

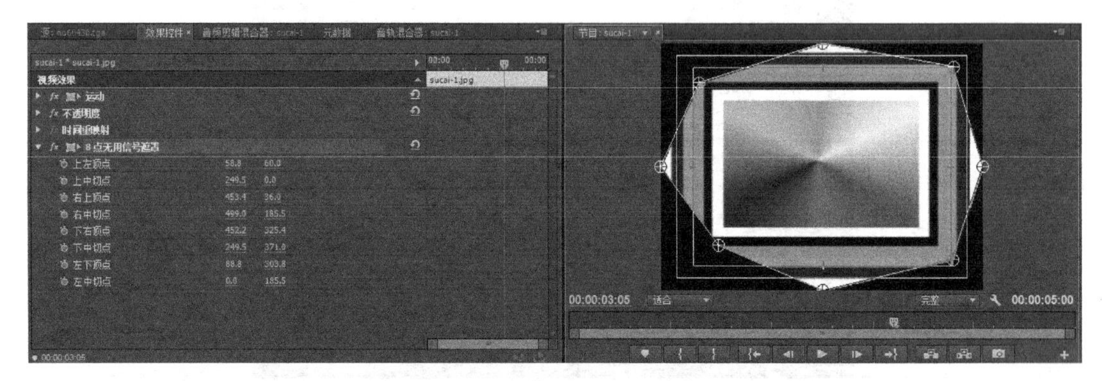

图 7-32 设置“8 点无用信号遮罩”

7.2.3 透明/叠加设计实例一

如图 7-33 所示是实例中的 3 帧画面，首先 6 个蜂巢形状的六边形从屏幕外由大到小旋转滚动进入画面中，在每个六边形内部显示一段视频画面，最后 6 个六边形在画面中拼合在一起。另外，本实例还涉及效果和字幕编辑方面的内容，有关这两个部分的详细讲述，请参考后面的相关章节。

创建该效果要执行以下操作步骤。

（1）启动 Premiere CC，弹出“欢迎”对话窗口，单击“新建项目”按钮，弹出“新建项目”对话窗口，指定项目名称和存储位置。

（2）在“项目”命令面板中单击鼠标右键，从弹出的快捷菜单中选择“新建序列”，在“新建序列”对话窗口中选择一个文件预设，如图 7-34 所示。

图 7-33　实例中的 3 帧画面

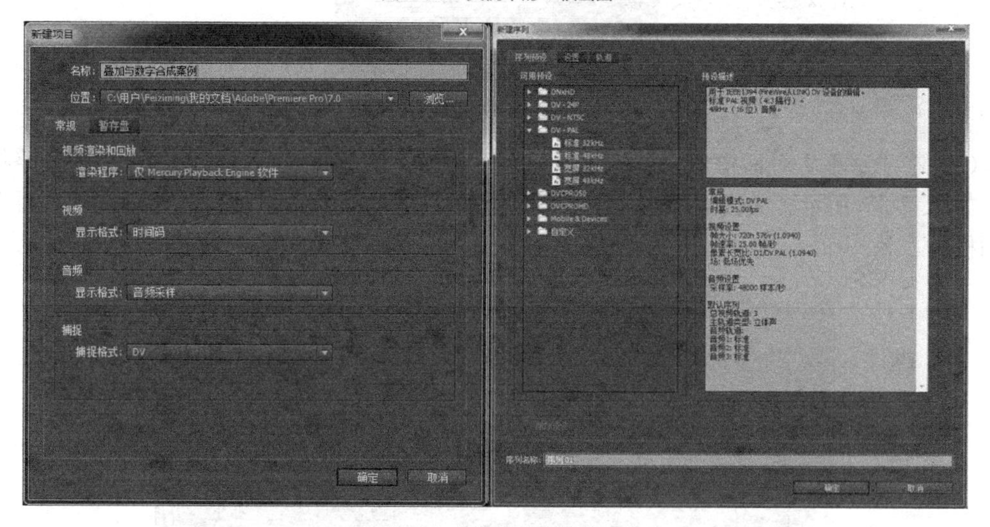

图 7-34　创建新项目和新序列

（3）单击“设置”选项卡，如图 7-35 所示，在预设的基础上对新项目文件的创建参数进行一些调整，单击“确定”按钮创建一个新的项目文件。

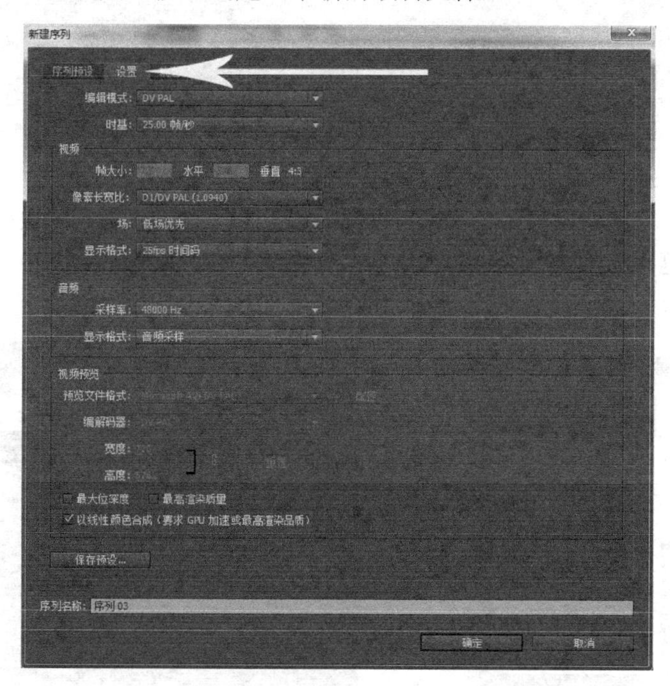

图 7-35　在预设的基础上对新序列文件的创建参数进行调整

（4）选择菜单命令“文件>新建>字幕”，弹出如图 7-36 所示的“新建字幕”对话窗口，在其中指定新建字幕文件的名称后单击“确定”按钮。

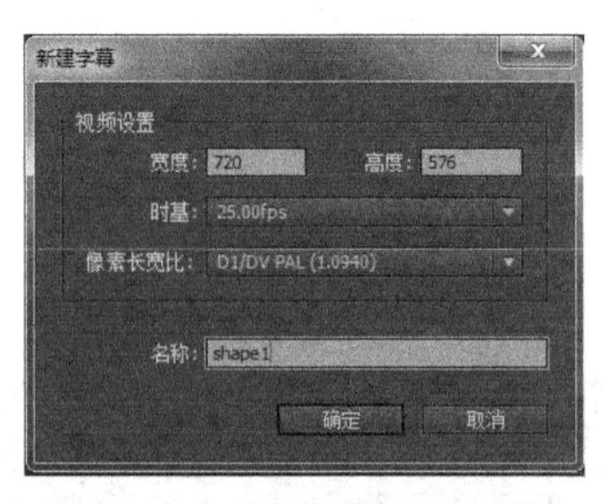

图 7-36　指定新建字幕文件的名称

（5）在“字幕”对话窗口中单击“钢笔”工具，单击并拖动鼠标创建一根闭合路径曲线，如图 7-37 所示。关闭“字幕”对话窗口，新创建的字幕素材被自动保存在“项目”命令面板中。

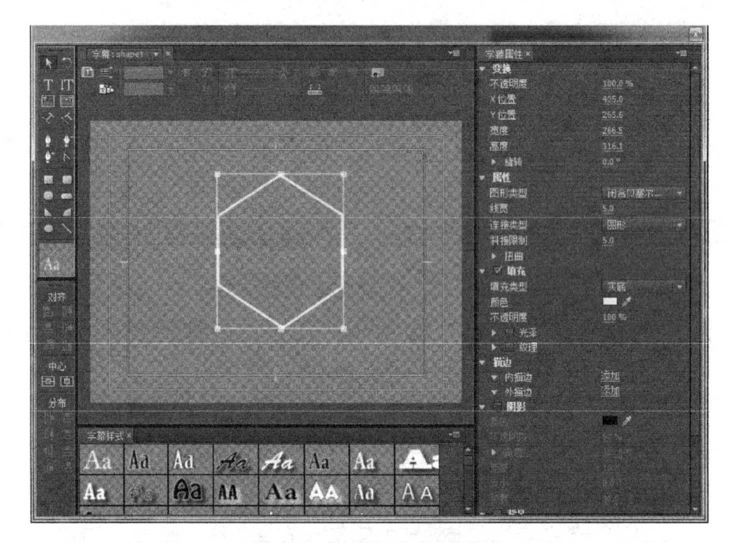

图 7-37　创建闭合路径曲线

（6）在“项目”命令面板中单击鼠标右键，弹出如图 7-38 所示的快捷菜单，从中选择“新建项目>颜色遮罩”。

（7）弹出“拾色器”对话窗口，选择的色彩参数如图 7-39 所示。

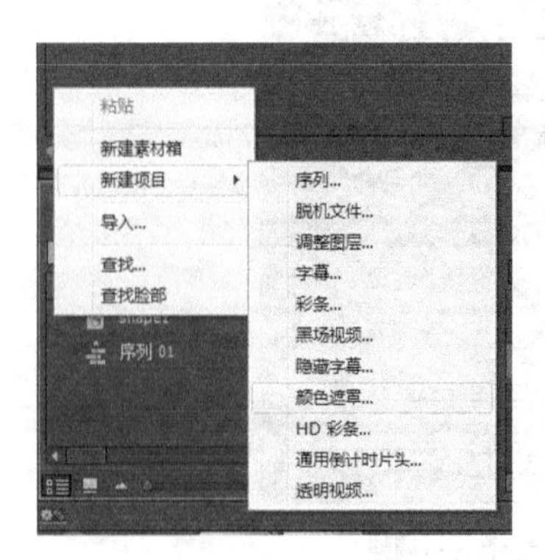

图 7-38　在弹出的快捷菜单中选择“颜色遮罩”　　图 7-39　选择“颜色遮罩”的色彩

（8）在“拾色器”对话窗口中单击“确定”按钮关闭该对话窗口，在弹出的“选择名称”对话窗口中指定“颜色遮罩”的名称后，单击“确定”按钮关闭该对话窗口，如图7-40所示。

图7-40　设置遮罩名称

（9）将“项目”命令面板中新建的“颜色遮罩”，拖动到“时间线”命令面板的V1视频轨道上，如图7-41所示。

图7-41　将“颜色遮罩”拖动指定到视频轨道中

（10）将“项目”命令面板中新建的字幕素材，拖动到“时间线”命令面板的V2视频轨道上，如图7-42所示。

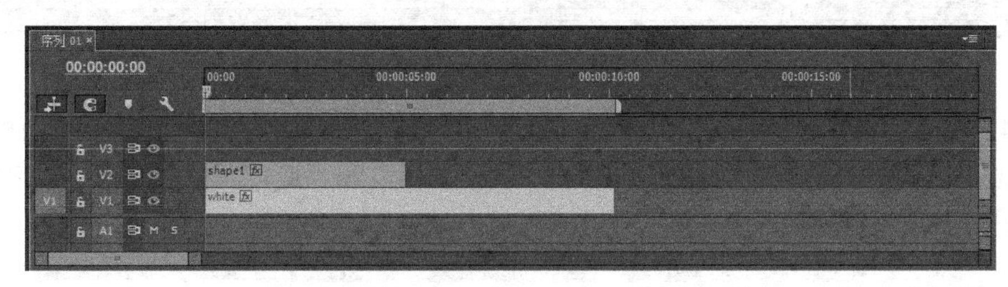

图7-42　将字幕素材拖动指定到视频轨道中

（11）单击工具栏中的“选择”工具，拖动字幕素材的右侧边缘，同时鼠标指针变成图标，拉伸该素材片段的持续时间，如图7-43所示。

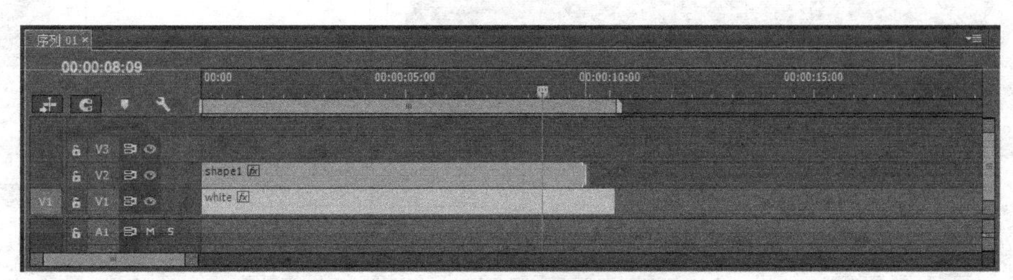

图7-43　拉伸素材片段的持续时间

（12）选择“时间线”命令面板中的“shape 1”字幕素材，在如图7-44所示的时间点，单击“位置”和“旋转”参数前的“关键帧设置标记”，并适当设置这两个参数。

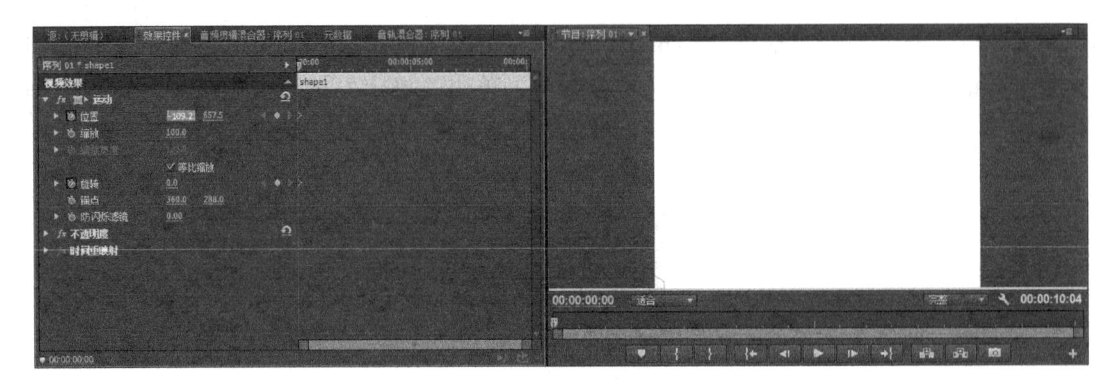

图 7-44　设置动画关键帧

（13）在如图 7-45 所示的时间点，单击“位置”和“旋转”参数后的“关键帧标记”，并适当设置这两个参数。

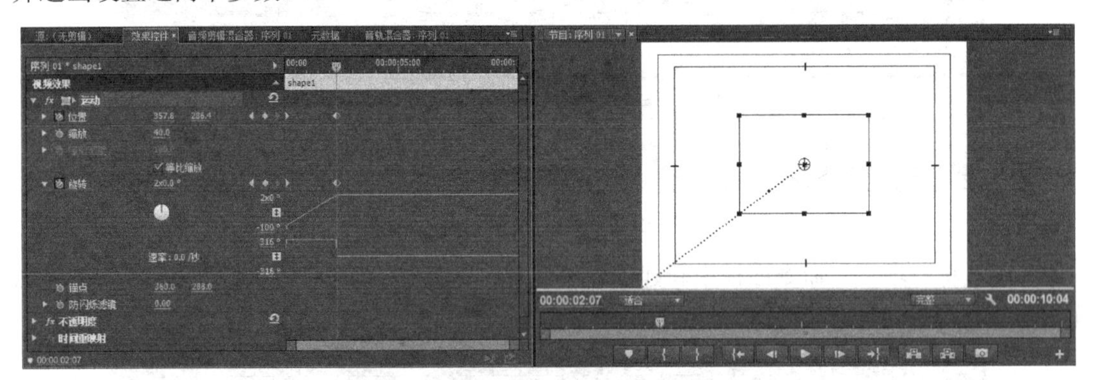

图 7-45　设置动画关键帧

（14）将“项目”命令面板中的“shape 1”字幕素材，拖动到“时间线”命令面板的 V3 视频轨道上。在如图 7-46 所示的时间点，单击“位置”和“旋转”参数前的“关键帧设置标记”，并适当设置这两个参数。

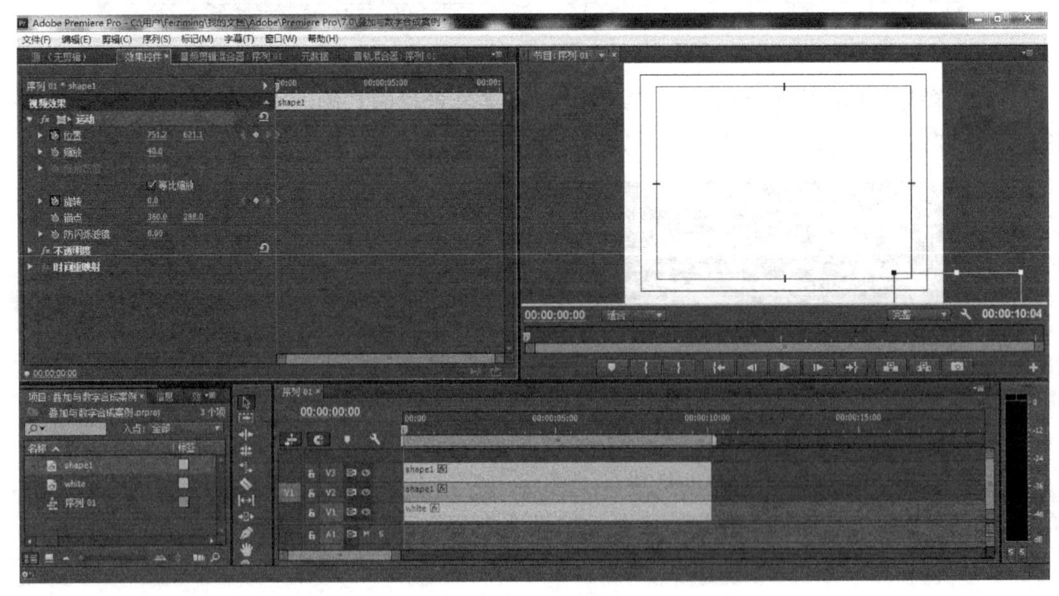

图 7-46　设置动画关键帧

（15）在如图 7-47 所示的时间点，单击“位置”和“旋转”参数后的“关键帧标记”，并适当设置这两个参数。

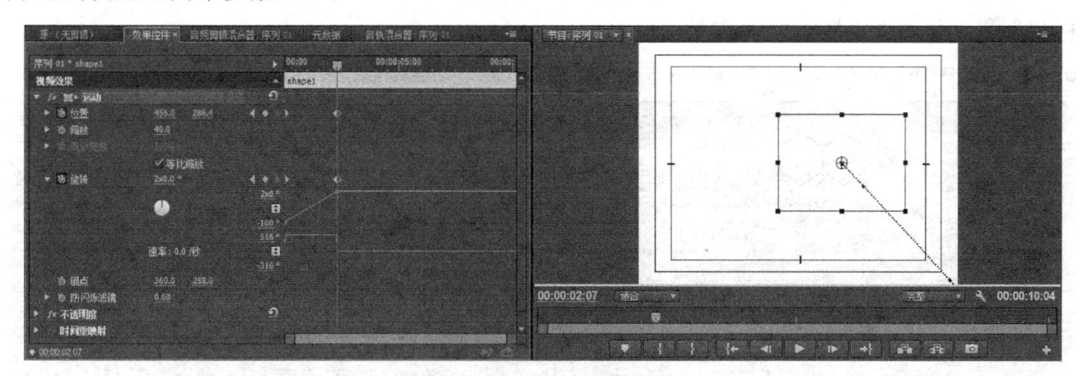

图 7-47　设置动画关键帧

（16）将“项目”命令面板中的“shape 1”字幕素材，拖动到“时间线”命令面板的 V4 视频轨道上。在如图 7-48 所示的时间点，单击“位置”和“旋转”参数前的“关键帧设置标记”，并适当设置这两个参数。

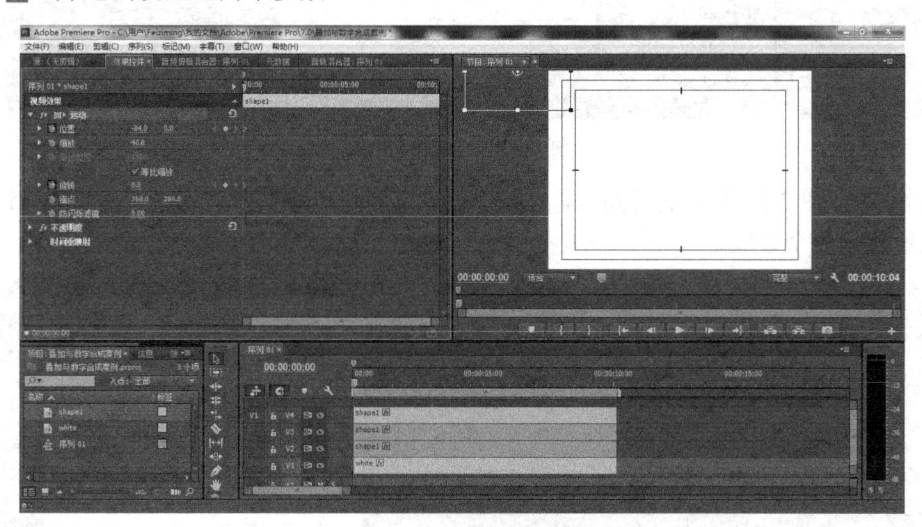

图 7-48　设置动画关键帧

（17）在如图 7-49 所示的时间点，单击“位置”和“旋转”参数后的“关键帧标记”，并适当设置这两个参数。

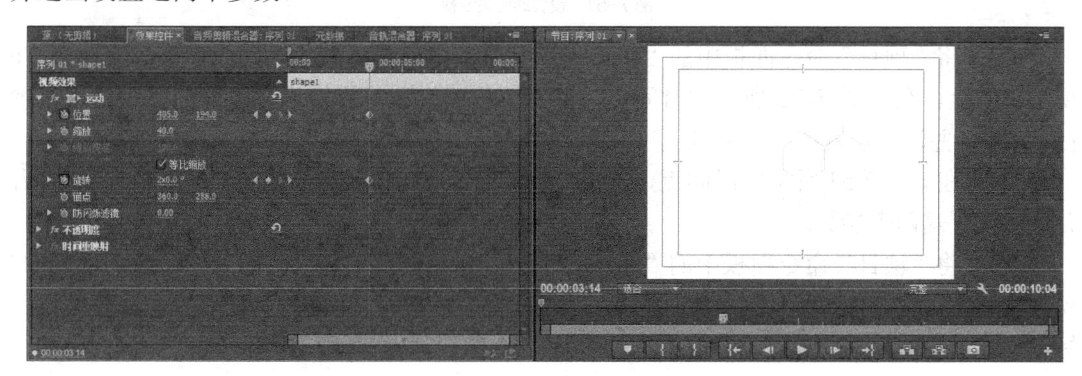

图 7-49　设置动画关键帧

（18）将“项目”命令面板中的“shape 1”字幕素材，拖动到“时间线”命令面板的 V5 视频轨道上。在如图 7-50 所示的时间点，单击“位置”和“旋转”参数前的“关键帧设置标记”，并适当设置这两个参数。

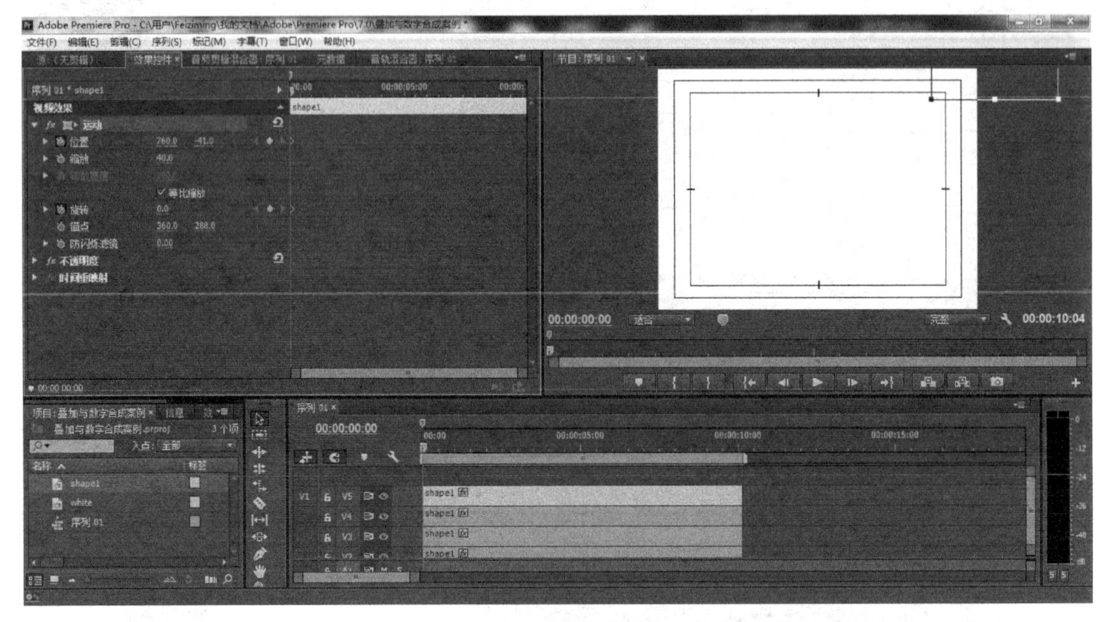

图 7-50　设置动画关键帧

（19）在如图 7-51 所示的时间点，单击“位置”和“旋转”参数后的“关键帧标记”，并适当设置这两个参数。

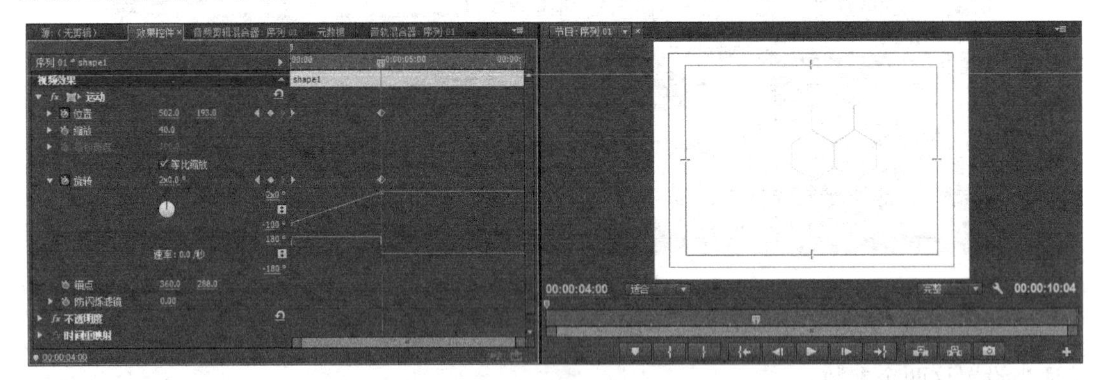

图 7-51　设置动画关键帧

（20）将“项目”命令面板中的“shape 1”字幕素材，拖动到“时间线”命令面板的 V6 视频轨道上。在如图 7-52 所示的时间点，单击“位置”和“旋转”参数前的“关键帧设置标记”，并适当设置这两个参数。

（21）在如图 7-53 所示的时间点，单击“位置”和“旋转”参数后的“关键帧标记”，并适当设置这两个参数。

（22）将“项目”命令面板中的“shape 1”字幕素材，拖动到“时间线”命令面板的 V7 视频轨道上。在如图 7-54 所示的时间点，单击“位置”和“旋转”参数前的“关键帧设置标记”，并适当设置这两个参数。

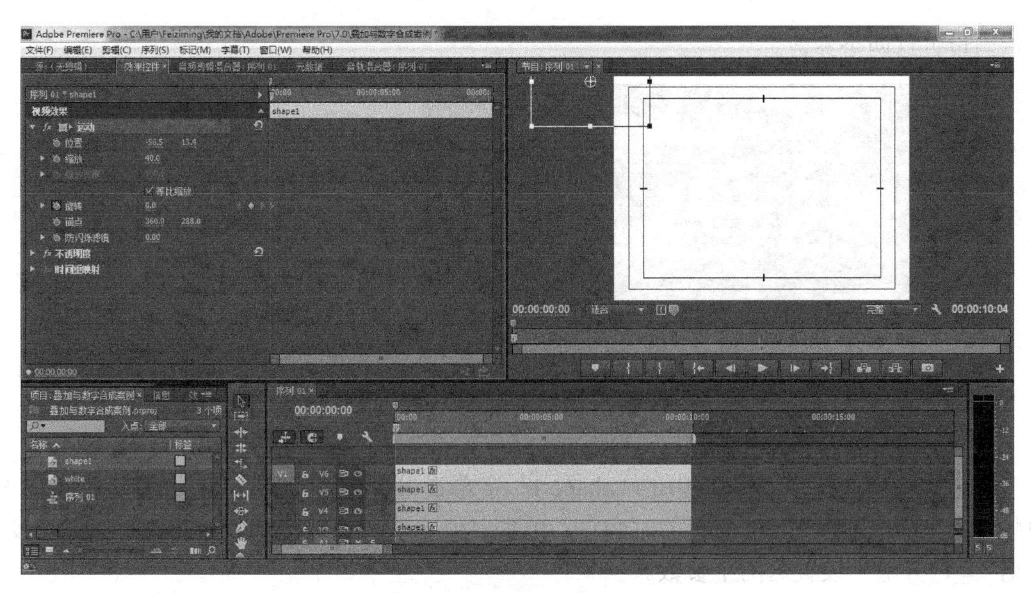

图 7-52　设置动画关键帧

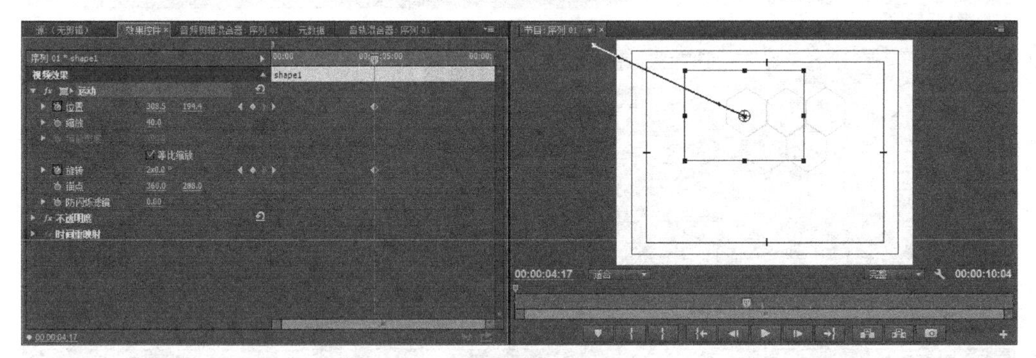

图 7-53　设置动画关键帧

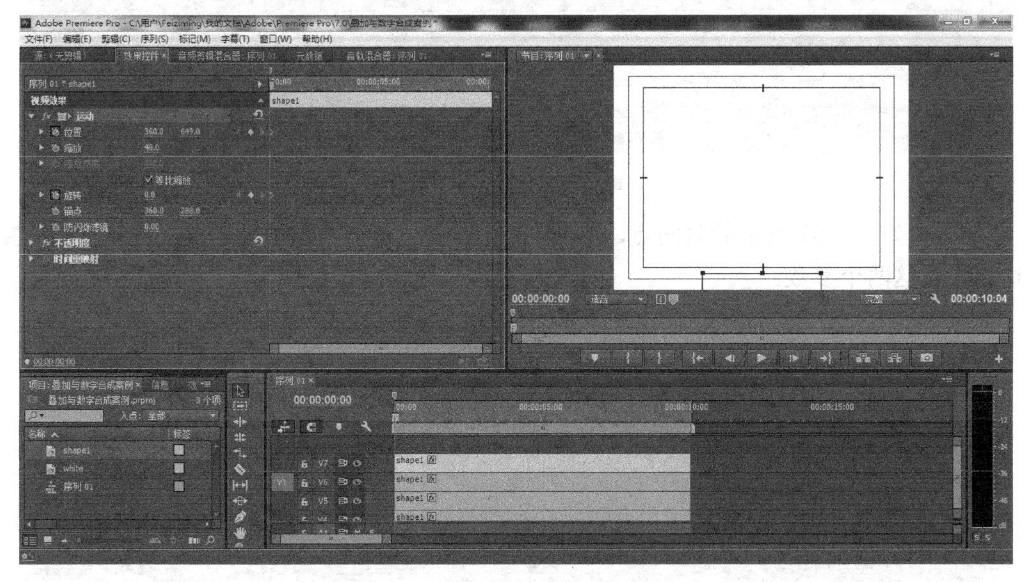

图 7-54　设置动画关键帧

（23）在如图 7-55 所示的时间点，单击“位置”和“旋转”参数后的“关键帧标记”，并适当设置这两个参数。

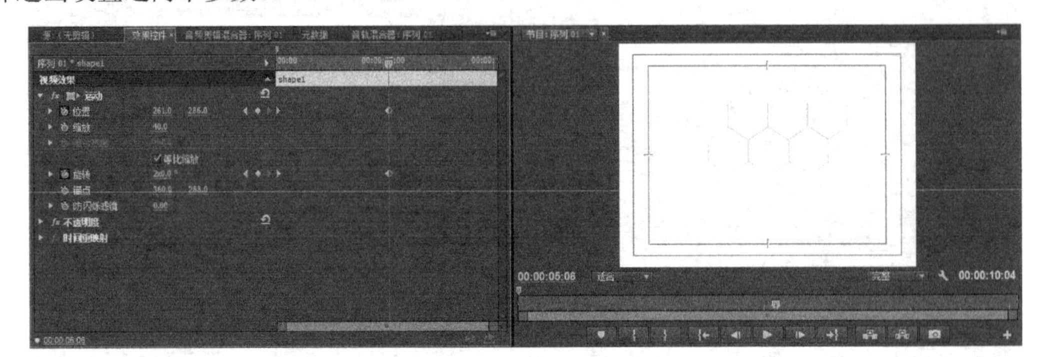

图 7-55　设置动画关键帧

（24）将“项目”命令面板中的“shape 1”字幕素材，拖动到“时间线”命令面板的 V8 视频轨道上。在如图 7-56 所示的时间点，单击“位置”和“旋转”参数前的“关键帧设置标记”，并适当设置这两个参数。

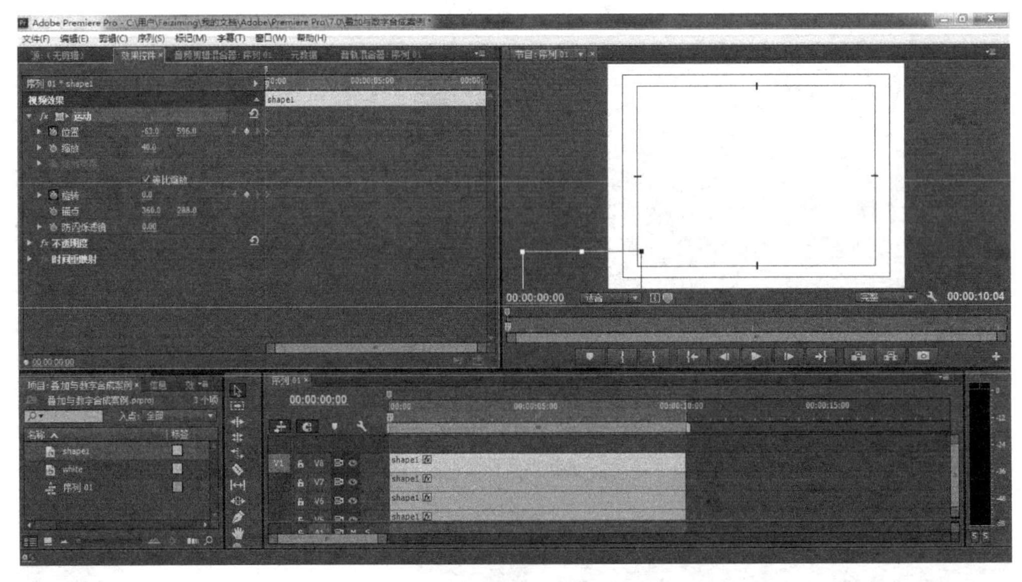

图 7-56　设置动画关键帧

（25）在如图 7-57 所示的时间点，单击“位置”和“旋转”参数后的“关键帧标记”，并适当设置这两个参数。

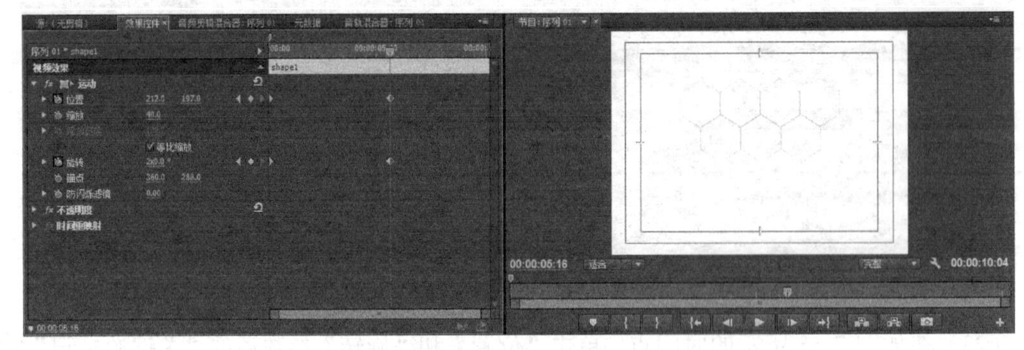

图 7-57　设置动画关键帧

（26）选择V2视频轨道上的“shape 1”字幕素材，在如图7-58所示的时间点，单击“缩放”参数前的“关键帧设置标记”，并适当设置这个参数。

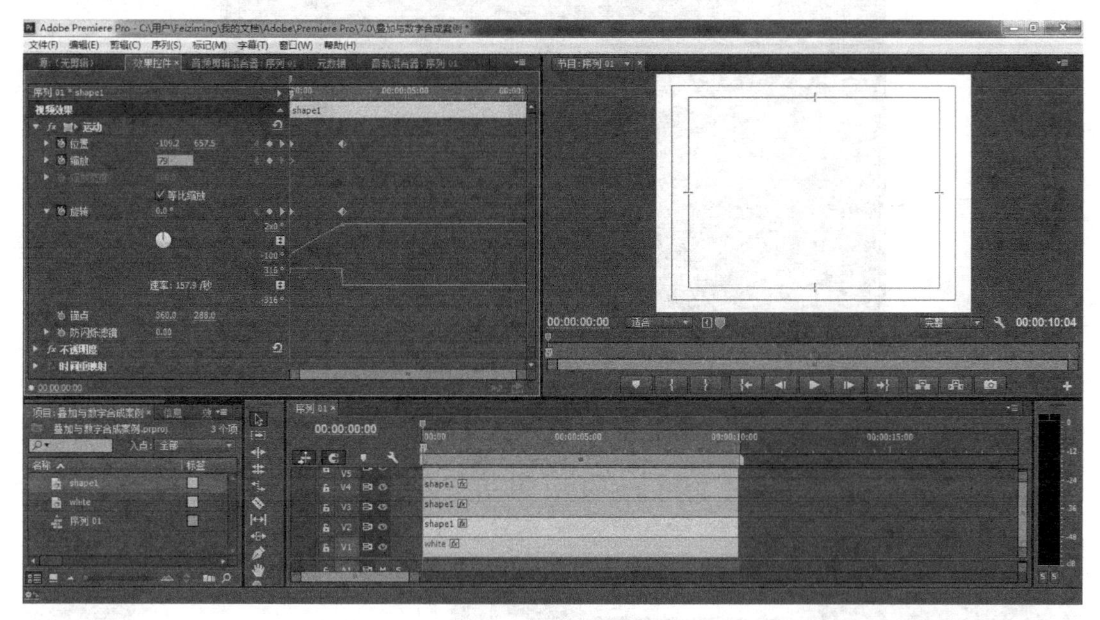

图7-58　设置动画关键帧

（27）在如图7-59所示的时间点，单击“缩放”参数后的“关键帧标记”，并适当设置这个参数。

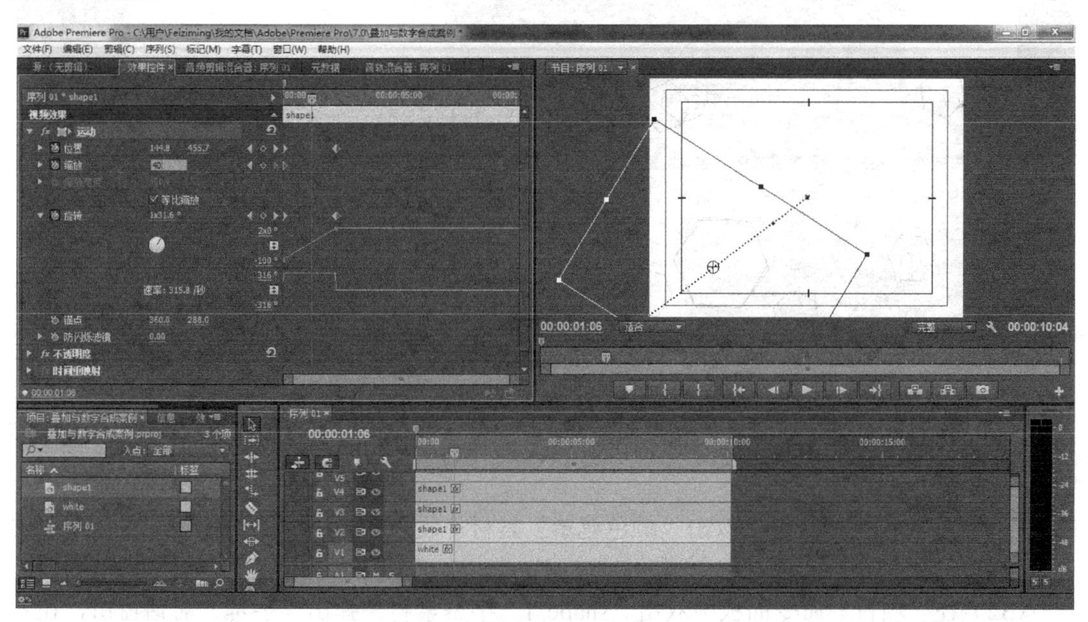

图7-59　设置动画关键帧

（28）拖动鼠标框选刚刚创建的两个“缩放”参数关键帧，在其上单击鼠标右键，从弹出的右键快捷菜单中选择“复制”，如图7-60所示。

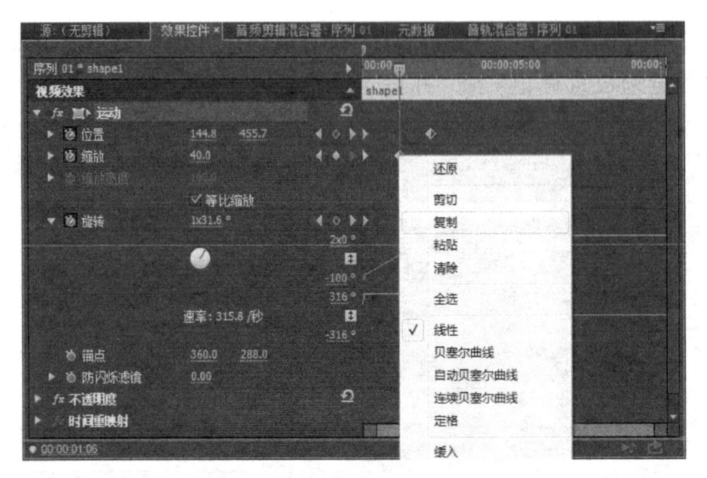

图 7-60 复制动画关键帧

（29）选择 V3 视频轨道上的“shape 1”字幕素材，在“缩放”参数上单击鼠标右键，从弹出的右键快捷菜单中选择“粘贴”，如图 7-61 所示。

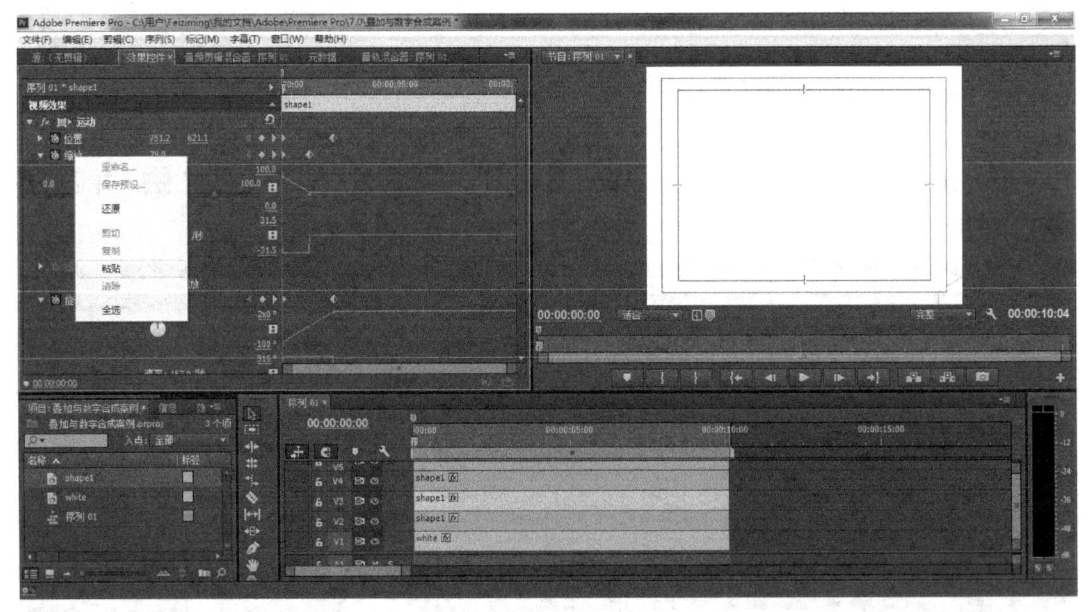

图 7-61 粘贴动画关键帧

（30）依据相同的操作步骤，将“缩放”参数动画关键帧粘贴到其他视频轨道的“shape 1”字幕素材上。

（31）在 V1 视频轨道上双击“颜色遮罩”素材片段，在弹出的“拾色器”对话窗口中选择黑色，如图 7-62 所示。

（32）在“项目”命令面板中双击“shape 1”字幕素材，弹出“字幕”对话窗口，在六边形上单击鼠标右键，从弹出的右键快捷菜单中选择“复制”，如图 7-63 所示。

（33）在“字幕”对话窗口的空白位置单击鼠标右键，从弹出的右键快捷菜单中选择“粘贴”，如图 7-64 所示。

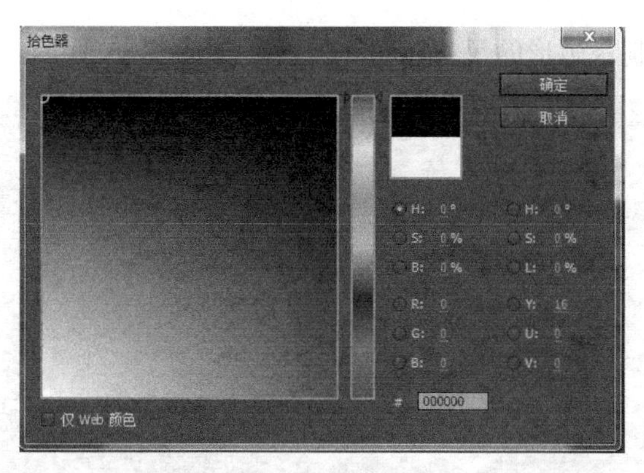

图 7-62　重新指定“颜色遮罩”的色彩

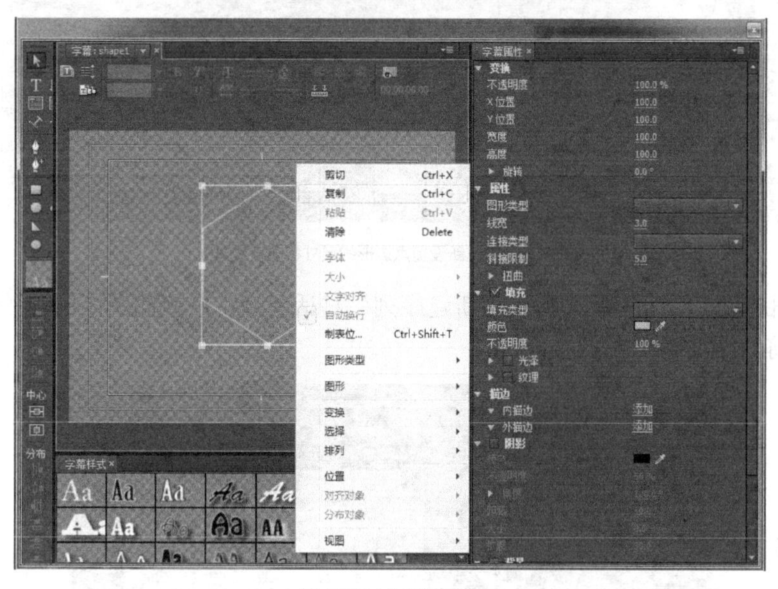

图 7-63　复制六边形

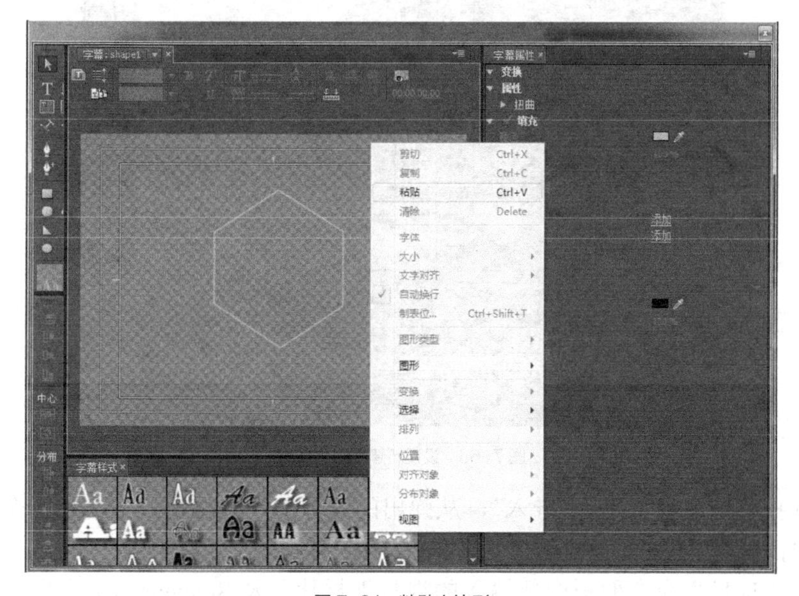

图 7-64　粘贴六边形

（34）重新设置复制六边形的尺寸和填充属性，如图 7-65 所示。

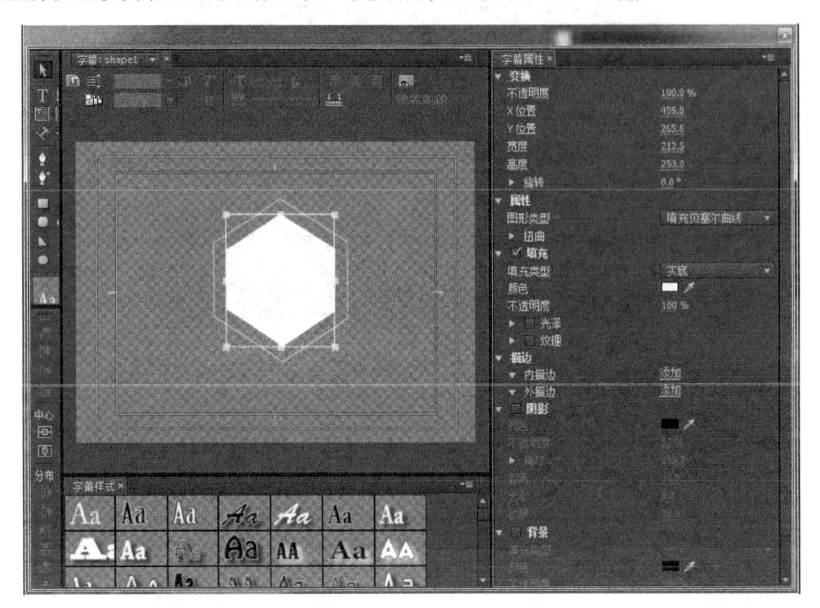

图 7-65　重新设置六边形的尺寸和填充属性

（35）按快捷键“Ctrl+N”，弹出“新建序列”对话窗口，按照如图 7-66 中的设置新建一个序列，并将其命名为“叠加合成”。

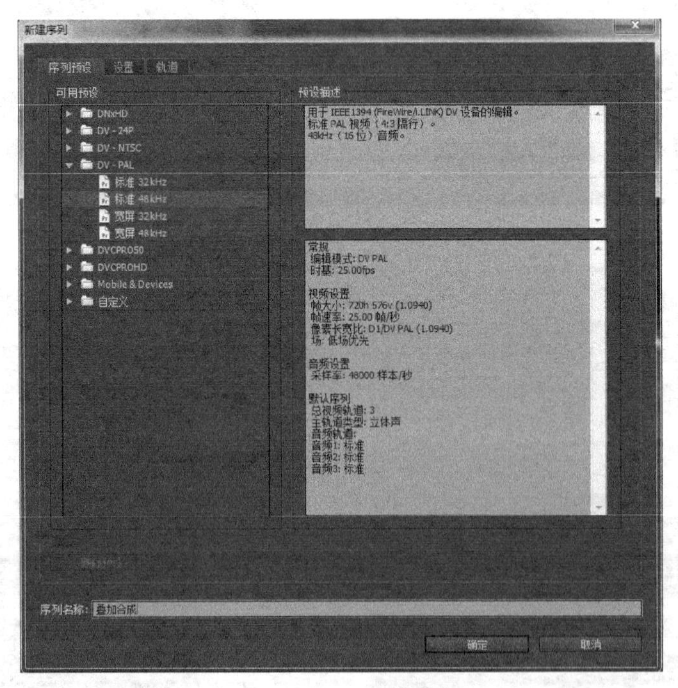

图 7-66　设置新建序列的属性

（36）选择菜单命令“文件>导入”，从弹出的“导入”对话窗口中选择一个视频素材片段，单击“打开”按钮关闭该对话窗口，如图 7-67 所示。

（37）将“项目”命令面板中新输入的视频素材片段及 Sequence 01 序列分别拖动指定

到序列“叠加合成”的“时间线”命令面板内的视频轨道上，其轨道的上下顺序如图7-68所示。

图7-67　“导入”对话窗口

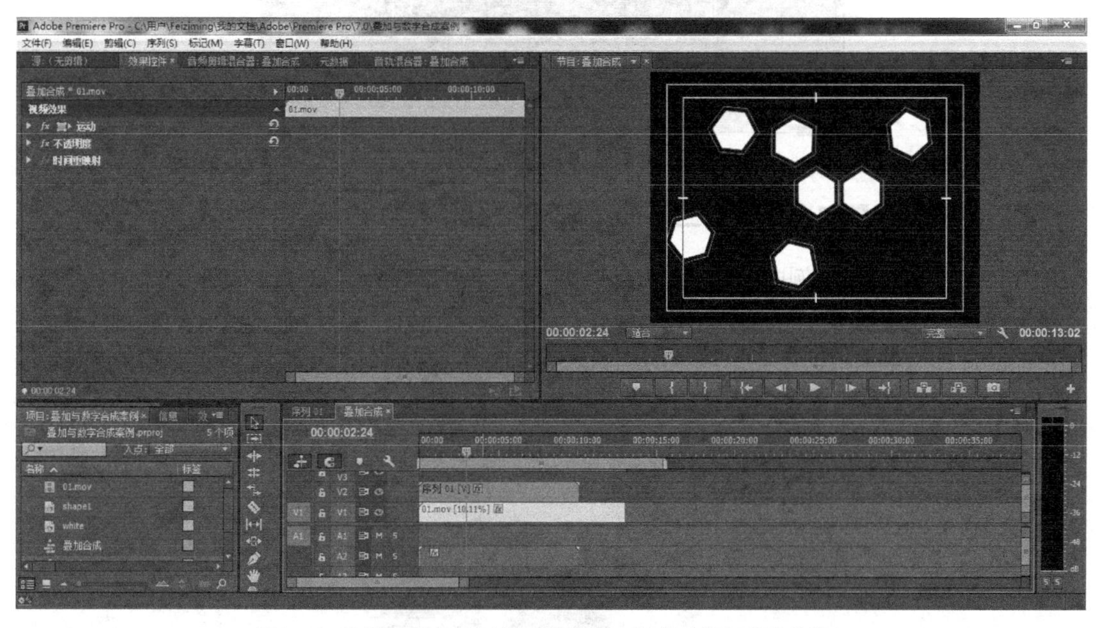

图7-68　将新输入的视频素材片段及序列01分别拖动指定到视频轨道上

（38）将“效果”命令面板中的“轨道遮罩键”视频效果拖动指定到序列“叠加合成”“时间线”命令面板的“01”视频素材上，参数设置如图7-69所示，最终动画合成效果如图7-70所示。

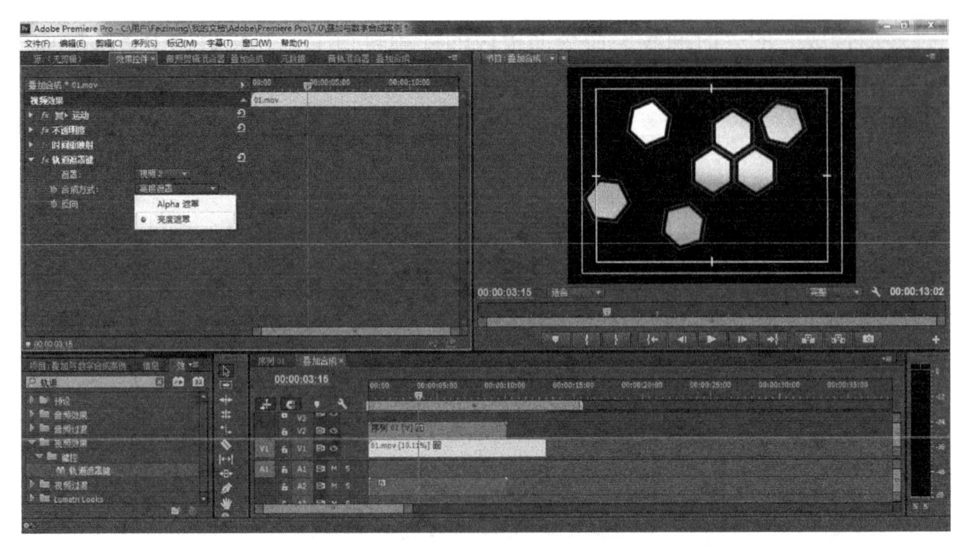

图 7-69　指定“轨道遮罩键”视频效果

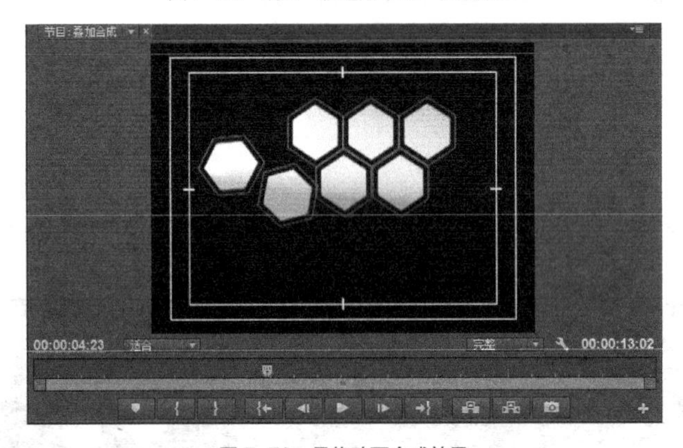

图 7-70　最终动画合成效果

7.2.4　透明/叠加设计实例二

如图 7-71 所示是实例中的最终效果，该实例是反映低碳生活的一段小动画宣传片。人骑自行车行驶在转动的地球上，地球另一端由于工厂排放尾气而被污染，而地球这一端，由于大家的节能减排和绿色出行，生长出绿色的房子，绿色的叶子从自行车里飞出。另外，本实例还涉及效果和动画关键帧方面的内容，有关这两个部分的详细讲述，请参考后面的相关章节。

图 7-71　实例效果

创建该效果要执行以下操作步骤。

（1）启动 Premiere CC，弹出“欢迎”对话窗口，单击“新建项目”按钮，弹出“新建项目”对话窗口，指定项目名称和存储位置。

（2）再在“项目”命令面板中单击鼠标右键，从弹出的快捷菜单中选择“新建序列”，在“新建序列”对话窗口中选择一个文件预设，如图 7-72 所示。

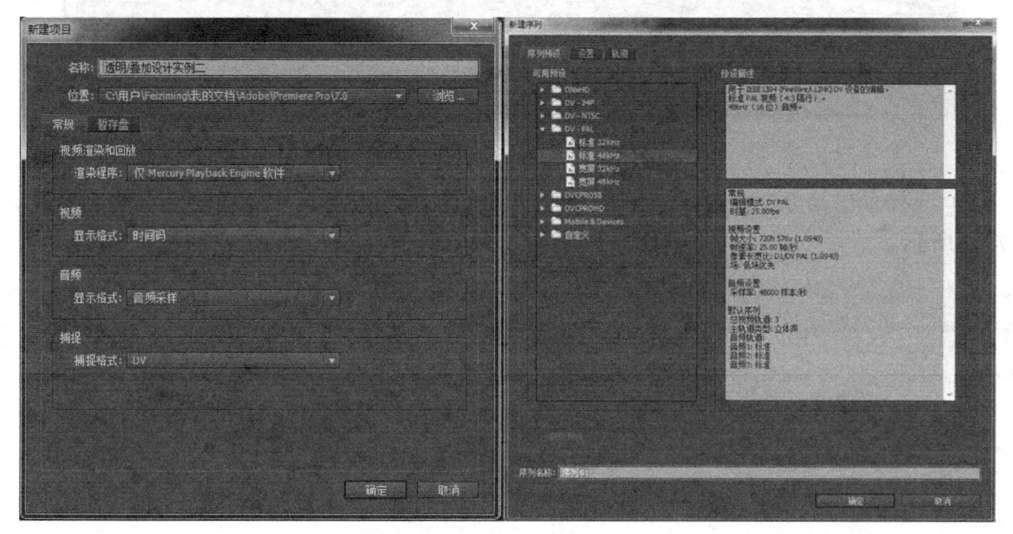

图 7-72　创建新项目和新序列

（3）在“项目”命令面板中单击鼠标右键，弹出如图 7-73 所示的快捷菜单，从中选择“新建项目>颜色遮罩”。

（4）弹出“拾色器”对话窗口，选择的色彩参数如图 7-74 所示。

（5）在“拾色器”对话窗口中单击“确定”按钮关闭该对话窗口，在弹出的“选择名称”对话窗口中指定“颜色遮罩”的名称后，单击“确定”按钮关闭该对话窗口，如图 7-75 所示。

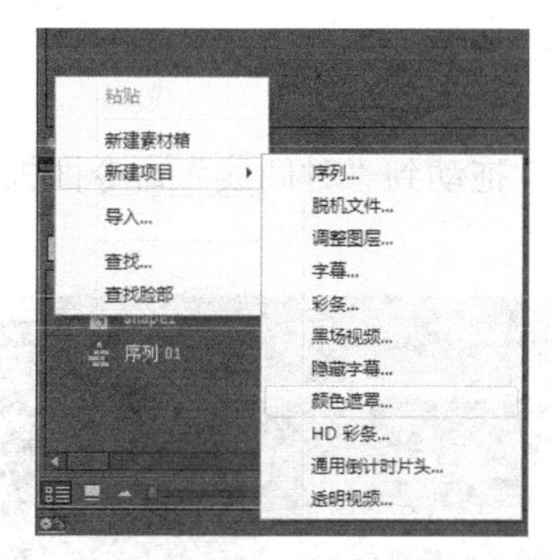

图 7-73　在弹出的快捷菜单中选择“颜色遮罩”

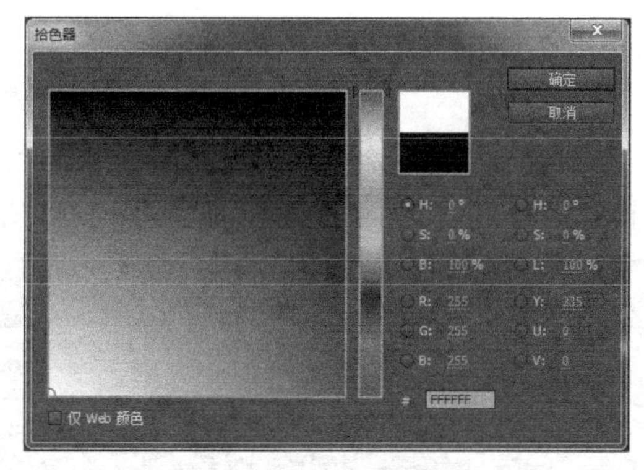

图 7-74　选择“颜色遮罩”的色彩

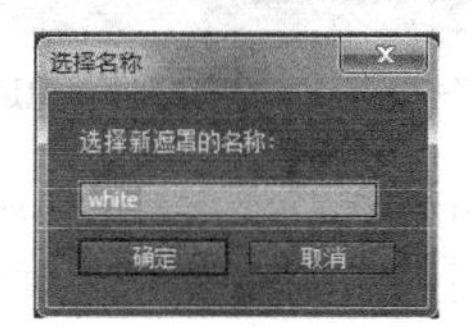

图 7-75　设置遮罩名称

（6）将“项目”命令面板中新建的“颜色遮罩”，拖动到“时间线”命令面板的 V1 视频轨道上，如图 7-76 所示。

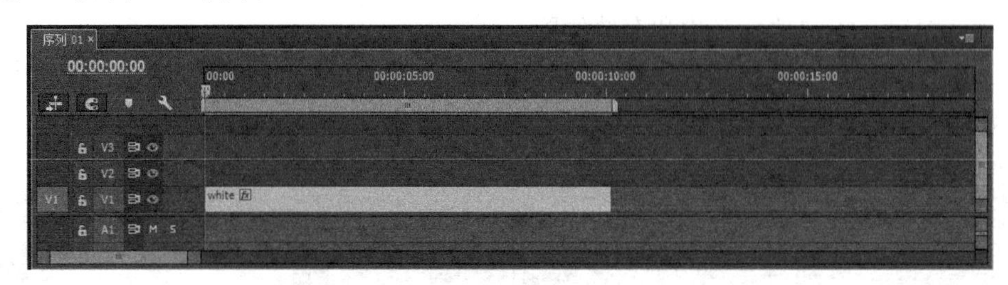

图 7-76 将“颜色遮罩”拖动指定到视频轨道中

（7）选择菜单命令“文件>导入”，将所需要的视频素材导入到“项目”命令面板中，如图 7-77 所示。

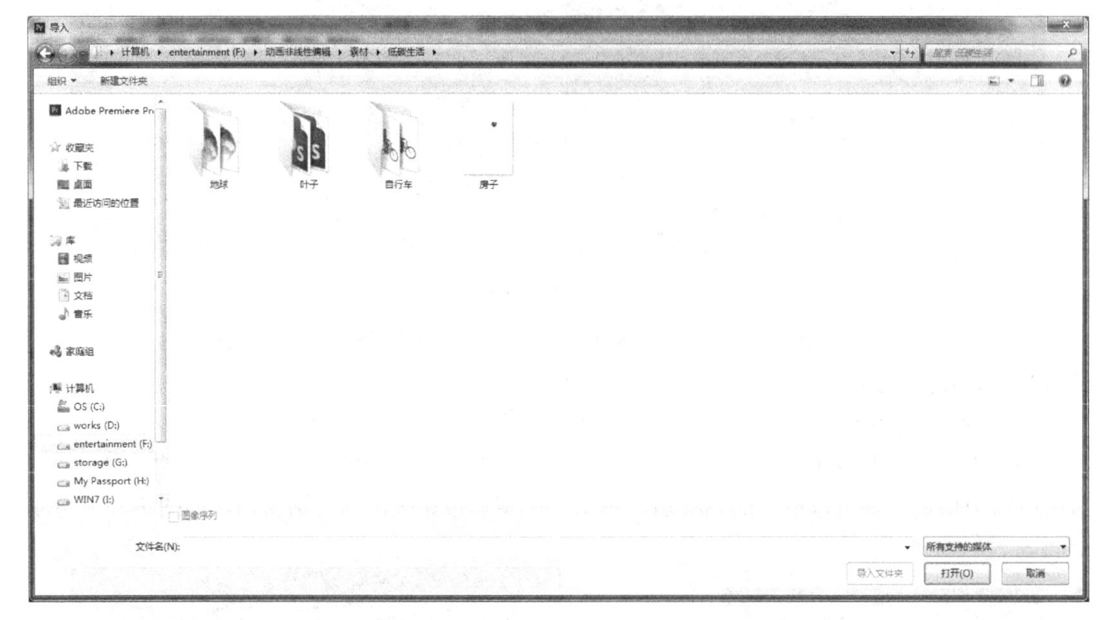

图 7-77 导入素材

（8）将“项目”命令面板中的图片序列“地球_00000”拖动到“时间线”命令面板的 V2 视频轨道中，并调整持续时间，如图 7-78 所示。

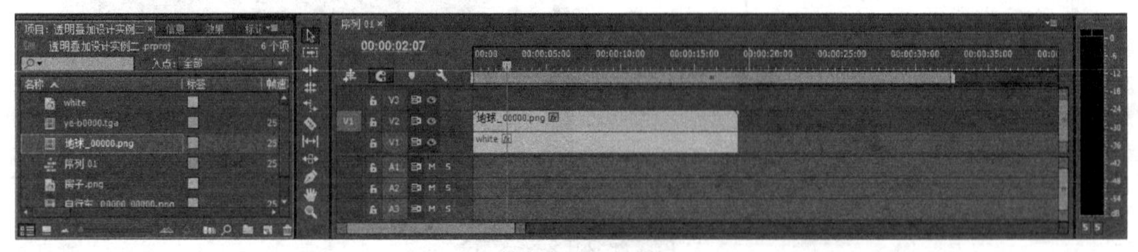

图 7-78 将素材拖动到视频轨道中

（9）将“项目”命令面板中的图片素材“工厂”拖动到“时间线”命令面板的 V3 视频轨道中，并在“效果控件”面板中调整“位置”和“旋转”参数，使其和 V2 视频轨道中的地球素材契合，如图 7-79 所示。

图7-79 将素材拖动到视频轨道中

（10）将“项目”命令面板中的图片序列“烟”拖动到“时间线”命令面板的 V4 视频轨道中，如图 7-80 所示。

图7-80 将素材拖动到视频轨道中

（11）将“效果”命令面板中的“反转”视频效果，拖动到 V4 视频轨道的“烟”素材上，如图 7-81 所示。

（12）单击选择 V4 视频轨道中的图像序列“烟”，在其“效果控件”命令面板的“不透明度”选项内，在“混合模式”右侧的下拉列表中选“相乘”模式，如图 7-82 所示。

（13）选中 V4 视频轨道中的图像序列“烟”，在“效果控件”命令面板中将“位置”“缩放”“旋转”“不透明度”关键帧参数如图 7-83 所示进行设置，创建出烟从工厂烟囱冒出的动画。

图 7-81　指定视频效果

图 7-82　设置混合模式

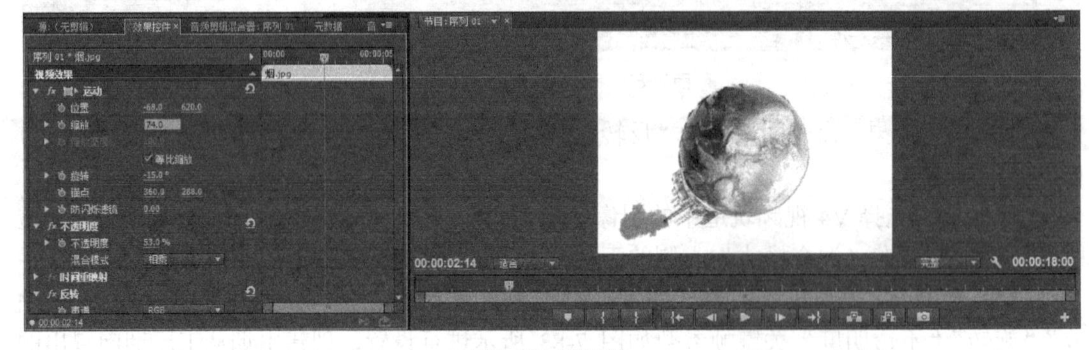

图 7-83　调整参数

（14）将“项目”命令面板中的图片序列“自行车_00000”拖动到“时间线”命令面板

的 V5 视频轨道中，并调整持续时间，如图 7-84 所示。

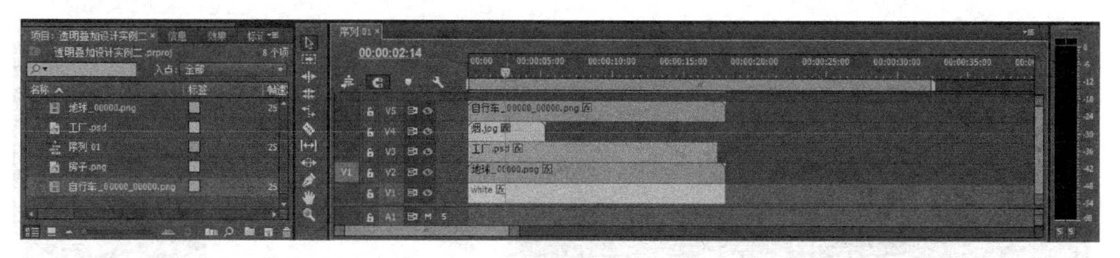

图 7-84　将素材拖动到视频轨道中

（15）将“效果”命令面板中的“颜色键”视频效果，拖动到 V5 视频轨道的“自行车_00000”素材上，并用吸管工具选取要去掉的白色，同时调整“颜色容差”参数，如图 7-85 所示。

图 7-85　指定视频效果

（16）选中 V5 视频轨道中的图像序列“自行车_00000”，在“效果控件”命令面板中将“位置”“缩放”“旋转”关键帧参数如图 7-86 所示进行设置。

图 7-86　调整参数

（17）将“项目”命令面板中的图片素材“房子”拖动到“时间线”命令面板的 V6 视频轨道中，并在“效果控件”面板中调整“位置”和“缩放”参数，使其和 V2 视频轨道中的地球素材契合，如图 7-87 所示。

图 7-87　将素材拖动到视频轨道中

（18）将“项目”命令面板中的“叶子_0000”图像序列，拖动到“时间线”命令面板的 V7 视频轨道中，并在“效果控件”面板中调整“位置”“缩放”“旋转”参数，创建出叶子从运动的自行车车轮中飞出的动画，如图 7-88 所示。

图 7-88　添加素材并调整参数

（19）将“效果”命令面板中的“放射阴影”视频效果，拖动到 V2 视频轨道的“地球”图像序列上，如图 7-89 所示。

（20）单击选择 V2 视频轨道的“地球”图像序列，在其“效果控件”命令面板的“放射阴影”效果内，单击“阴影颜色”右侧的吸管工具，弹出“拾色器”对话窗口，选择阴影颜色，如图 7-90 所示。

图 7-89　指定视频效果

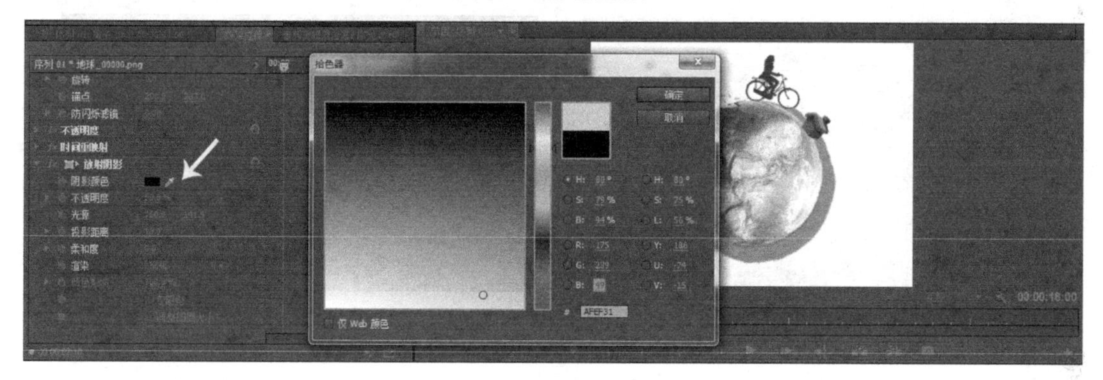

图 7-90　选取阴影颜色

（21）最终效果如图 7-91 所示。

图 7-91　最终效果

习题

1．“不透明度”参数与透明键在功能上有哪些区别？

2．在 Premiere CC 中提供了哪几种透明键？

3. 利用哪个参数可以反转素材片段中透明与不透明的区域？

4. 利用哪个参数可以指定素材片段中透明区域与不透明区域之间界限的光滑程度？

5. 如果遮罩图像为红色，叠加素材片段为白色，设置“图像遮罩透明键”后，最终叠加素材片段呈现什么颜色？

6. 利用哪个透明键可以去除动态对象后的静态背景？

7. 利用哪个透明键可以指定动态遮罩效果？

课后操作题

目标：将提供的实拍和虚拟背景叠加合成，完成一个充满科技感的镜头。

要求：①使用“8 点无用信号遮罩”“颜色键”和“色度键”将人物从绿屏中抠出。

②将抠像和虚拟背景叠加在一起，调整色调，使其更加融合。

效果：

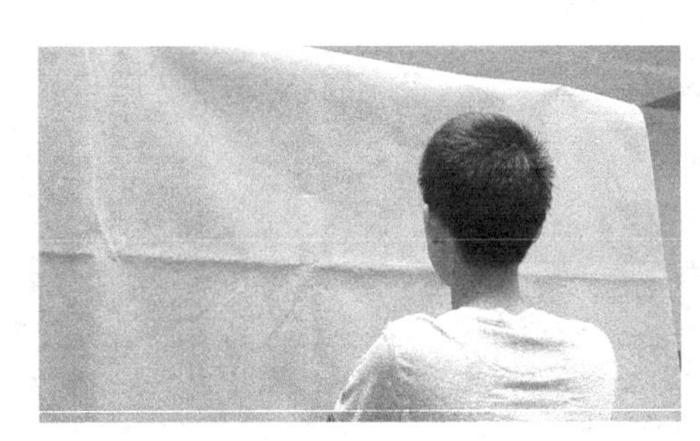

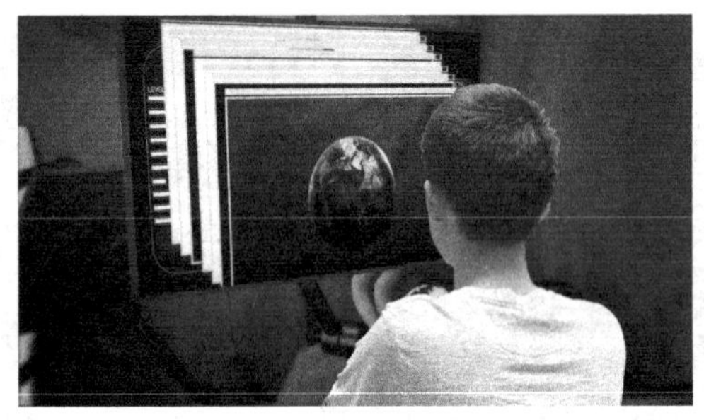

Premiere Pro CC

8 Chapter

第 8 章 视频与音频效果

本章概述 Premiere CC 中的视频与音频效果，介绍创建与编辑效果关键帧、复制与粘贴效果设置，通过设计实例讲述了视频与音频效果的灵活运用。

8.1 效果概述

使用过 Photoshop 的读者可能对“滤镜”不太陌生，利用各种类型的“滤镜”可以创建许多奇妙的视觉效果。在 Premiere CC 中也包含许多视频和音频的效果，这些效果既可以创建类似于 Photoshop“滤镜”的静态效果，还可以创建效果参数随同时间变化的动态效果。

默认状态下，“效果”命令面板位于“项目”命令面板下方，如图 8-1 所示。其中包含视频效果、视频过渡、音频效果、音频过渡等素材箱。

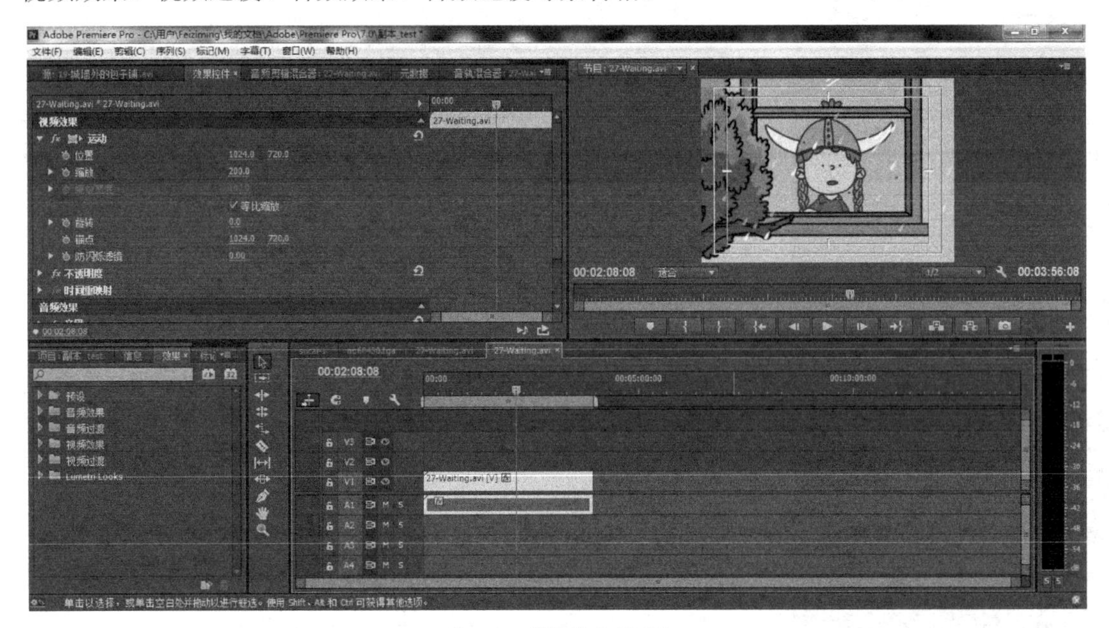

图 8-1 “效果”命令面板

在“效果”命令面板中选择一种视频、音频效果后，按住鼠标将其拖动指定到“时间线”命令面板中对应的素材片段上，在“效果控件”命令面板中可以设置效果的参数。

在“效果”命令面板中包含以下工具。

在顶部的区域中，可以输入要查询的关键字，“效果”命令面板中的素材箱自动展开包含该关键字的效果，如图 8-2 所示。

“新建自定义素材箱”按钮：单击该按钮，在“效果”命令面板中新建了一个用户素材箱，然后为新素材箱指定名称。可以将其他效果素材箱中常用的效果拖动复制到新建素材箱中，以后使用起来就比较顺手了。

图 8-2 查询效果

“删除自定义项目”按钮：单击该按钮，在弹出的对话窗口中单击“确定”按钮，如图 8-3 所示，则自定义素材箱被删除，素材箱中的效果重新移动到其默认的位置。

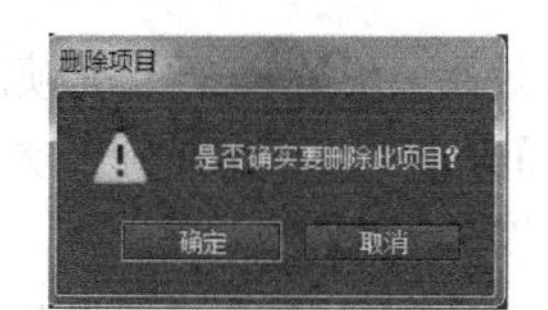

图 8-3 “删除项目”对话窗口

8.2 效果关键帧

本节主要讲述如何利用“效果控件”命令面板创建与编辑效果关键帧。

8.2.1 效果控件命令面板

在“效果控件”命令面板中，最上面列出的是当前素材片段的“运动”设置项目，可以指定或编辑素材片段的运动属性；下面是当前素材片段的“不透明度”设置项目，可以指定或编辑当前素材片段的透明叠加属性；最下面列出的是当前素材片段上被施加的视频效果和音频效果的名称。

在“时间线”命令面板中的素材片段可以同时被指定多个效果，如图 8-4 所示，这些效果依据指定的前后顺序从上向下排列，即最顶部的效果是最先被指定的效果，加入效果的顺序也就是效果作用于素材片段的顺序，效果的排序对最终的编辑结果有影响。

图 8-4　多个效果

8.2.2 编辑效果关键帧

在“时间线”命令面板中，被施加了效果的素材片段中都有一个图标fx，如图 8-5 所示，在素材名称右侧的下拉列表中可以进入被施加效果的编辑模式。音频效果的指定与编辑方式与视频效果相同。

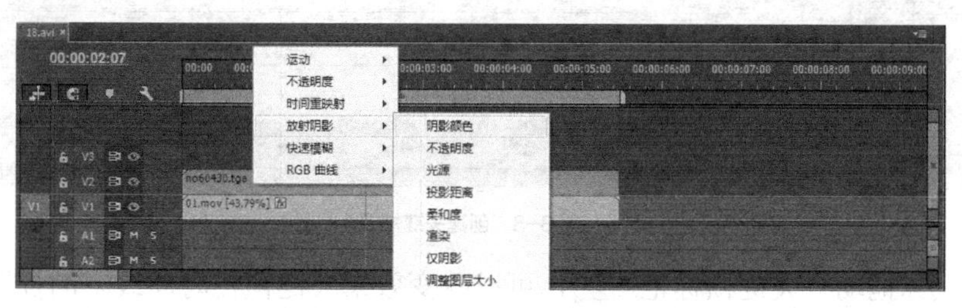

图 8-5　“时间线”命令面板中的效果列表

效果关键帧主要用于指定动态效果，在每一个关键帧的位置都可以独立编辑效果的参数设置项目，这样就可以在不同的时间段看到不同设置的效果。

创建效果关键帧可以依据以下操作步骤。

（1）在“时间线”命令面板中，展开轨道，显示关键帧控制线，如图 8-6 所示。

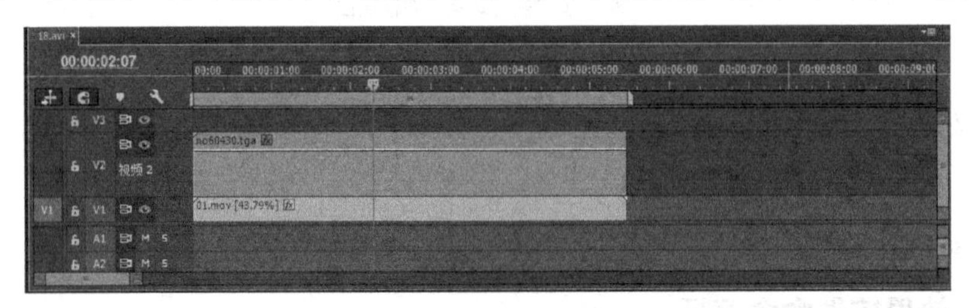

图 8-6　展开轨道显示关键帧

（2）在“时间线”命令面板中的素材片段上，单击 fx 按钮，下拉选择显示哪一条关键帧的控制线，如图 8-7 所示。

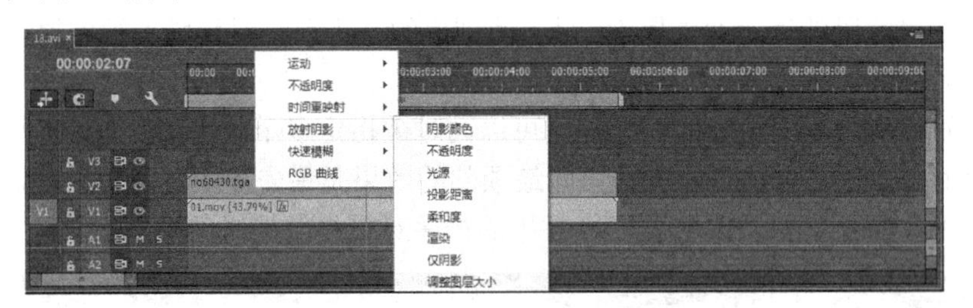

图 8-7　选择控制线

（3）在“时间线”命令面板中，将时间线拖动到要创建关键帧的位置，单击“创建关键帧标记”，在当前时间线的位置创建了一个效果关键帧，可以利用“效果控件”命令面板改变效果在当前关键帧的参数设置，如图 8-8 所示。

图 8-8　创建关键帧

（4）用鼠标拖动“关键帧标记”，可以改变效果关键帧在时间线上的位置，如图 8-9 所示。

图 8-9　指定关键帧的位置

单击“前一个关键帧”按钮 ，可以将时间线跳转到前一个关键帧的位置；单击“下一个关键帧”按钮 ，可以将时间线跳转到下一个关键帧的位置。

8.2.3　复制与粘贴效果设置

视频和音频效果都包含有多个参数设置项目，当要重复设置某些效果的参数时，可以利用复制与粘贴功能避免一些重复性的操作。可以复制与粘贴的属性包括：运动属性、不透明度属性、音频效果、视频效果等。

复制与粘贴效果设置可以依据以下操作步骤。

（1）在“时间线”命令面板中选定一个带有效果设置的素材片段后，选择菜单命令“编辑>复制”，如图 8-10 所示。也可以在素材片段上单击鼠标右键，从弹出的右键快捷菜单中选择“复制”。

图 8-10　复制关键帧的设置参数

（2）在“时间线”命令面板中选定另一个素材片段后，选择菜单命令“编辑>粘贴属性”，或在右键快捷菜单中选择该命令，如图 8-11 所示。

图 8-11　粘贴属性

（3）还可以在一个素材片段的单个效果上单击鼠标右键，从弹出的右键快捷菜单中选择“复制”，如图 8-12 所示。

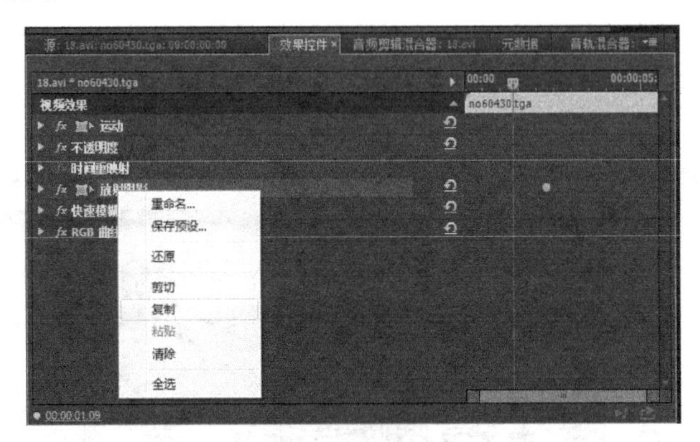

图 8-12　复制单个效果

（4）在“时间线”命令面板中选择另一个素材片段后，在“效果控件”命令面板中单击鼠标右键，从弹出的右键快捷菜单中选择“粘贴”，则只将复制的效果粘贴到当前的素材片段上，该效果位于“效果控件”命令面板的最下方。

8.3 视频与音频效果实例一

本节将合成一段反映江南水乡美景的动画镜头，实例中将会涉及添加多种效果，如图 8-13 所示。

操作步骤如下。

（1）启动 Premiere CC，弹出“欢迎”对话窗口。单击“新建项目”按钮，弹出“新建项目”对话窗口，设定项目名称以后，单击“确定”按钮。再在“项目”命令面板中单击鼠标右键，从弹出的快捷菜单中选择“新建序列”，在“新建序列”对话窗口中选择一个文件预设，如图 8-14 所示。

图 8-13　合成江南水乡动画

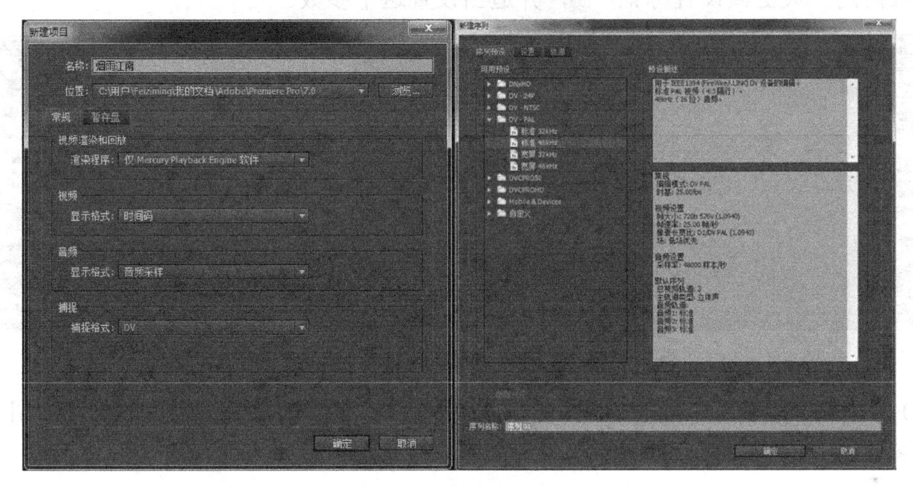

图 8-14　新建项目和序列

（2）选择菜单命令“文件>导入”，将所需要的视频素材导入到“项目”命令面板中，如图 8-15 所示。

图 8-15　导入素材

（3）将“项目”命令面板中的图片素材“场景 1”拖动到“时间线”命令面板的视频轨道中，并调整持续时间，如图 8-16 所示。

图 8-16 将素材拖动到视频轨道中

（4）选择“时间线”命令面板中的“场景 1”素材，在如图 8-17 所示的时间点，单击“缩放”参数前的“关键帧设置标记”，并适当设置这个参数。

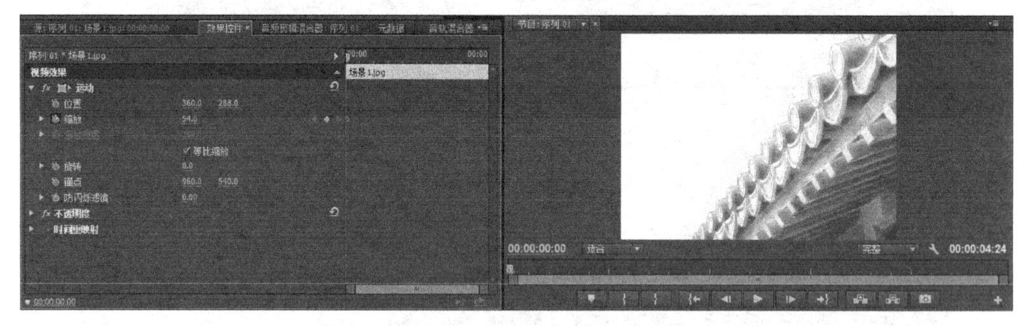

图 8-17 设置动画关键帧

（5）在如图 8-18 所示的时间点，单击“缩放”参数后的“关键帧”标记，并适当设置这个参数。

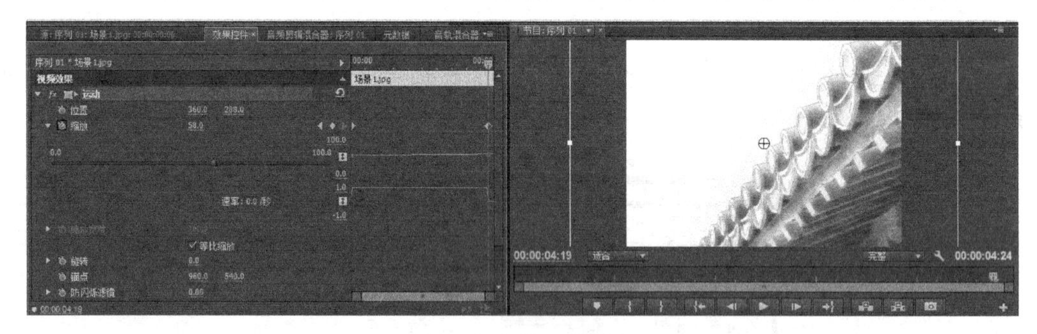

图 8-18 设置动画关键帧

（6）将“项目”命令面板中的“场景 2”素材，拖动到“时间线”命令面板的 V1 视频轨道上。如图 8-19 所示，调整持续时间。

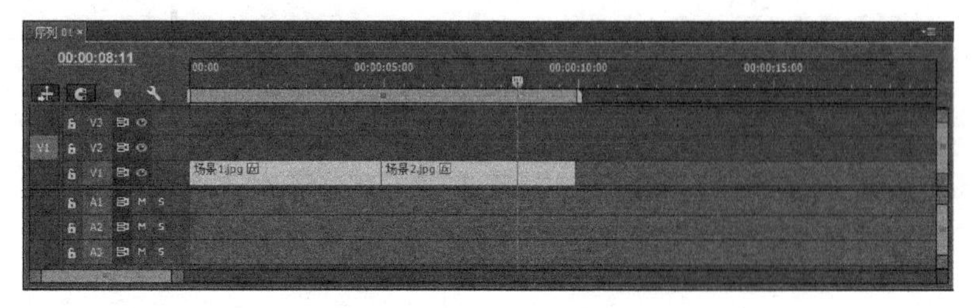

图 8-19 拉伸素材片段的持续时间

（7）将“效果”命令面板中的“交叉溶解”效果拖动到两段素材的接缝处，并在“效果控件”命令面板中，调整转场持续时间，如图 8-20 所示。

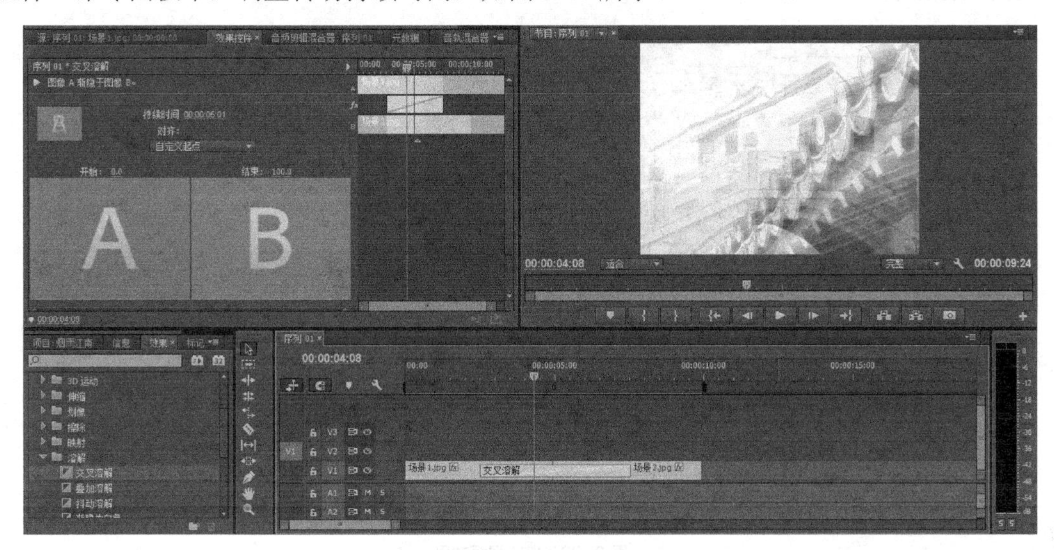

图 8-20 拉伸转场的持续时间

（8）将“项目”命令面板中“0004_Ink_Chamber”素材，拖动到“时间线”命令面板的 V2 视频轨道上，如图 8-21 所示。

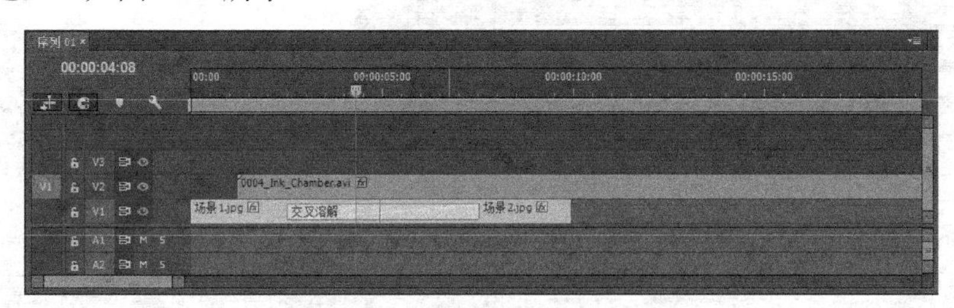

图 8-21 将素材拖动指定到视频轨道中

（9）将 V2 视频轨道的素材设置好出入点，如图 8-22 所示。

图 8-22 设置素材片段的出入点

（10）将“效果控件”命令面板中的“反转”和“亮度键”视频效果，拖动到 V2 视频轨道的图像素材上，如图 8-23 所示。

图 8-23 指定视频效果

（11）单击“不透明度”参数，并适当设置这个参数，如图 8-24 所示。

图 8-24 设置“不透明度”参数

（12）将“项目”命令面板中的“场景 3”素材，拖动到“时间线”命令面板的 V1 视频轨道上。如图 8-25 所示，调整该素材片段的持续时间。

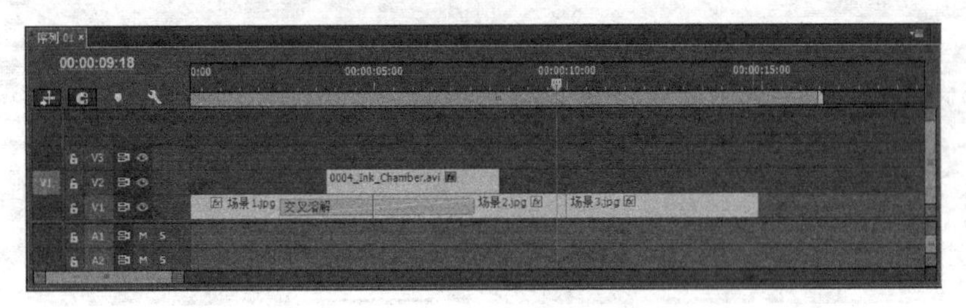

图 8-25 拉伸素材片段的持续时间

（13）将“效果”命令面板中的“交叉溶解”效果，拖动到“场景 2”和“场景 3”两端素材的接缝处，并在“效果控件”命令面板中，调整转场持续时间，如图 8-26 所示。

图 8-26　拉伸转场的持续时间

（14）将“项目”命令面板中的“船”素材，拖动到“时间线”命令面板的 V2 视频轨道上，并调整好持续时间，如图 8-27 所示。

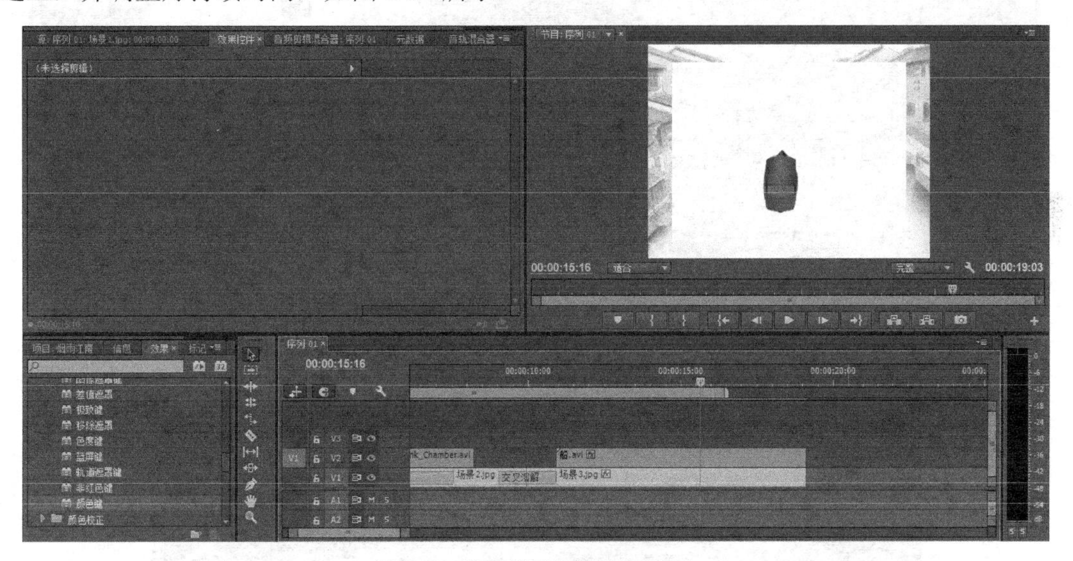

图 8-27　将素材拖动指定到视频轨道中

（15）将“效果”命令面板中的“颜色键”视频效果，拖动到 V2 视频轨道的“船”素材上，如图 8-28 所示。

（16）如图 8-29 所示，单击“主要颜色”参数后的“吸管”工具，在弹出的“拾色器”对话窗口中选取白色，将白色抠像去除。

（17）将 V2 视频轨道上的“船”素材，复制一次，粘贴到 V3 视频轨道的相同位置，如图 8-30 所示。

图 8-28　指定视频效果

图 8-29　设置效果参数

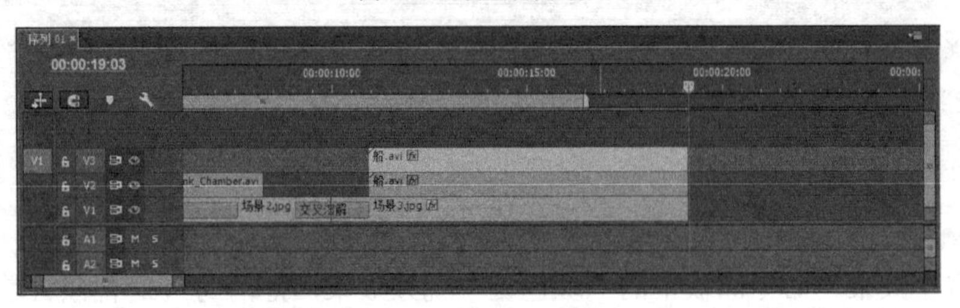

图 8-30　复制与粘贴素材

（18）将“效果控件”命令面板中的“快速模糊”视频效果，拖动到 V2 视频轨道的“船”素材上，并调整“模糊度”参数，如图 8-31 所示。

（19）如图 8-32 所示，选择 V2 视频轨道的“船”素材，单击“位置”参数，并适当设置这个参数。

图 8-31　指定视频效果

图 8-32　设置效果动画关键帧

（20）如图 8-33 所示，选择 V2 视频轨道的“船”素材，单击“不透明度”参数，并适当降低这个参数。

图 8-33　设置效果动画关键帧

（21）将“项目”命令面板中“0003_Ink_Chamber”素材，拖动到“时间线”命令面板的 V4 视频轨道上，如图 8-34 所示。

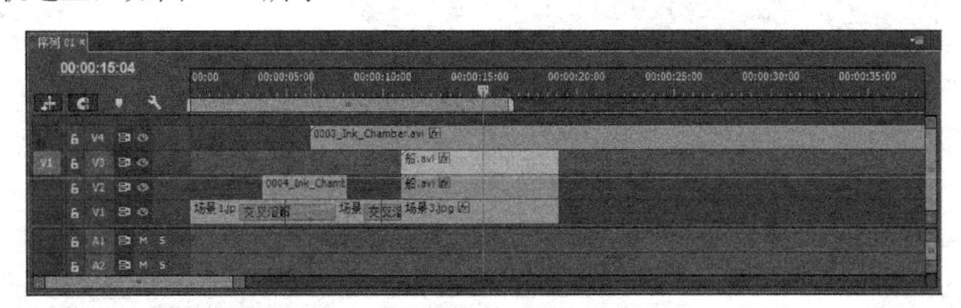

图 8-34　将素材拖动指定到视频轨道中

（22）为 V4 视频轨道的素材设置好出入点，如图 8-35 所示。

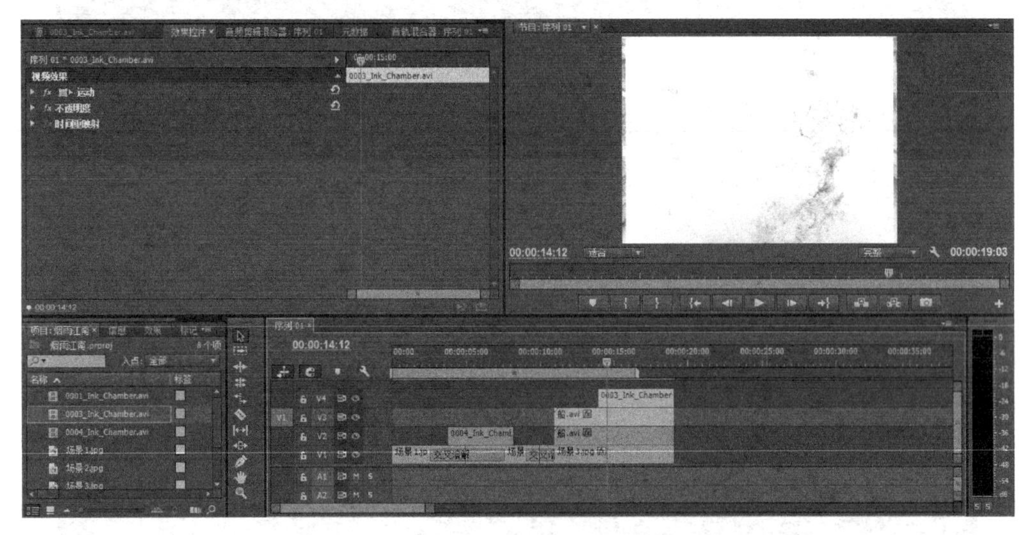

图 8-35　设置素材片段的出入点

（23）在其“效果控件”命令面板的“不透明度”选项内，在“混合模式”右侧的下拉列表中选择“相乘”模式，如图 8-36 所示。

图 8-36　设置混合模式

（24）单击“不透明度”参数，并适当设置这个参数，如图 8-37 所示。

图 8-37　设置“不透明度”参数

（25）最终视频合成效果如图 8-38 所示。

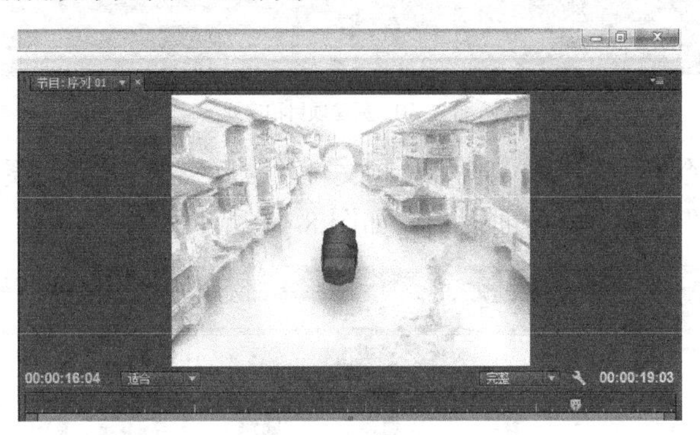

图 8-38　最终效果

8.4 视频与音频效果实例二

本节将通过制作一段反映春天美景的风景宣传片，详细讲述如何利用视频效果处理素材片段，合成相应的动画镜头，实例中将会涉及到实拍、手绘等各种类型的素材，如图 8-39 所示。

图 8-39　合成风景宣传片镜头

操作步骤如下。

（1）启动 Premiere CC，弹出“欢迎”对话窗口。单击“新建项目”按钮，弹出“新建项目”对话窗口，设定项目名称以后，单击“确定”按钮。再在“项目”命令面板中单击鼠标右键，从弹出的快捷菜单中选择“新建序列”，在“新建序列”对话窗口中选择一个文件预设，如图 8-40 所示。

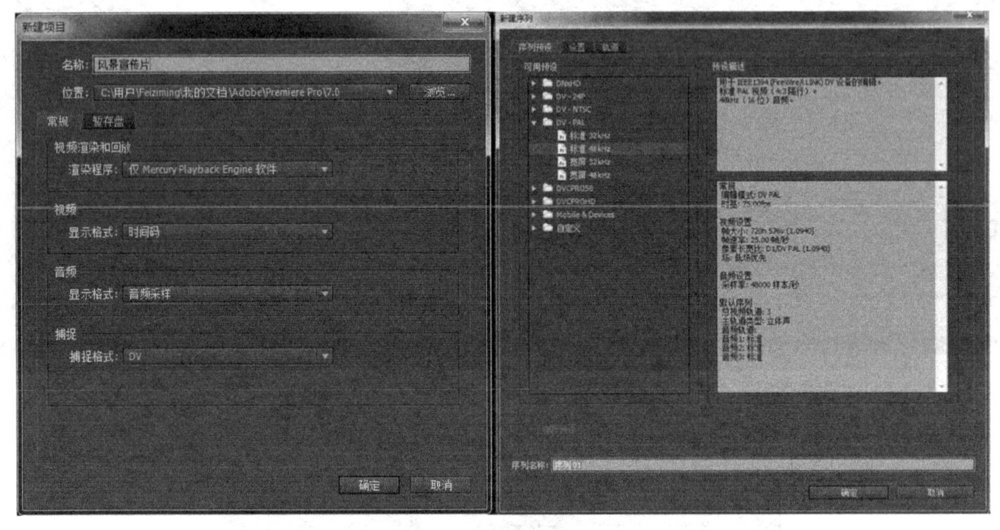

图 8-40 新建项目和序列

（2）选择菜单命令“文件>导入”，将视频文件“景色”、“气泡”、“溪水”，单帧文件“春”、“树叶单帧”导入到“项目”命令面板中，如图 8-41 所示。

图 8-41 导入素材

（3）选择菜单命令“文件>导入”，将图像序列“光线”、“树叶序列”、“丝绸”，导入到“项目”命令面板中，勾选“图像序列”，可将素材以序列帧形式连续导入，如图 8-42 所示。

图 8-42　导入图像序列

（4）将“项目”命令面板中的“景色”、“气泡”、“溪水”素材，拖动到“时间线”命令面板的 V1 视频轨道上，依次排列，如图 8-43 所示。

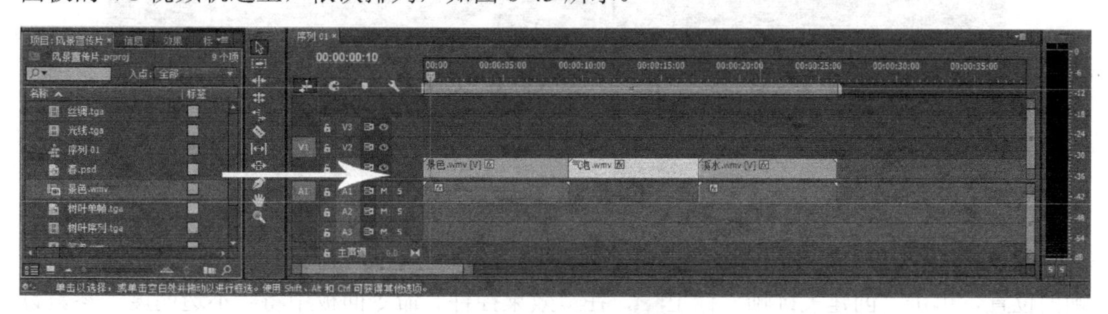

图 8-43　将素材文件拖放到“时间线”上

（5）选择“时间线”左边的“剃刀”工具，对“时间线”上的素材进行剪辑，调整素材的长度，如图 8-44 所示。

图 8-44　利用“剃刀工具”对素材进行剪辑

（6）将“项目”命令面板中的“丝绸”图像序列，拖动到“时间线”命令面板的 V2 视频轨道上，并调整好持续时间，如图 8-45 所示。

图 8-45　将素材拖动指定到视频轨道中

（7）在“效果控件”命令面板中，打开“运动”选项，将“位置”、“缩放”参数进行如图 8-46 所示的设置。

图 8-46　设置参数

（8）选中 V2 视频轨道的“丝绸”图像序列，将时间线移动到要加入“不透明度”关键帧的位置，单击“创建关键帧”标记，在“效果控件”命令面板中将“不透明度”参数设置为 100%，如图 8-47 所示。

图 8-47　创建不透明度关键帧

（9）将时间线移动到另一个位置，单击“创建关键帧”标记，再创建一个关键帧，在“效果控件”命令面板中将“不透明度”参数设置为 0%，如图 8-48 所示。

图 8-48　创建不透明度关键帧

（10）依据相同的操作步骤，为 V2 视频轨道的“丝绸”图像序列的后半段指定多个不透明度关键帧，制作出淡入淡出的效果，如图 8-49 所示。

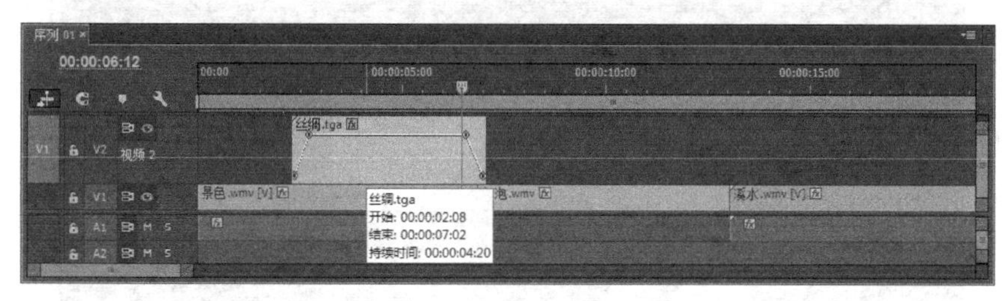

图 8-49　创建多个不透明度关键帧

（11）选择菜单命令“文件>新建>字幕”，弹出如图 8-50 所示的“新建字幕”对话窗口，在其中指定新建字幕文件的名称后单击“确定”按钮。

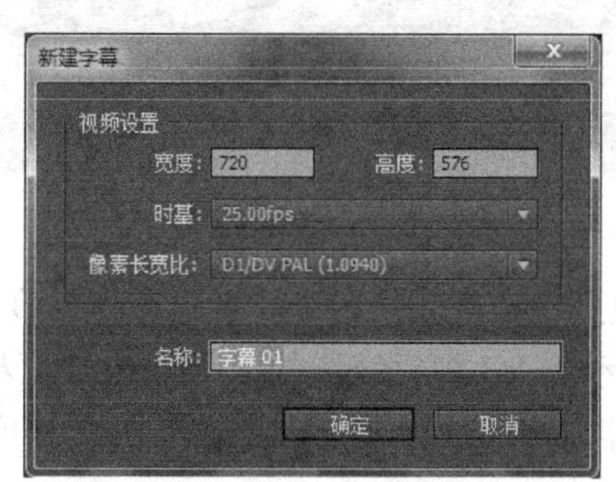

图 8-50　指定新建字幕的名称

（12）在弹出的“字幕”对话窗口中单击“段落文字”工具，输入如图 8-51 所示的文字。

图 8-51 输入文字

（13）在“字幕”对话窗口中适当设置文字的填充颜色、字号、间距等属性，如图 8-52 所示。

图 8-52 设置文字的属性

（14）将“字幕 01”拖放到 V3 视频轨道上，并调整好长度，将“效果控件”命令面板中的“放射阴影”视频效果，拖动到 V3 视频轨道的“字幕 01”素材上，如图 8-53 所示。

（15）如图 8-54 所示，调整“光源”、“投影距离”、“柔和度”等参数，制作出柔和的投影效果。

（16）选中 V3 视频轨道的“字幕 01”文件，将时间线移动到要加入“位置”、“缩放”关键帧的位置，单击“创建关键帧”标记，在“效果控件”命令面板中如图 8-55 所示设置参数。

图 8-53　指定视频效果

图 8-54　设置效果参数

图 8-55　创建关键帧

（17）将时间线移动到另一个位置，单击“创建关键帧”标记，再创建两个关键帧，如图 8-56 所示设置参数。

图 8-56　创建关键帧

（18）将“项目”命令面板中的“光线”、“树叶序列”素材，分别拖动到“时间线”命令面板的 V3 和 V2 视频轨道上，并针对“气泡”素材调整好持续时间，如图 8-57 所示。

图 8-57　将素材拖动指定到视频轨道中

（19）选择菜单命令“文件>新建>字幕”，弹出如图 8-58 所示的“新建字幕”对话窗口，在其中指定新建字幕文件的名称后单击“确定”按钮。

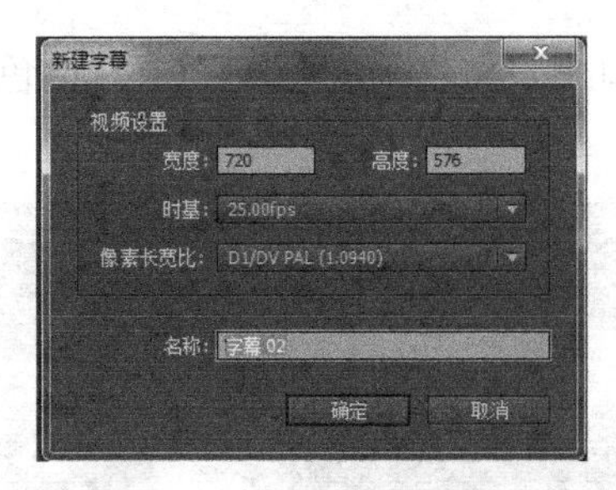

图 8-58　指定新建字幕的名称

（20）在弹出的“字幕”对话窗口中单击“矩形工具”按钮，绘制如图 8-59 所示的矩形。

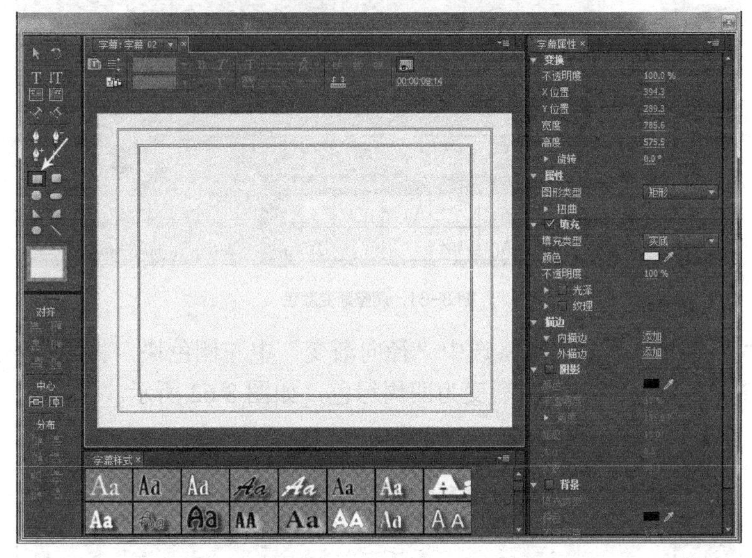

图 8-59　绘制矩形

（21）在“字幕”对话窗口中，将矩形的“填充类型”改为“径向渐变”，如图 8-60 所示。

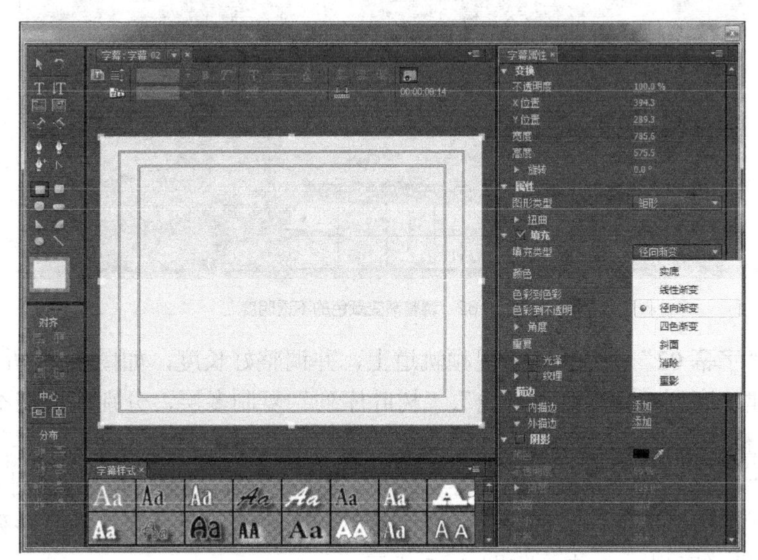

图 8-60　设置“填充类型”

（22）在“字幕”对话窗口中，将“径向渐变”中右侧色块的颜色如图 8-61 所示进行调整。

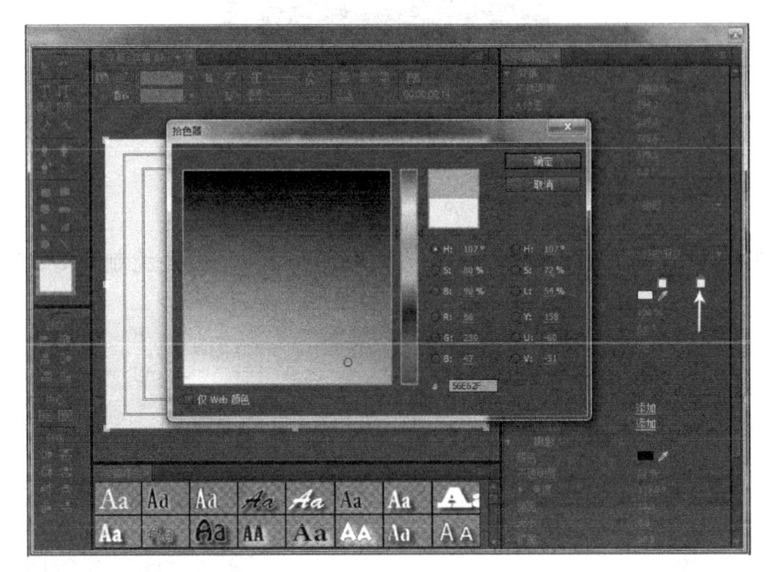

图 8-61　调整渐变颜色

（23）在“字幕”对话窗口中，选中“径向渐变”中左侧色块，将“色彩到不透明”参数设置为 0，图像呈现出中心透明渐变为四周绿色，如图 8-62 所示。

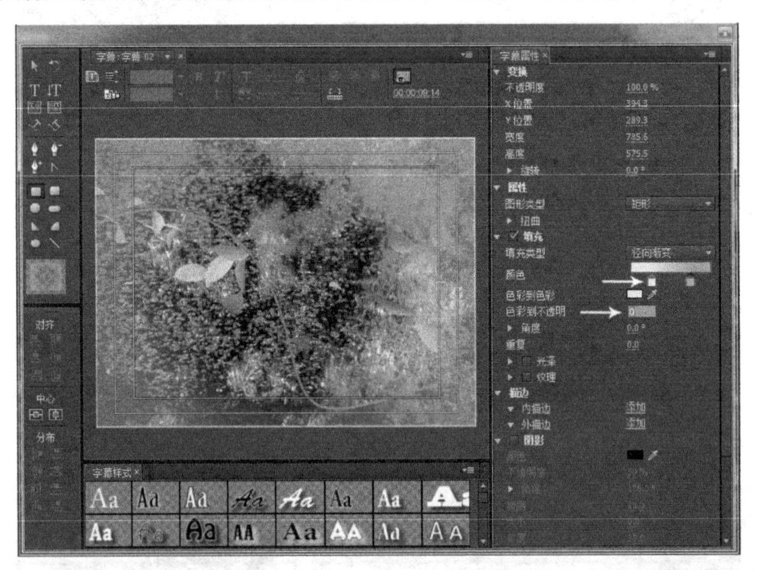

图 8-62　调整渐变颜色的不透明度

（24）将“字幕 02”拖放到 V4 视频轨道上，并调整好长度，如图 8-63 所示。

（25）新建“序列 02”，将“光线”、“树叶序列”复制多层，分别拖放在不同的 4 视频轨道上，并调整好长度，如图 8-64 所示。

（26）将“项目”命令面板中的“春”素材、“序列 02”，分别拖动到“时间线”命令面板的 V3 和 V2 视频轨道上，并调整好持续时间。特别注意，此处新建的“序列 02”可以当作素材，嵌套进“序列 01”中，如图 8-65 所示。

图 8-63　拖放素材

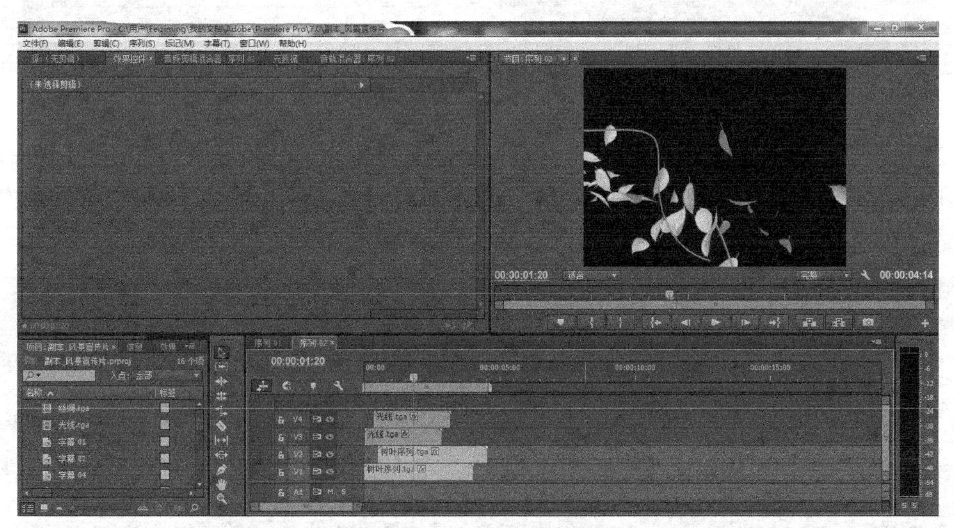

图 8-64　新建序列并放置素材

图 8-65　将素材拖动指定到视频轨道中

（27）将“效果”命令面板中的“书写”视频效果，拖动到 V3 视频轨道的“春”素材上，如图 8-66 所示。

图 8-66 指定视频效果

（28）选中 V3 视频轨道的“春”素材，为该素材制作一段模拟书写的动画，将时间线移动到开始书写的位置，添加“画笔位置”和“画笔大小”的关键帧。单击“创建关键帧”标记，在“效果控件”命令面板中将如图 8-67 所示设置参数。

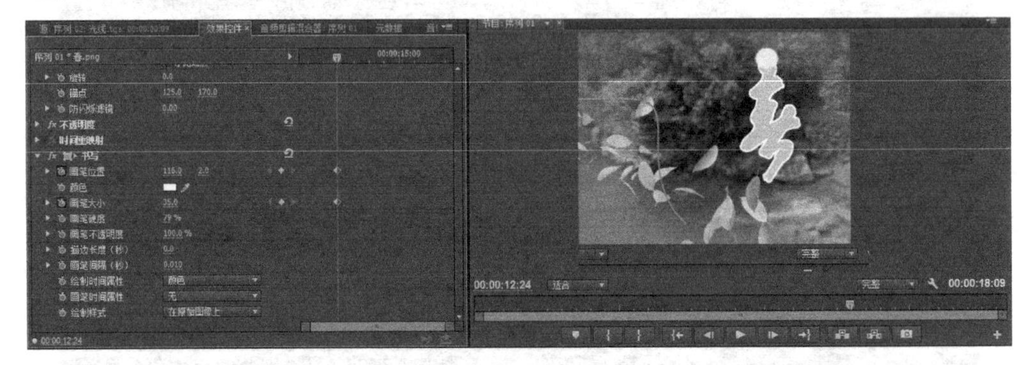

图 8-67 创建关键帧

（29）依据相同的操作步骤，为 V3 视频轨道的“春”素材的后半段指定多个“画笔位置”关键帧，将画笔笔刷根据书写笔画顺序，将“春”字完全覆盖，如图 8-68 所示。

图 8-68 创建关键帧

（30）在“绘制样式”右侧的下拉列表中选择“显示原始图像”，模拟出书写动画效果，如图 8-69 所示进行设置。

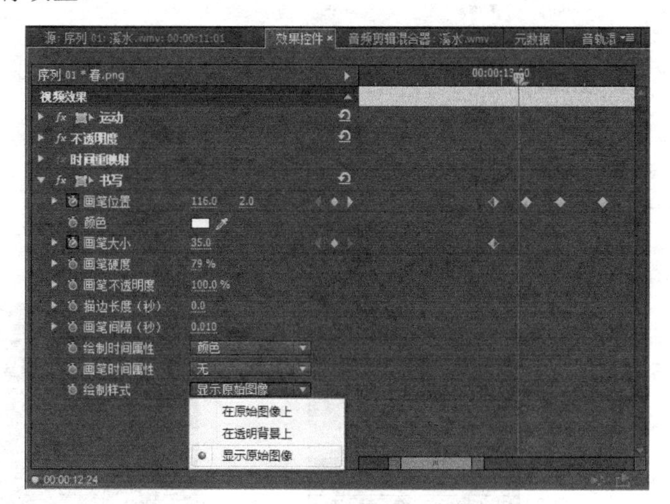

图 8–69　调整绘制样式

（31）如图 8-70 所示，随着时间滑块的移动，“春”字逐渐显现出来，创建出笔画书写的效果。

图 8–70　书写动画效果

（32）选择菜单命令“文件>新建>黑场视频”，如图 8-71 所示。在弹出的“新建黑色视频”对话窗口中，设置“宽度”为 720，“高度”为 576，新建一个和当前序列尺寸相同的黑色视频文件，如图 8-72 所示。

（33）如图 8-73 所示，将新建的黑场视频文件从项目窗口中拖动指定到“时间线”命令面板的 V5 视频轨道中。

（34）为了创建在阳光照耀下的光斑视觉效果，将“效果”命令面板中的“镜头光晕”视频效果拖动指定到 V5 视频轨道中的黑场视频上，具体参数设置效果如图 8-74 所示。

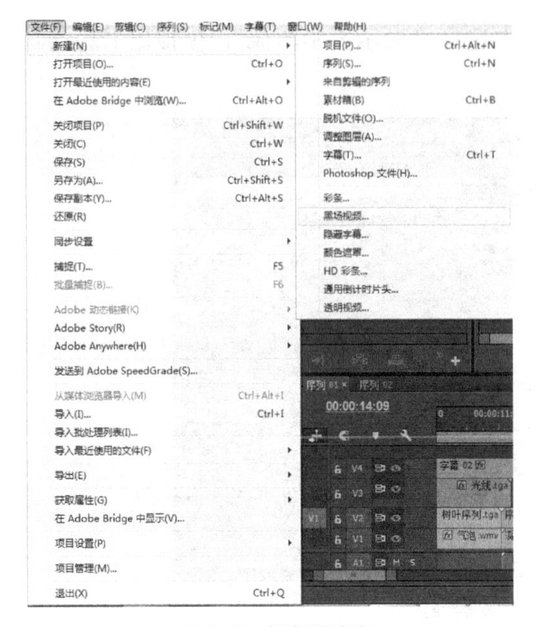

图 8-71　新建黑场视频

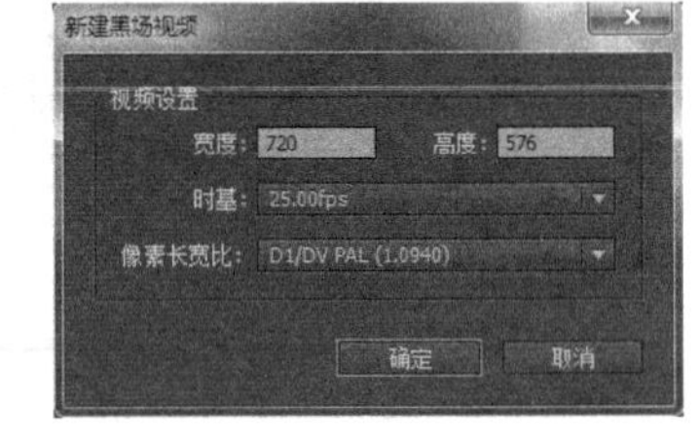

图 8-72　设置黑场视频

图 8-73　将黑场视频指定到视频轨道中

图 8-74　指定镜头光晕视频效果

（35）单击选择 V5 视频轨道中的黑场视频，在其“效果控件”命令面板的“不透明度”选项内，在“混合模式”右侧的下拉列表中选“滤色”模式。最终动画效果如图 8-75 所示。

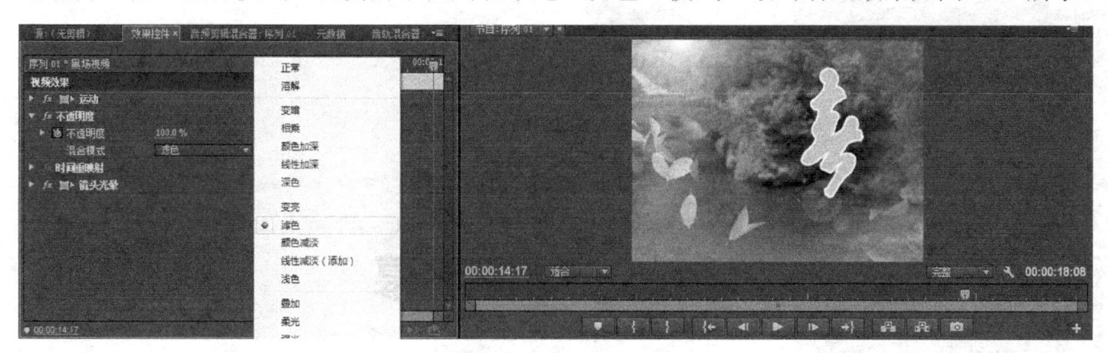

图 8–75　设置混合模式

习题

1．如何将“效果”命令面板中的视频、音频效果，指定到“时间线”命令面板中的素材片段上？

2．在“时间线”命令面板中的素材片段可以同时被指定多个效果，效果的排序对最终的编辑结果是否有影响？

3．在“时间线”命令面板中，如何在轨道中显示关键帧曲线？

4．如何利用效果关键帧实现动态效果？

5．如何为“时间线”命令面板中的素材片段粘贴编辑好的效果属性？

课后操作题

目标：利用多种视频效果，制作出老胶片效果的街景镜头。

要求：①使用“色调”效果将街景处理成黑白效果。

②使用“亮度与对比度”效果调整镜头的亮度。

③使用“蒙尘与划痕”效果添加划痕与颗粒感，模拟老胶片效果。

效果：

Premiere Pro CC

9 Chapter

第 9 章 创建字幕

本章主要讲述“字幕”对话窗口的界面工具，并通过几个具体的制作实例，详细讲述创建静止字幕、图形素材、滚动字幕等的方法。

9.1 “字幕”对话窗口

在一部动画影片的片头一定要加入影片的名称，在片尾加入有关创作成员的信息，在一些记录片性质的影片中还要加入一些说明性的文字。总之，字幕是一部完整影片的有机组成部分。在 Premiere CC 中可以方便快捷地为影片加入字幕片段，还能灵活地处理字幕与原始影片之间的叠加关系，如图 9-1 所示。

图 9-1　字幕效果

在 Premiere CC 中字幕被作为一种特殊的、独立的素材片段（*.prtl），可以像其他视频素材片段一样被灵活地编辑；另外，还可以将“字幕”对话窗口作为创作文字、图形素材的工具。

选择菜单命令“文件>新建>字幕”，打开如图 9-2 所示的“字幕”对话窗口。在“字幕”对话窗口的工作区域中包含两个虚线安全框，内部安全框可以保证静止字幕完整显示；外部安全框可以保证动态字幕完整显示，这样就可以避免在不同显示终端中字幕显示不完整的错误。

图 9-2　“字幕”对话窗口

在“字幕”对话窗口的工具栏中包含以下工具。

选择：单击该工具按钮，可以在绘图区域中单击选择刚刚绘制的图形或插入的文本。

旋转：单击该工具按钮，可以在“字幕”对话窗口中拖动鼠标旋转选定的图形或文本。

文本输入工具共分为 6 种：水平文本输入工具；垂直文本输入工具；水平段落文本输入工具；垂直段落文本输入工具；水平路径文本输入工具；垂直路径文本输入工具。

自由图形创建工具共分为 4 种：钢笔工具；增加节点工具；删除节点工具；节点模式转换工具。

几何图形创建工具共分为 8 种：矩形创建工具；切角矩形创建工具；直倒角矩形创建工具；圆倒角矩形创建工具；三角形创建工具；弧形创建工具；圆形创建工具；直线创建工具。

注意

如果按住键盘中的“Shift”键，可以约束为绘制正方形、圆形。

在工具栏的下方包含一组“对齐”、“中心”和“分布”工具按钮。

在“字幕”对话窗口的右侧是一系列设置文字、图形属性的选项，可以设置“变换”、“属性”、“填充”、“描边”、“阴影”、“背景”等属性。

9.2 创建静止字幕

本节将通过具体的制作实例，详细讲述如何利用“字幕”对话窗口创建文本、图形。

9.2.1 创建文本

创建文本并设置文本的式样，可以依据以下操作步骤。

（1）选择菜单命令“文件>新建>字幕”，打开图 9-3 所示的“新建字幕”对话窗口，为新建的字幕指定名称。单击“确定”按钮关闭该对话窗口，打开的“字幕”对话窗口如图 9-4 所示。

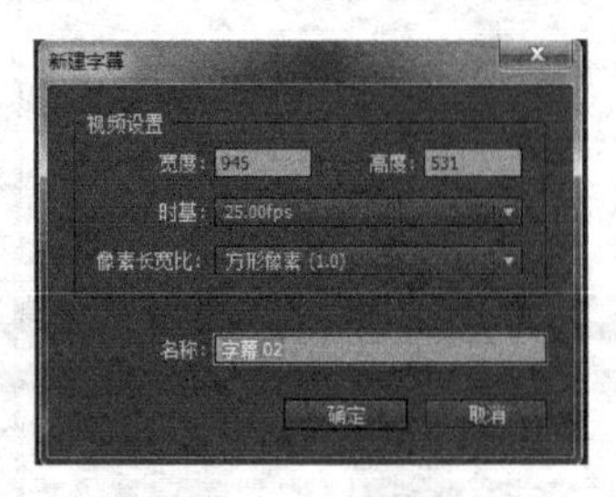

图 9-3 为字幕命名

（2）单击激活“显示背景视频”按钮，在“字幕”对话窗口中显示当前时间线所在位置的画面，如图 9-5 所示；也可以拖动下侧的时码重新指定背景画面。

（3）选择“文本”工具，在绘图区域中单击鼠标出现一个文本插入光标，这时就可以输入字幕中的文本了。如图 9-6 所示，由于当前“字幕”对话窗口默认为英文字体，所以汉字文本显示不正常。

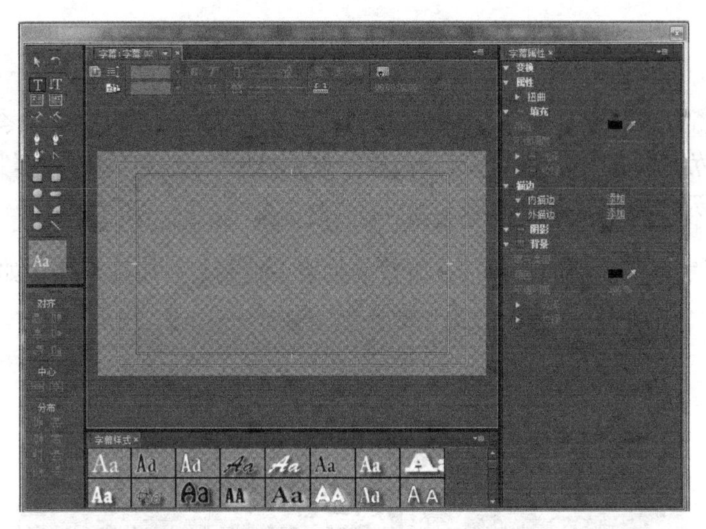

图 9-4　“字幕”对话窗口

图 9-5　显示背景画面

图 9-6　输入文本

注意

选择菜单命令“编辑>首选项”，在弹出的子菜单中选择“字幕”菜单命令，该对话窗口中的设置项目用于设置“字幕”对话窗口在“样式样本”和“字体浏览器”中显示的示例字符，可以将示例字符指定为中文。

（4）单击“字体”右侧的按钮，在下拉的列表中选择一种中文字体，如图 9-7 所示。

图 9-7　指定字体

（5）展开“填充”项目，单击“颜色”右侧的色彩样本，从弹出的“拾色器”对话窗口中选择一种色彩，如图 9-8 所示。

图 9-8　指定文本色彩

（6）勾选“阴影”选项，并分别指定阴影效果的“颜色”“不透明度”“角度”“距离”“大小”“扩展”属性，设置结果如图 9-9 所示。

（7）在“变换”项目中，通过设置“宽度”参数，可以将文本水平拉伸，最后通过设置“X 位置”和“Y 位置”参数，将文本移动到如图 9-10 所示的位置。

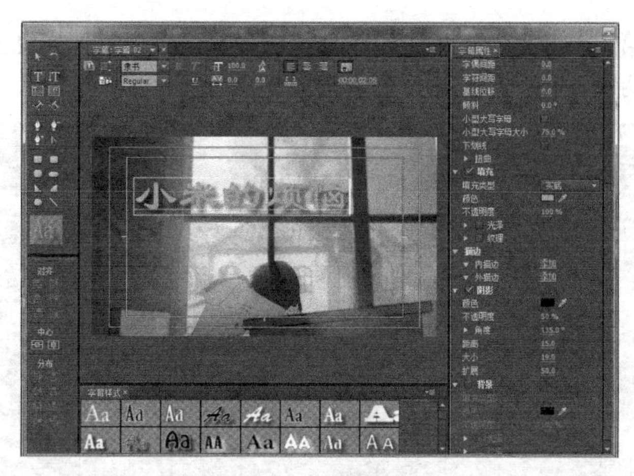

图 9-9　指定文本阴影

图 9-10　变换文本位置

9.2.2　创建图形

创建图形并设置图形的式样，可以依据以下操作步骤。

（1）单击“字幕”对话窗口工具栏中的“钢笔”工具，在窗口中单击鼠标创建两个节点，如图 9-11 所示。

图 9-11　创建节点

（2）单击创建第三个节点的过程中，不要释放鼠标，按住鼠标拖曳创建一个“贝塞尔”模式的节点。节点两侧各有一个控制手柄，如图 9-12 所示。

图 9-12 创建贝塞尔节点

（3）依据相同的操作步骤，再单击鼠标创建几个节点，最后一个节点单击在第一个节点之上，创建闭合曲线图形，如图 9-13 所示。

图 9-13 创建闭合图形

（4）使用“钢笔”工具，选择并移动节点和其控制手柄，修改曲线图形的形态，如图 9-14 所示。

（5）在“填充类型”右侧的下拉列表中选择“线性渐变”填充模式。

（6）单击“颜色”项目中的两个色彩样本，在弹出的“拾色器”对话窗口中，分别指定渐变色的起始色彩和终止色彩，如图 9-15 所示。

（7）指定完渐变色填充以后，发现只有图形的线框进行了渐变色填充。在图形对象上单击鼠标右键，从弹出的右键快捷菜单中选择“图形类型>填充贝塞尔曲线”，如图 9-16 所示。

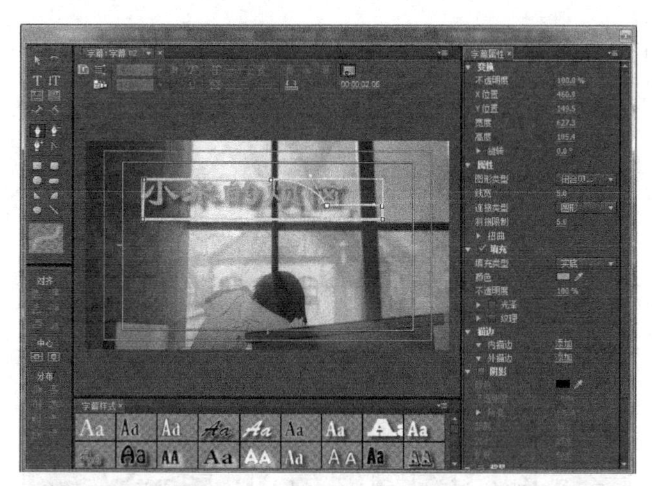

图 9-14 移动控制手柄，调整图形

图 9-15 指定渐变色的起始色彩和终止色彩

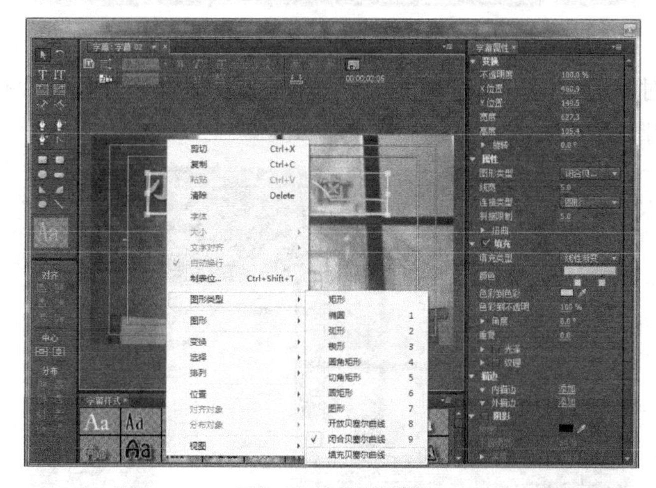

图 9-16 右键快捷菜单

（8）调整渐变填充色彩的线性角度，最终的填充效果如图 9-17 所示。

（9）勾选“描边”项目中的“外描边”选项；再勾选“阴影”设置项目，并适当调整“角度”参数；在“变换”项目中，将“不透明度”参数设置为 50%，图形被指定为 50%的不透明度，如图 9-18 所示。

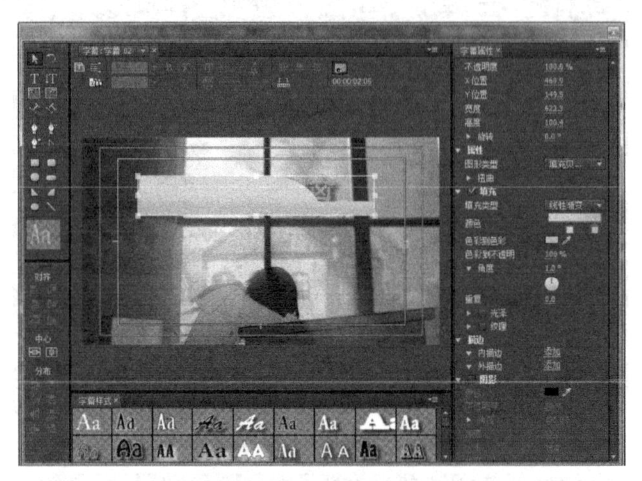

图 9-17　填充效果

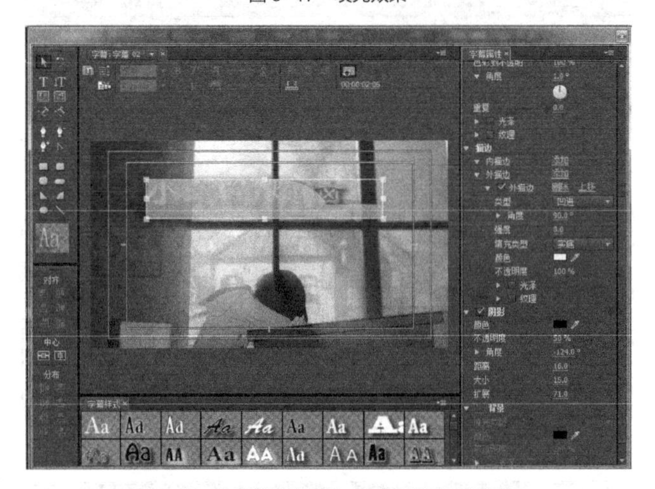

图 9-18　为图形指定描边、不透明度和阴影效果

（10）在图形对象上单击鼠标右键，从弹出的右键快捷菜单中选择“排列>后移”，创建图形的最终效果如图 9-19 所示。

图 9-19　字幕效果

9.2.3　创建路径文本

创建路径文本可以依据以下操作步骤。

（1）单击工具栏中的“水平路径文本输入”工具，在窗口中通过单击鼠标创建节点的方式，生成如图9-20所示的路径曲线。

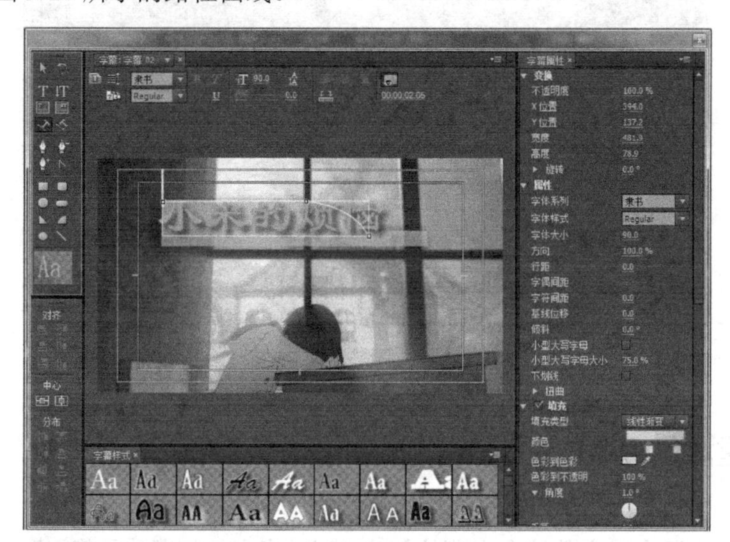

图9-20　创建路径曲线

（2）直接输入文本，输入的文本自动依据路径曲线弯曲，如图9-21所示。

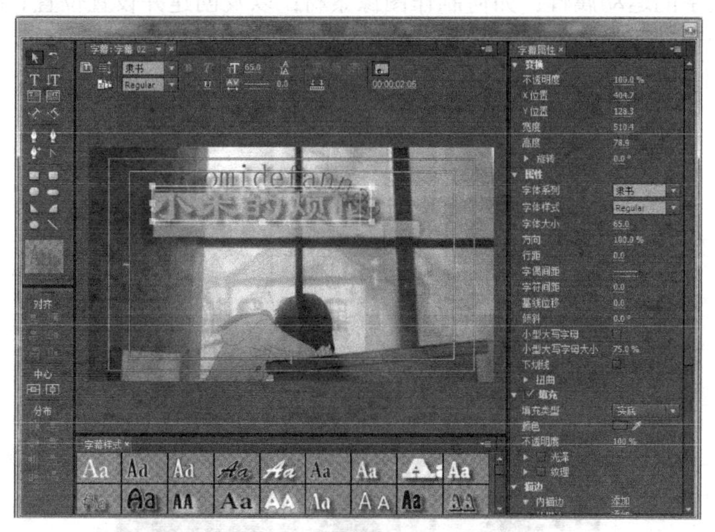

图9-21　输入路径文本

（3）使用工具栏中的“钢笔”工具，通过调整路径上节点的位置，调整文本蜿蜒的形态，如图9-22所示。依据前面讲述的操作步骤，为路径文本指定字体、大小、色彩、阴影等属性。

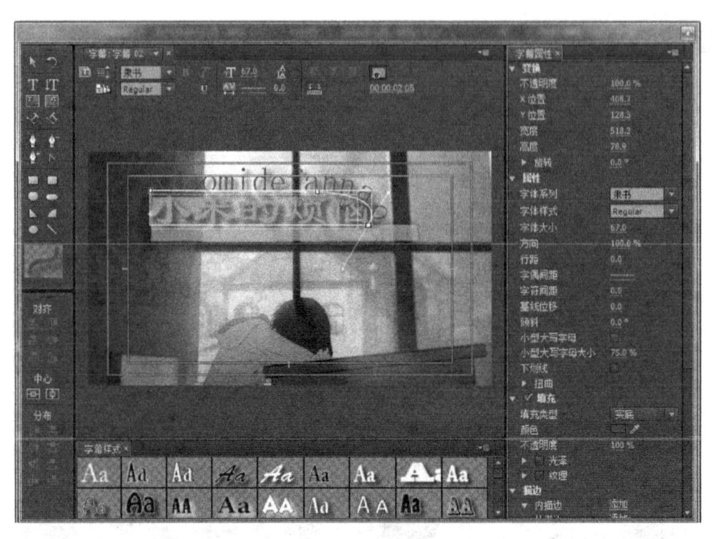

图 9-22 调整路径文本形态

9.3 创建滚动字幕

段落文本模式适合于字数较多字幕的创建，可以指定行间距、段落间距等更为复杂的格式属性。下面将通过一个实例，详细讲述如何利用“字幕”对话窗口创建滚动文本字幕素材；如何设置滚动文字的运动属性；如何制作图像素材；以及创建并设置位置、缩放、旋转、不透明度关键帧的方法。如图 9-23 所示，是片尾滚动字幕中的 15 帧画面。

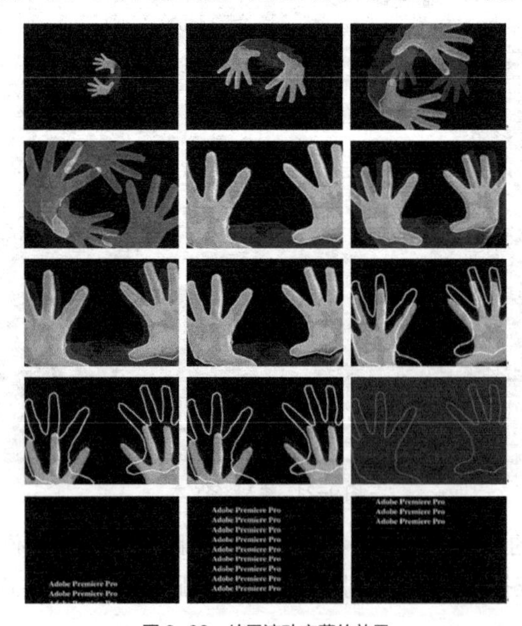

图 9-23 片尾滚动字幕的效果

在片尾滚动字幕中，首先在黑色的背景中一双手由小到大滚动显示，在显示的过程中还不断出现手的虚影，双手静止后从画面中滑下来，在屏幕上留下白色的手印，手印逐渐淡化消失，一段文字滚动出现。

操作步骤如下。

（1）首先需要制作滚动字幕的素材。启动 Photoshop，打开如图 9-24 所示的素材图像。在工具栏中单击“多边形套索”工具，在手周围单击并拖动鼠标创建选区。

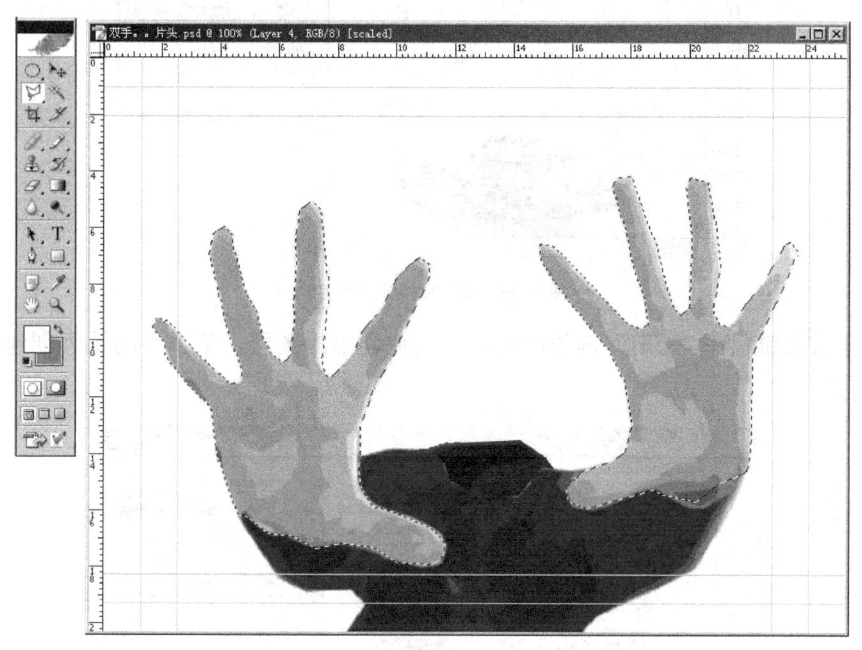

图 9-24　创建手掌部位的选区

（2）按键盘组合键“Ctrl＋X”剪切选区内的部分；再按键盘组合键“Ctrl＋V”将复制的内容粘贴到新的图层中。

（3）选择“Background”图层，在工具栏中单击“多边形套索”工具，在身体周围单击并拖动鼠标创建选区，如图 9-25 所示。

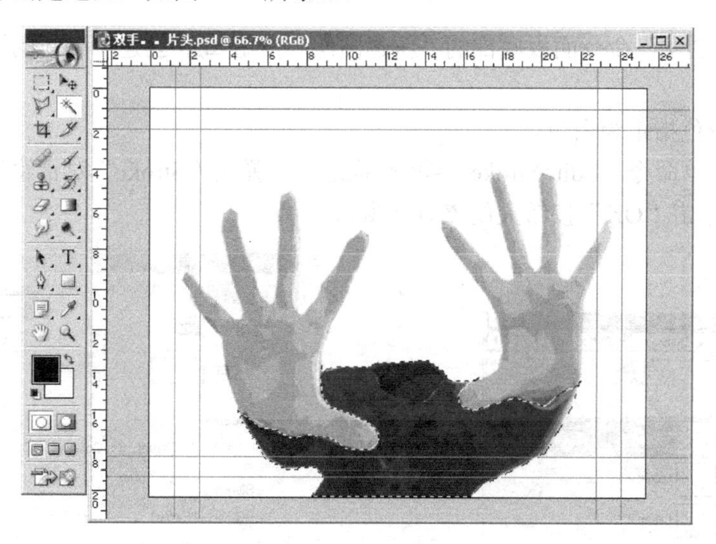

图 9-25　创建身体部位的选区

（4）按键盘组合键“Ctrl＋X”剪切选区内的部分；再按键盘组合键“Ctrl＋V”将复制的内容粘贴到新的图层中，如图 9-26 所示。

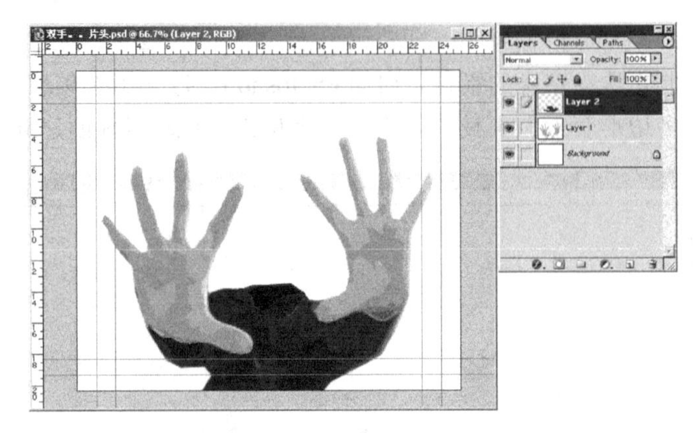

图 9-26　剪切并粘贴到新图层中

（5）在按住键盘中“Ctrl”键的同时，单击包含手的图层，依据手的轮廓创建选区，如图 9-27 所示。

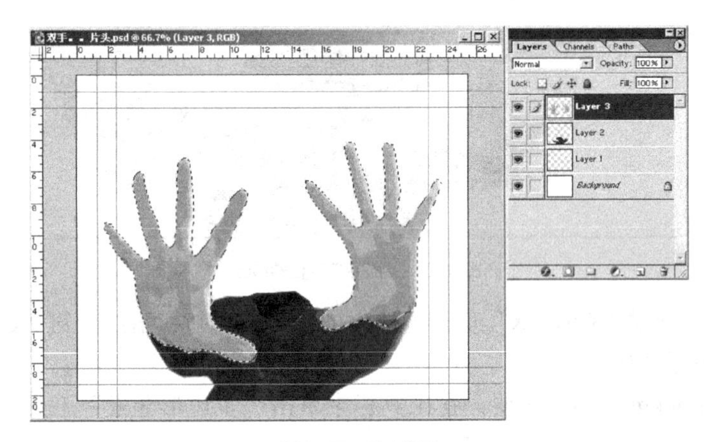

图 9-27　创建选区

（6）单击“图层”命令面板底部的“新建图层”按钮，创建一个新的图层，如图 9-28 所示。

（7）将前景色指定为白色。

（8）选择菜单命令“Edit>Stroke（编辑>描边）”，弹出“Stroke”对话窗口，参数设置如图 9-29 所示，单击“OK”按钮关闭该对话窗口。

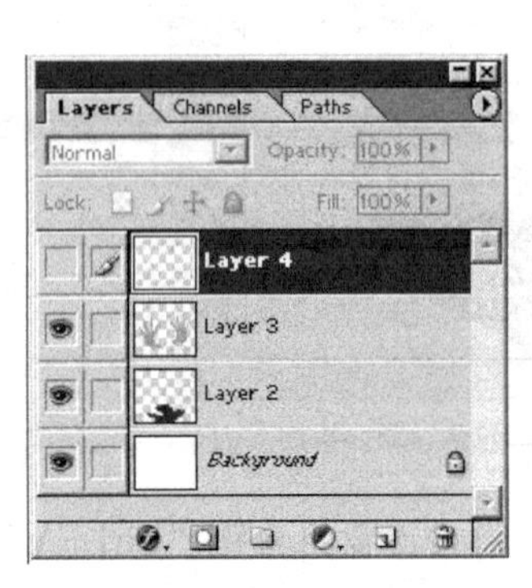

图 9-28　创建新图层

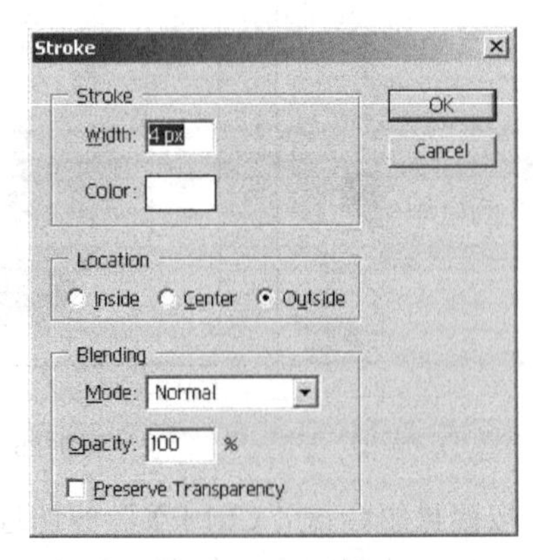

图 9-29　设置描边参数

（9）选择菜单命令“File>Save（文件>保存）”，保存编辑好的图像素材。

（10）启动 Premiere CC，弹出“欢迎”对话窗口。单击“新建项目”按钮，弹出“新建项目”对话窗口，设定项目名称以后，单击“确定”按钮。再在“项目”命令面板中单击鼠标右键，从弹出的快捷菜单中选择“新建序列”，在“新建序列”对话窗口中选择一个文件预设，如图 9-30 所示。

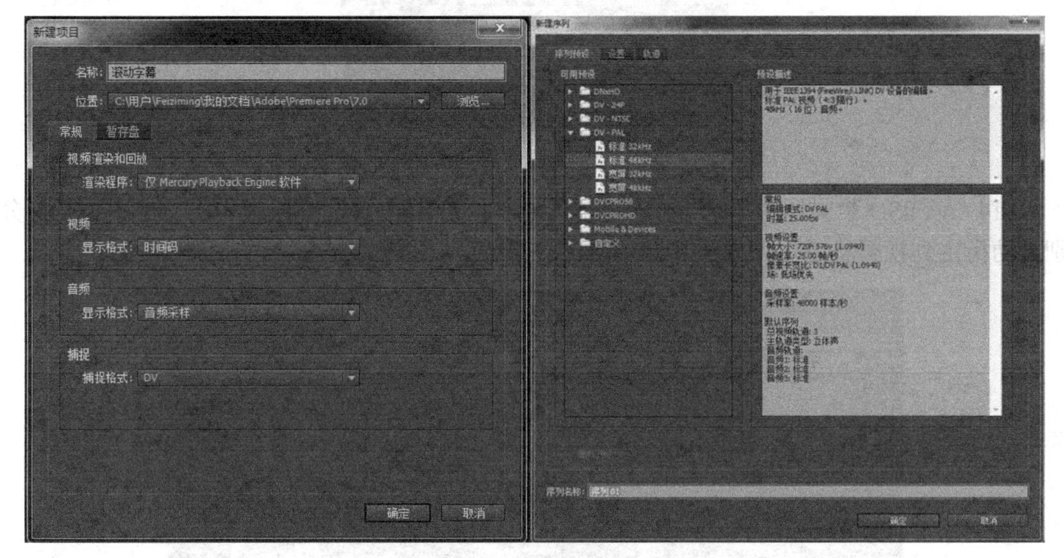

图 9-30 新建项目和序列

（11）在“项目”命令面板中单击鼠标右键，从弹出的右键快捷菜单中选择“导入”，如图 9-31 所示。

（12）弹出如图 9-32 所示的“导入”对话窗口，在其中选择刚刚创建的 PSD 素材图像后单击“打开”按钮关闭该对话窗口。

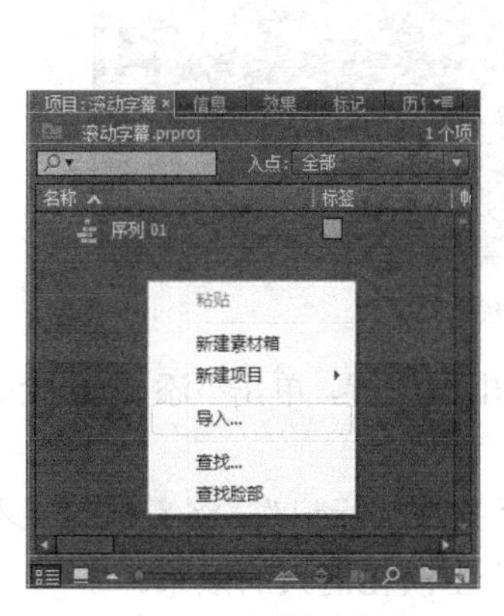

图 9-31 右键快捷菜单

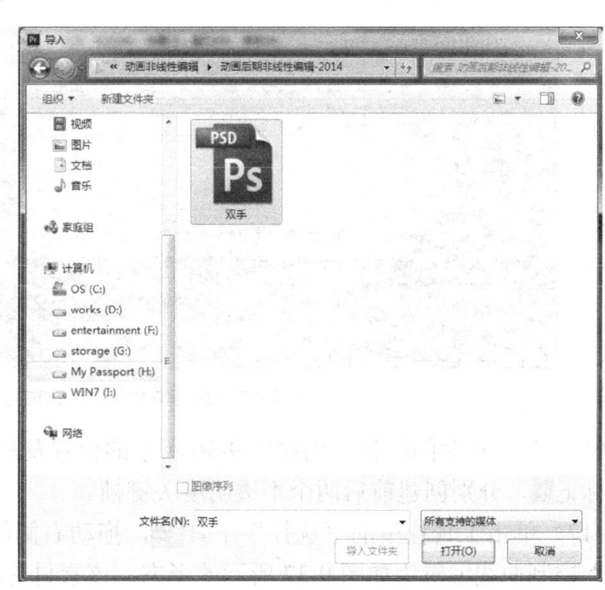

图 9-32 在“导入”对话窗口中选择素材图像

（13）弹出如图 9-33 所示的“导入分层文件”对话窗口，在“导入为”下拉菜单中选择

“各个图层”的方式进行导入，单击“确定”按钮关闭该对话窗口。

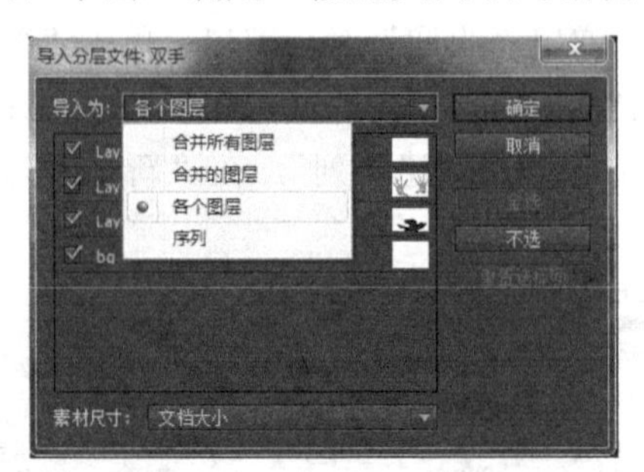

图 9-33　选择需要导入的图层

（14）该 PSD 素材图像的所有图层都已导入到“项目”命令面板中，将三个图像素材分别拖动指定到视频轨道中，如图 9-34 所示。

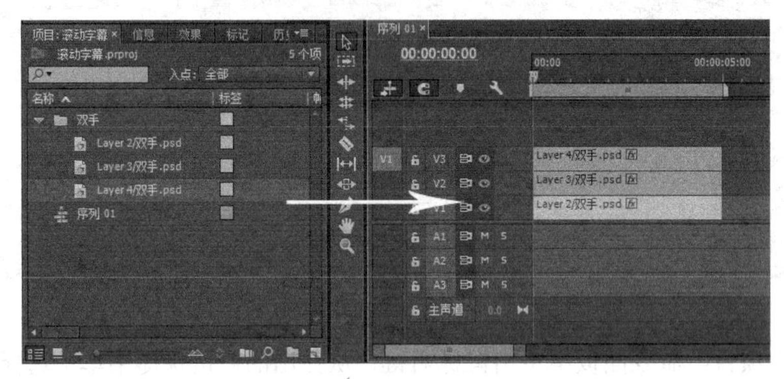

图 9-34　将图像素材指定到视频轨道中

（15）在“时间线”命令面板内，展开视频 3 轨道，显示出该轨道的“添加-移除关键帧”标记◇和不透明度控制曲线，如图 9-35 所示。

图 9-35　指定显示轨道的不透明度控制曲线

（16）分别将时间线移动到如图 9-36 所示的位置及片段出点位置，单击“添加-移除关键帧”标记◇，分别创建前后两个不透明度关键帧。

（17）单击工具栏中的“选择”工具，拖动右侧的“关键帧标记”，将素材的“不透明度”控制曲线编辑为如图 9-37 所示的形态，该素材片段产生淡化消失的效果。

（18）输入一段音频素材片段，将其拖动到“时间线”命令面板的音频轨道中，如图 9-38 所示。

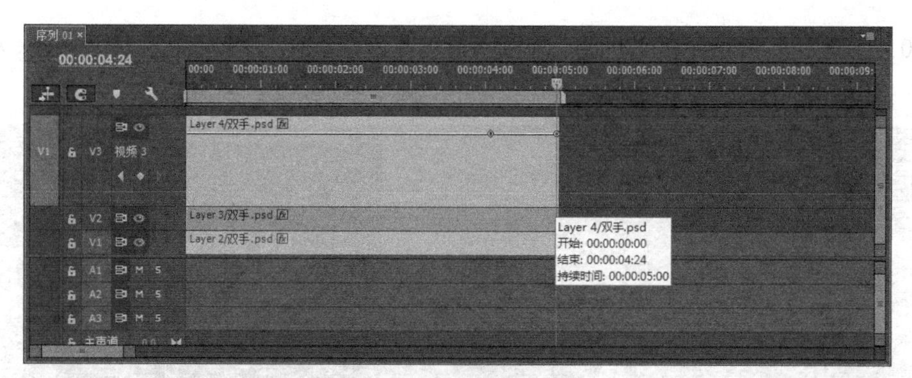

图 9-36　创建不透明度关键帧

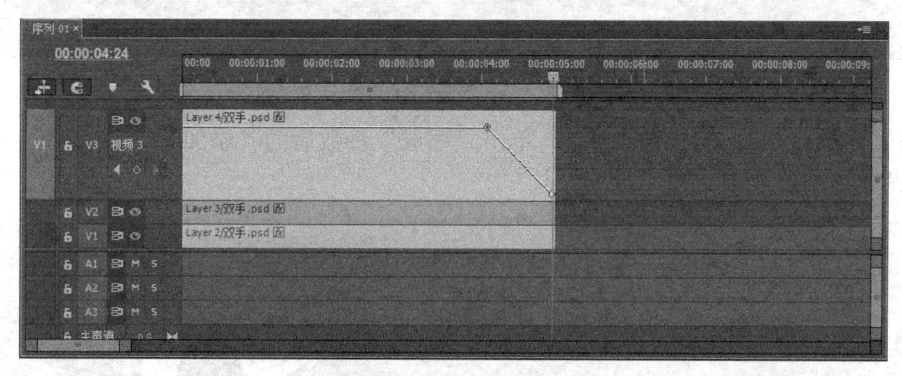

图 9-37　设置“不透明度”属性

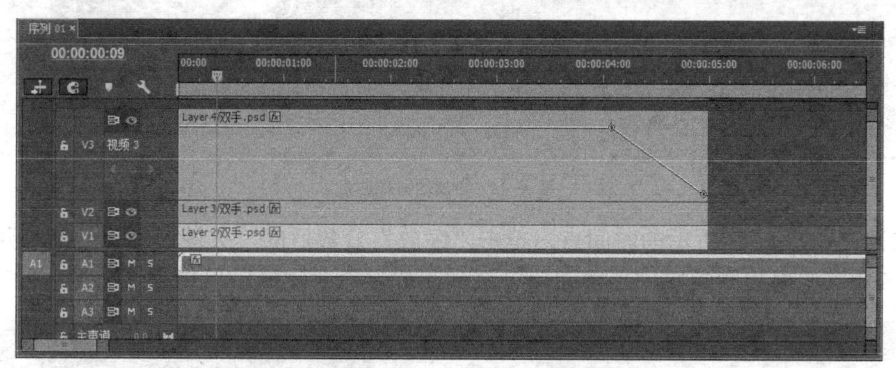

图 9-38　将音频素材片段拖动指定到音频轨道中

（19）选择“layer 4”图像素材，在如图 9-39 所示的时间点，单击“旋转”和“缩放”参数前的“关键帧设置标记”，并适当设置这两个参数。

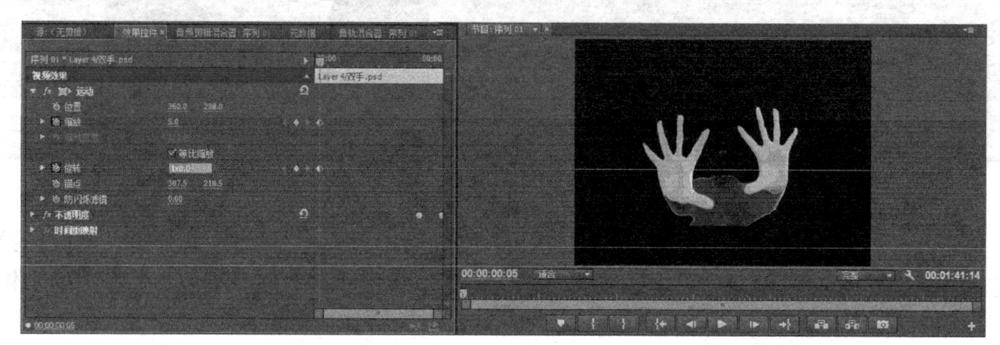

图 9-39　创建动画关键帧

（20）在如图 9-40 所示的时间点，单击“旋转”和“缩放”参数后的“添加-移除关键帧”标记，并适当设置这两个参数。

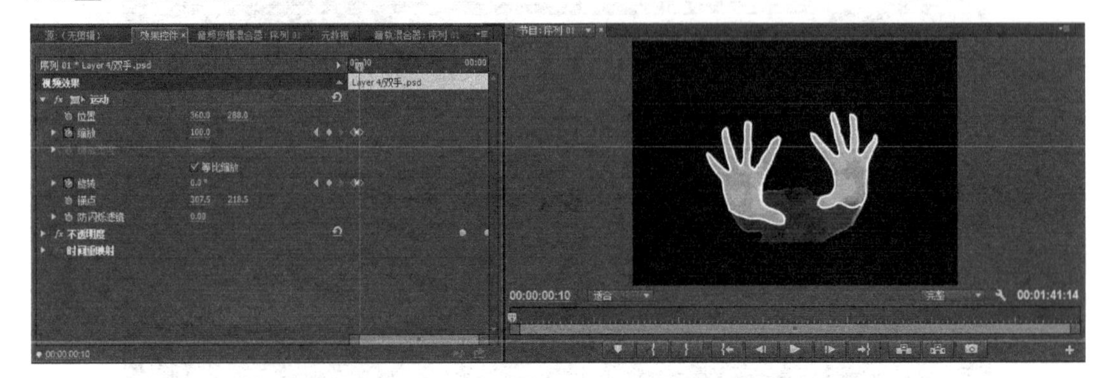

图 9-40 创建动画关键帧

（21）在如图 9-41 所示的时间点，单击“缩放”参数后的“添加-移除关键帧”标记，并适当设置这个参数。

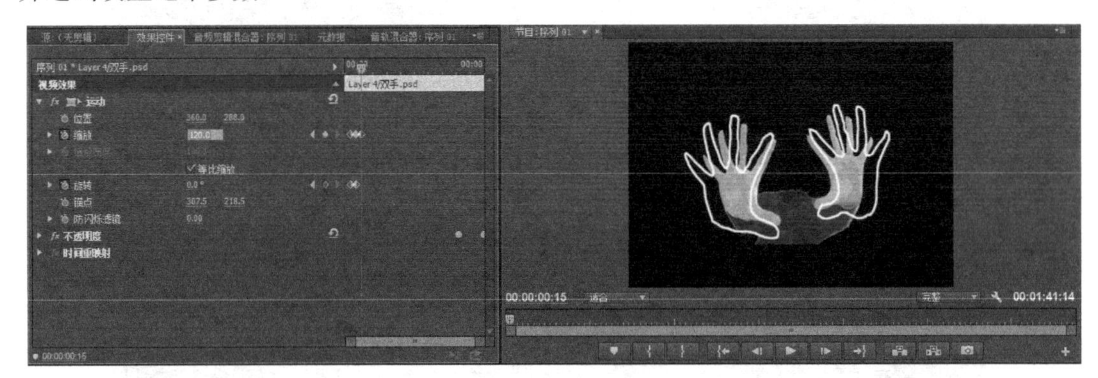

图 9-41 创建动画关键帧

（22）在如图 9-42 所示的时间点，单击“缩放”参数后的“关键帧标记”，并适当设置这个参数。依据相同的操作步骤创建一系列缩放参数关键帧，以指定缩放变化的节奏。

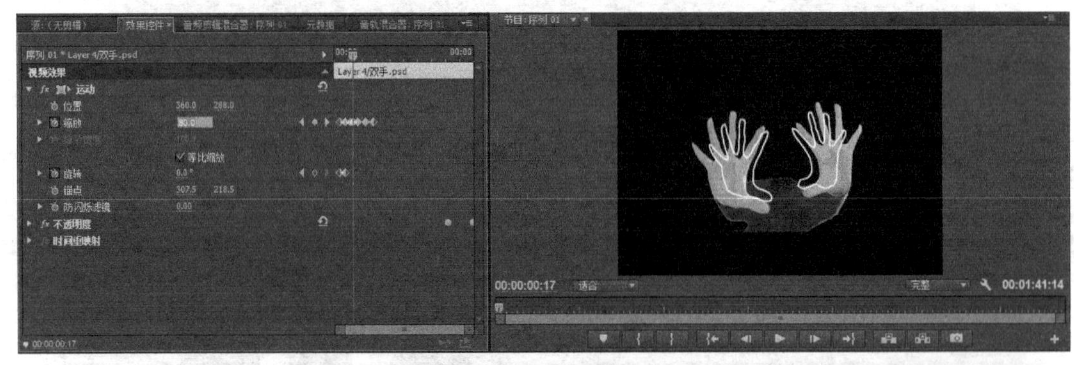

图 9-42 创建动画关键帧

（23）在“layer 4”图像素材的“运动”参数上单击鼠标右键，从弹出的右键快捷菜单中选择“复制”。在“layer 3”图像素材的“运动”参数上单击鼠标右键，从弹出的右键快捷菜单中选择“粘贴”，如图 9-43 所示。

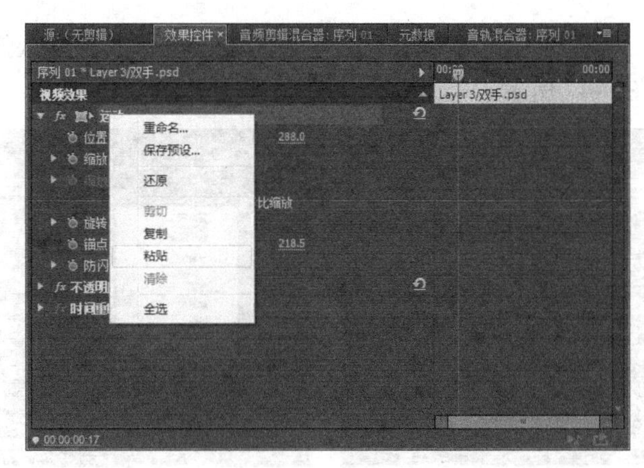

图9-43　粘贴动画属性

（24）选择“layer 3”图像素材，在如图9-44所示的时间点，单击“位置”参数前的“关键帧设置标记”，并适当设置这个参数。在刚刚创建的位置动画关键帧上单击鼠标右键，从弹出的右键快捷菜单中选择“贝塞尔曲线”，改变动画的插值方式。

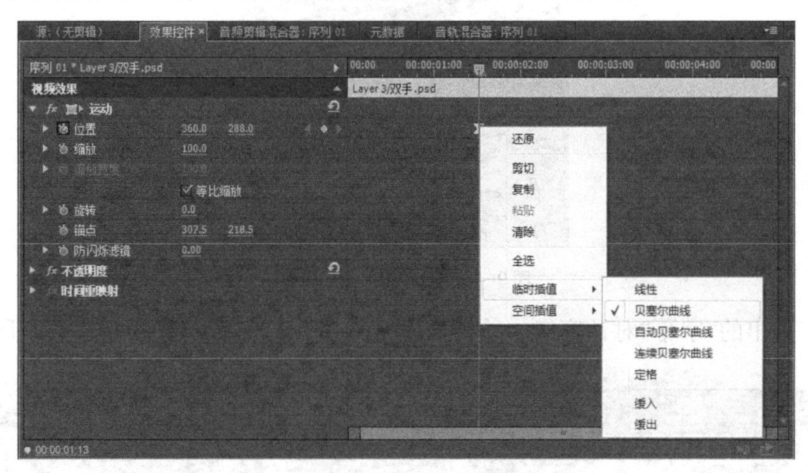

图9-44　重新设置动画关键帧的插值属性

（25）在如图9-45所示的时间点，单击“位置”参数后的“关键帧标记”，并适当设置这个参数。

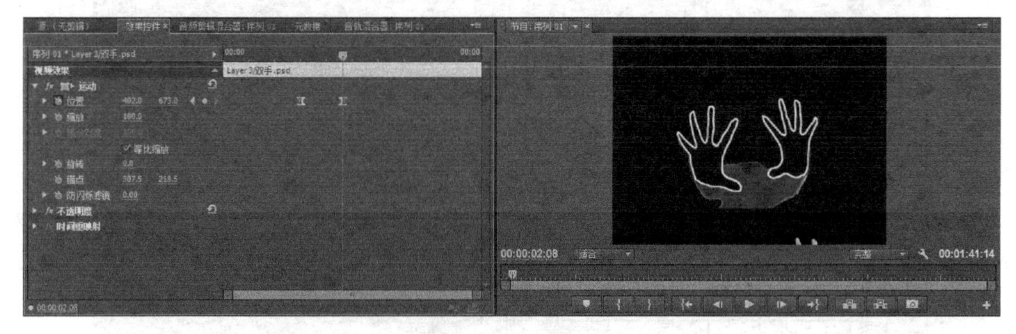

图9-45　创建动画关键帧

（26）在“layer 3”图像素材的“运动”参数上单击鼠标右键，从弹出的右键快捷菜单中选择“复制”，如图9-46所示。

（27）在“layer 2”图像素材的“运动”参数上单击鼠标右键，从弹出的右键快捷菜单中选择“粘贴”，如图 9-47 所示。

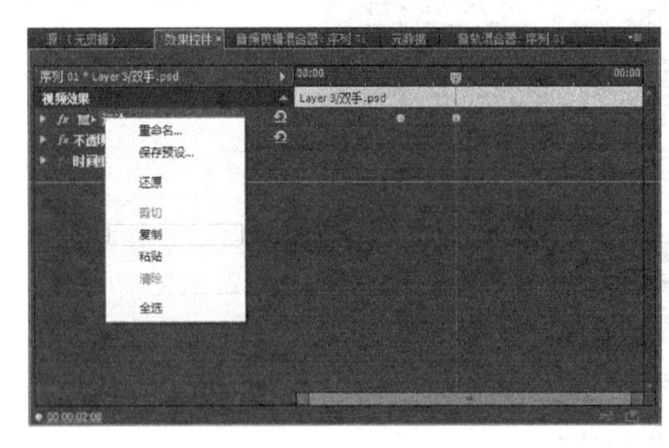

图 9-46 复制动画属性

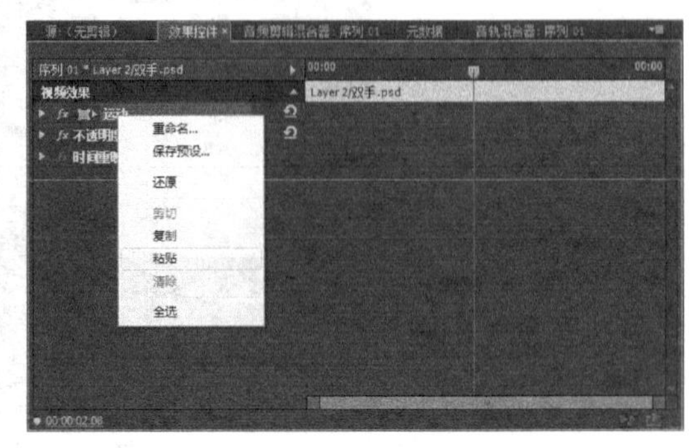

图 9-47 粘贴动画属性

（28）选择菜单命令“文件>新建>字幕”，弹出如图 9-48 所示的“新建字幕”对话窗口，在其中指定新建字幕文件的名称后单击“确定”按钮。

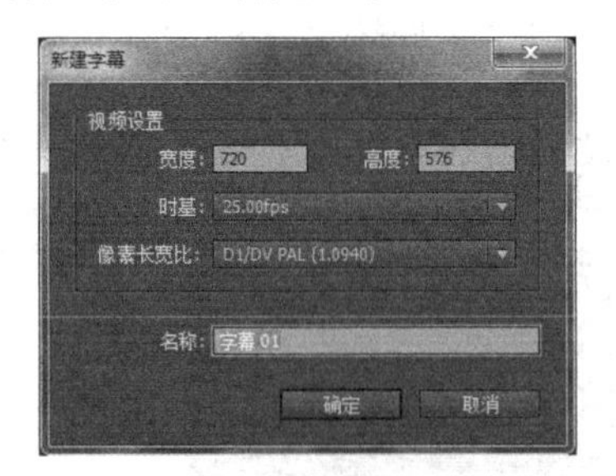

图 9-48 指定新建字幕的名称

（29）在弹出的“字幕”对话窗口中单击“段落文字”工具，输入如图 9-49 所示的文字。

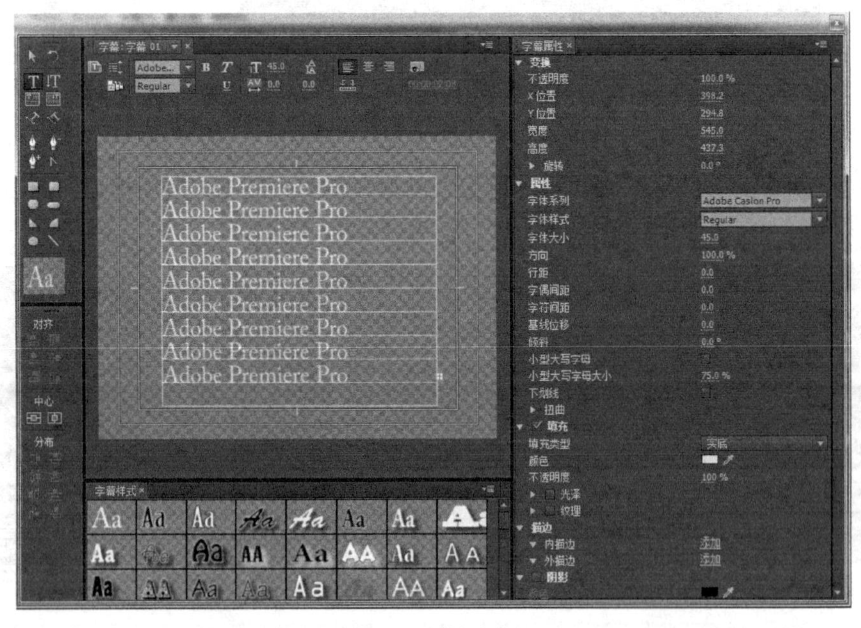

图 9-49 输入文字

（30）在“字幕”对话窗口中适当设置文字的字号、间距、行距等属性，如图 9-50 所示。

图 9-50 设置文字的属性

（31）在“字幕”对话窗口中单击“滚动/游动选项”按钮，弹出“滚动/游动选项”对话窗口，参数设置如图 9-51 所示。勾选“滚动”选项；勾选“开始于屏幕外”和“结束于屏幕外”选项。

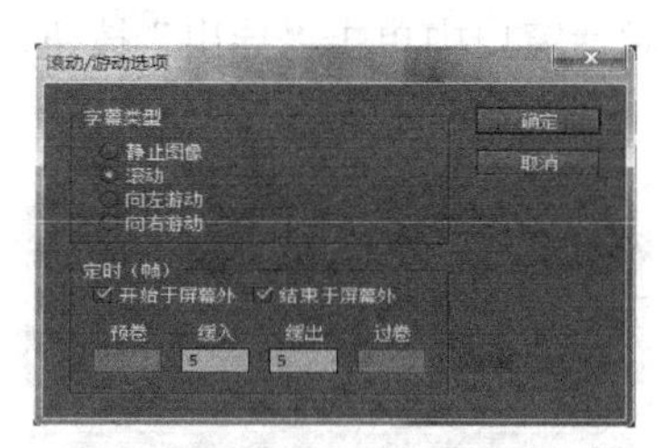

图 9-51 设置滚动文字的属性

（32）选择菜单命令“文件>导出>媒体”，弹出如图 9-52 所示的“导出设置” 对话窗口，在其中单击“输出名称”选项，指定输出影片的名称及存储地址。

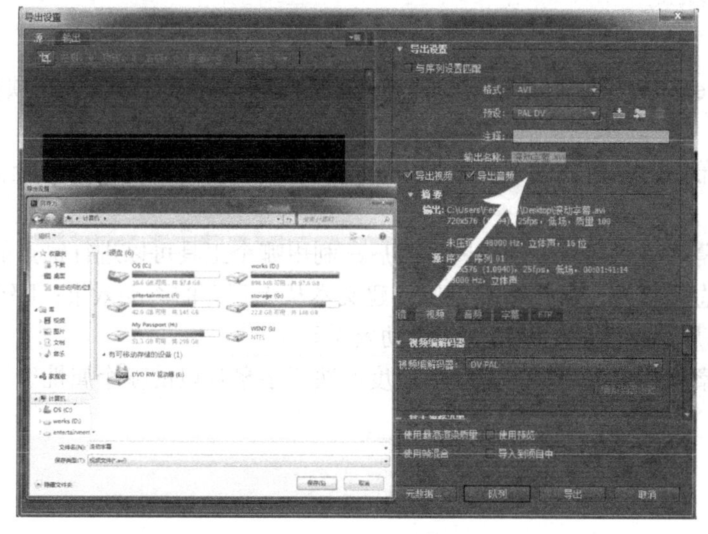

图 9-52 指定文件名称

（33）在“导出设置”对话窗口中单击“格式”选项右侧按钮，在其下拉菜单中选择AVI格式，其他输出影片的通用参数设置如图9-53所示。

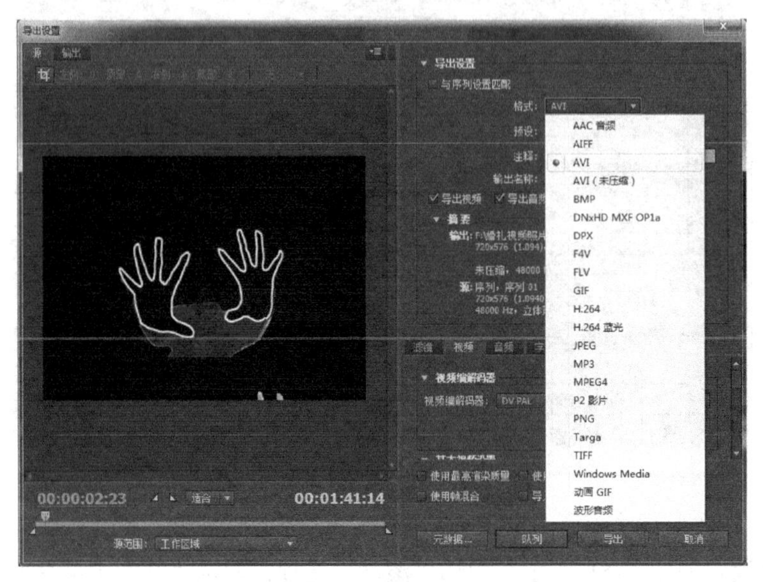

图9-53 设置影片的通用参数

（34）最后在“导出设置”对话窗口中单击“导出”按钮，开始渲染输出影片，如图9-54所示。

图9-54 渲染输出影片

习题

1．在Premiere CC中字幕是作为一种独立的素材片段，还是被放置在项目中，随同项目一起被存储？

2．在“字幕”对话窗口的工作区域中包含两个虚线安全框，内部安全框和外部安全框都有哪些功能？

3．在“字幕”对话窗口中创建图形之后，利用哪个工具可以进行锚点的转换？

4．创建动态字幕时，哪个参数可以创建文本从无到有的滚动效果；哪个参数可以创建文本逐渐滚动出屏幕，然后逐渐消失的滚动效果？

5．在字幕素材片段中，文本滚动的速度取决于字幕片段的哪个属性？

课后操作题

目标：根据本章学到的字幕知识，结合第 8 章提到的视频效果，练习制作文字雨特效。

要求：①使用竖排文字工具，新建竖排滚动字幕。

②改变素材播放速度，实现视频倒放效果。

③学会添加“残像”和“辉光”效果。

效果：

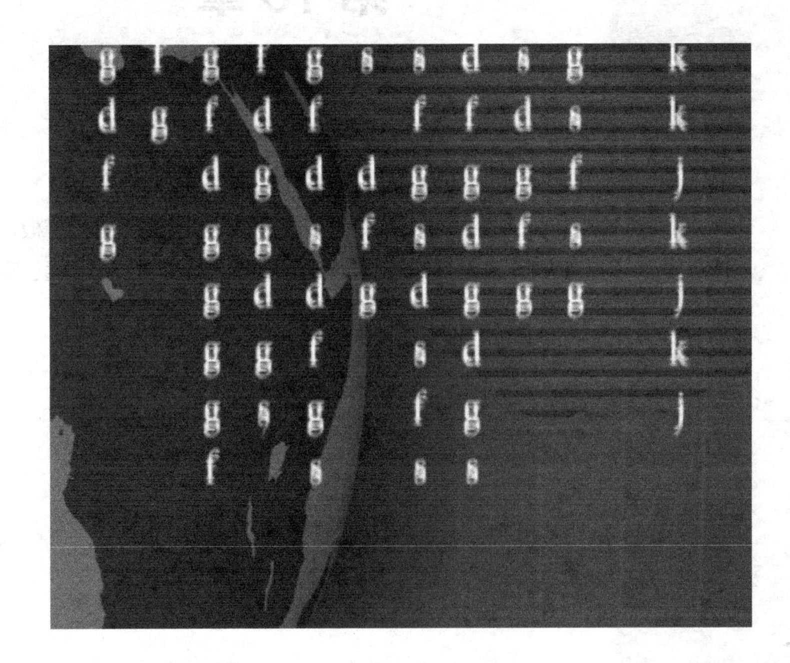

Premiere Pro CC

10 Chapter

第10章 动画效果

本章讲述“效果控件”命令面板，介绍了创建动画效果及修改动画参数的方法，并通过实例，介绍了“效果控件”命令面板的灵活运用。

10.1 效果控件命令面板

在 Premiere CC 中提供了动画控制功能，利用该功能可以创建常见的视频动画效果。Premiere CC 利用关键帧创建动画效果，通过在不同的关键帧设置不同的动态属性，然后再在关键帧之间自动创建插补帧，就可以创建平滑的动画效果。

“效果控件”命令面板被预置在“监视器”命令面板中，如果关闭了该命令面板，可以选择菜单命令“窗口>效果控件”打开该命令面板，如图 10-1 所示，在该命令面板中可以为视频素材片段指定位置、缩放、旋转、不透明度等动画效果。

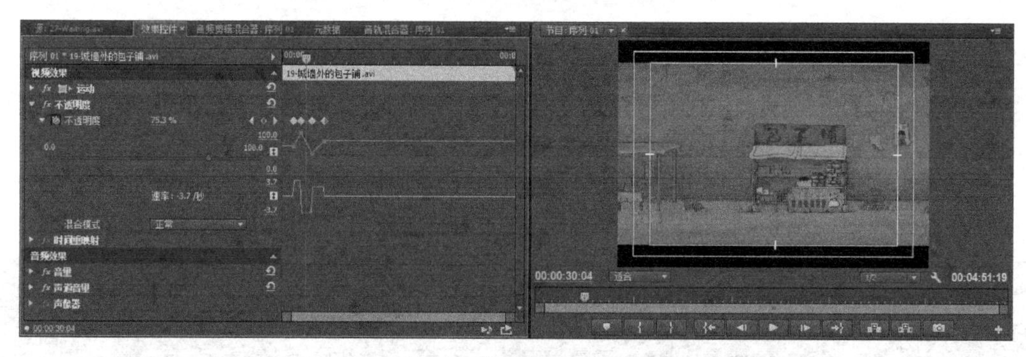

图 10-1 “效果控件”命令面板

在“监视器”命令面板的右侧视窗中可以预演动画编辑的效果，还可以直接在右侧视窗中拖动变形框或其上的控制节点，交互编辑动画效果，如图 10-2 所示。

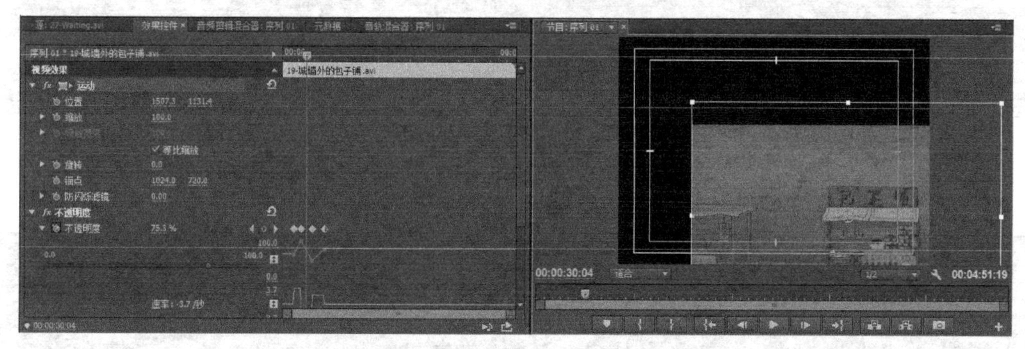

图 10-2 编辑运动

创建位置动画效果主要依据路径的设置，路径既可以在影片的可视范围内，也可以在影片的可视范围外，这样就可以生成素材片段飞入影片或移出影片的运动效果。在 Premiere CC 中只能为整个素材片段指定运动效果，不能单独指定素材中一个对象的运动效果。

可以指定的动画类型包括：旋转、缩放、位移、不透明度等，如图 10-3 所示，并可以通过混合这些动画类型创建更为复杂的动画效果。

注意

使用“效果”命令面板“视频效果”素材箱下“扭曲>变换”视频效果，可以为视频素材片段指定更为复杂的空间动画效果。

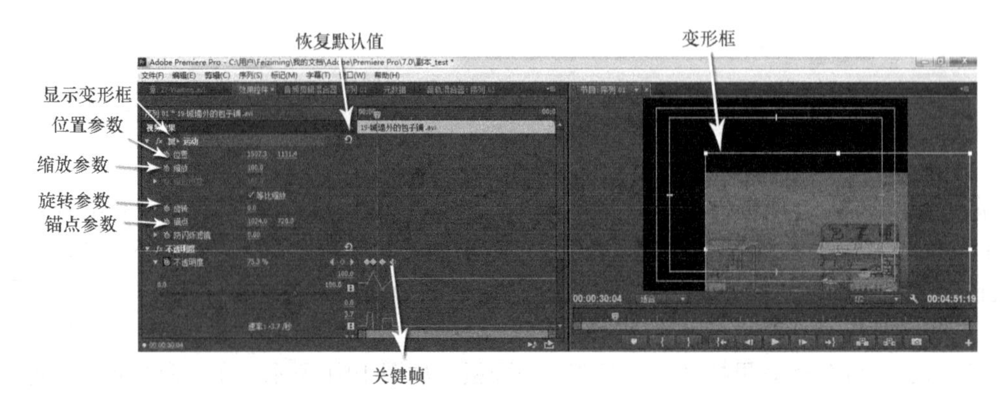

图 10-3　运动设置参数

10.2 创建动画效果

在“效果控件”命令面板中创建动画效果，可以依据以下操作方式。

（1）首先将时间线移动到要添加位置动画关键帧的位置，如图 10-4 所示。

图 10-4　移动时间线

（2）单击“创建关键帧”按钮，在时间线上创建一个运动关键帧，如图 10-5 所示。

图 10-5　创建关键帧

（3）直接在“位置”项目中指定素材片段的位置坐标参数，也可以单击“显示变形框”按钮，在监视器命令面板的“节目监视器”中显示变形框，如图 10-6 所示。

图 10-6　显示变形框

（4）拖动变形框内部或锚点就可以指定素材片段的新位置，如图 10-7 所示。

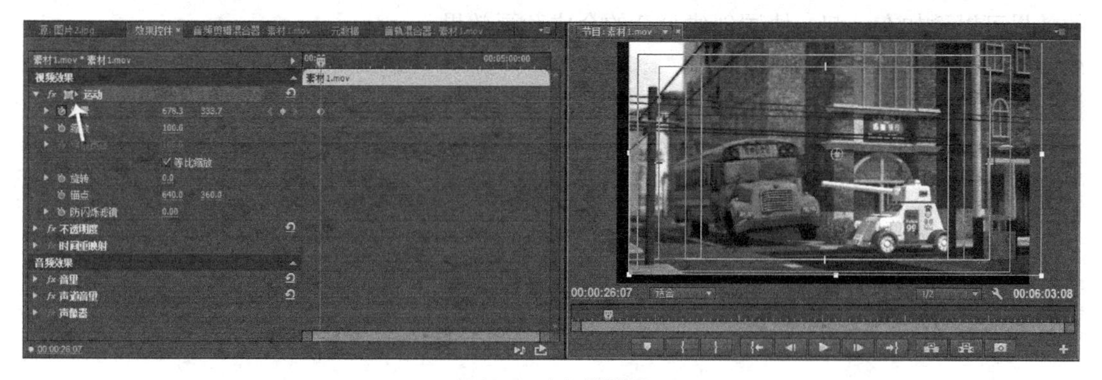

图 10-7　改变素材位置

（5）将时间线移动到要添加运动关键帧的另一位置，单击“创建关键帧”按钮，在时间线上再创建一个运动关键帧。

（6）继续拖动变形框内部或锚点就可以指定素材片段的新位置，如图 10-8 所示，在两个位置锚点之间出现运动路径线。

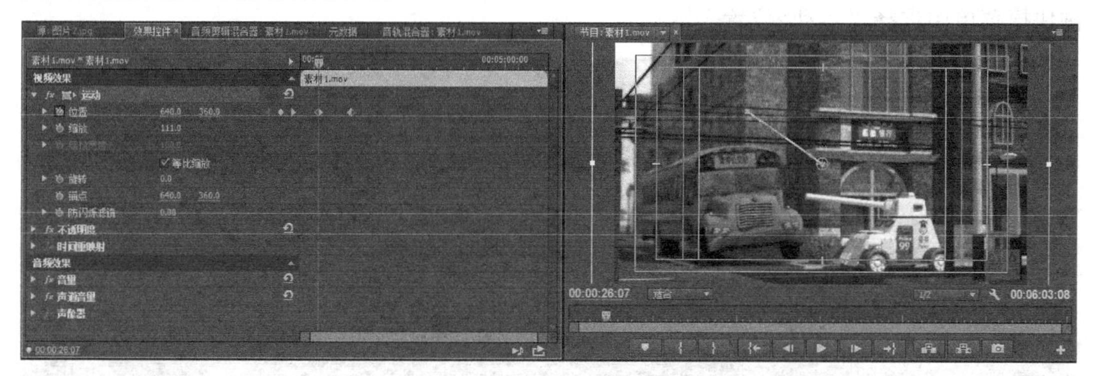

图 10-8　创建关键帧

（7）依据相同的操作步骤，再为素材片段指定几个位置动画关键帧，如图 10-9 所示。

注意

如果素材片段在运动过程中超出了屏幕的可见区域，无法继续控制运动锚点，可以缩小“节目监视器”的显示比例。

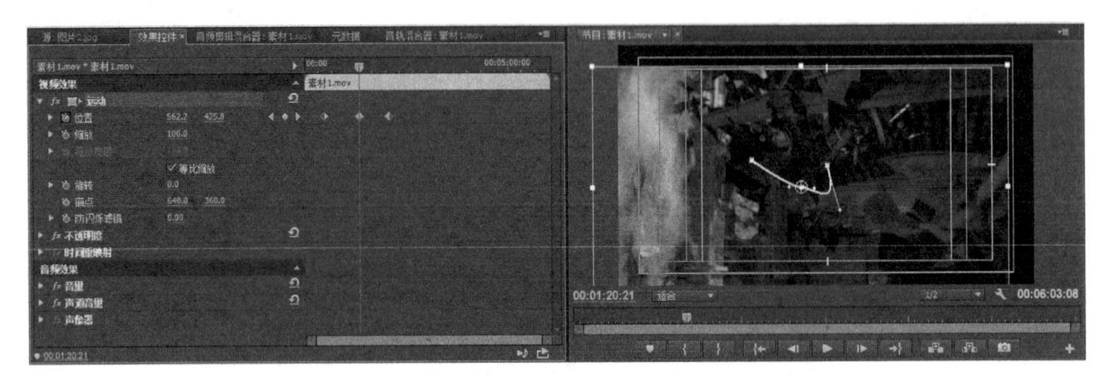

图 10-9 创建一系列动画关键帧

利用相同的操作步骤，可以为视频素材片段指定其他类型的运动效果，不同运动轨道上的效果可以叠加在一起，协同创建复杂的合成动画效果。

注意

素材片段是围绕锚点进行旋转的，可以通过移动锚点的位置，创建素材片段围绕不同中心旋转的运动效果。

10.3 修改动画参数

10.3.1 修改动画属性

在 Premiere CC 中，可以直接在“效果控件”命令面板中，选定动画关键帧后修改其参数，还可以依据以下的操作步骤，对动画参数进行调整。

在“时间线”命令面板的视频素材片段顶部单击图标fx，如图 10-10 所示，从弹出的右键快捷菜单中选择“运动>位置”。

图 10-10 右键快捷菜单

直接在效果控制线上拖动关键点，修改素材片段的运动参数，如图 10-11 所示。

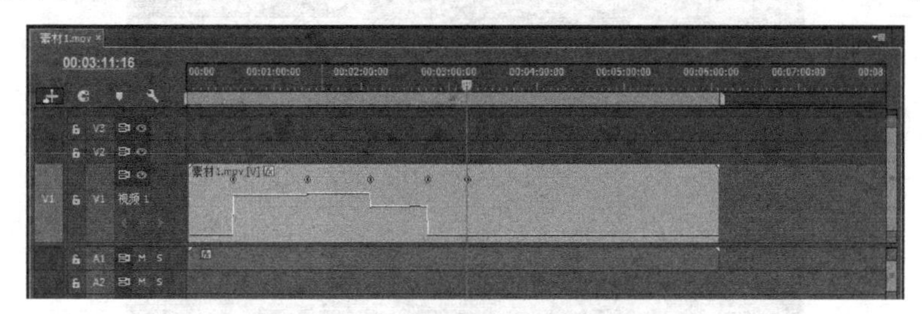

图 10-11 编辑位置动画关键帧的属性

如果想删除一个动画效果关键帧，可以直接在“效果控件”命令面板或“时间线”命令面板的效果控制线上选择关键帧，单击键盘中的“Delete”键即可。

在一般情况下，素材片段的运动速度由关键帧之间数据变化的幅度和关键帧之间的时间间隔共同决定，在 Premiere CC 中还可以进一步对关键帧的运动属性进行设置。

如图 10-12 所示，在“效果控件”命令面板的动画关键帧上单击鼠标右键。

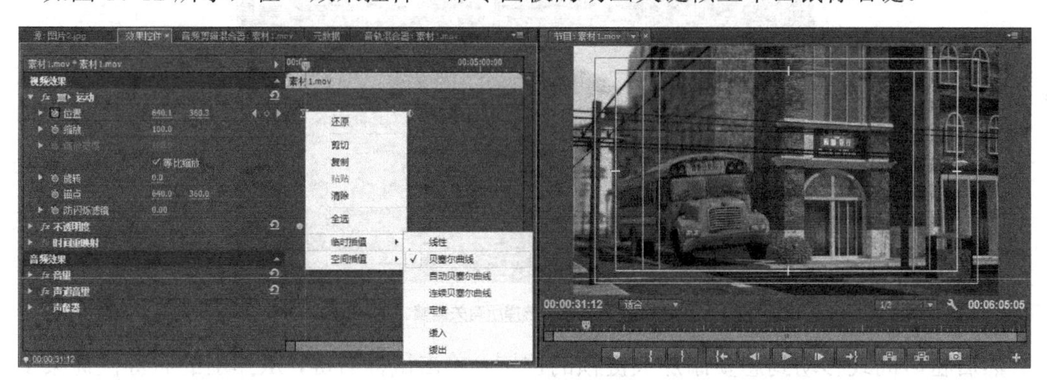

图 10-12 右键快捷菜单

从弹出的右键快捷菜单中可以选择“线性”、“贝塞尔曲线”、“自动贝塞尔曲线”、“连续贝塞尔曲线”、“定格”、“缓入”、“缓出”共 7 种动画插值属性。

随着关键点属性的不同，在“效果控件”命令面板上关键点的形状也不同，如图 10-13 所示。A.“线性”模式；B.“贝塞尔曲线”/“连续贝塞尔曲线”/“缓入”/“缓出”模式；C.“自动贝塞尔曲线”模式；D.“定格”模式。

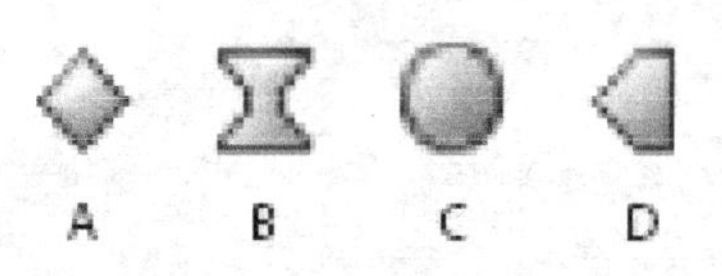

图 10-13 关键点属性

10.3.2 复制与粘贴动画属性

复制与粘贴单个关键帧的动画属性，可直接在“效果控件”命令面板上选择一个关键帧，在其上单击鼠标右键，从弹出的右键快捷菜单中选择“复制”，如图 10-14 所示。

注意

单击运动属性的名称，可以选择该运动属性中的所有关键帧，如图 10-15 所示。

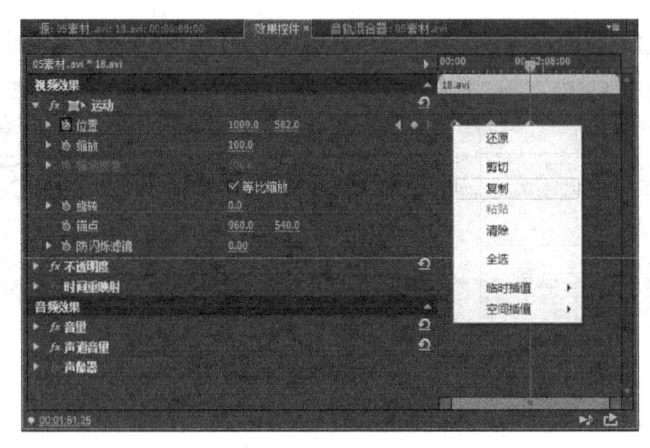
图 10-14 复制运动属性

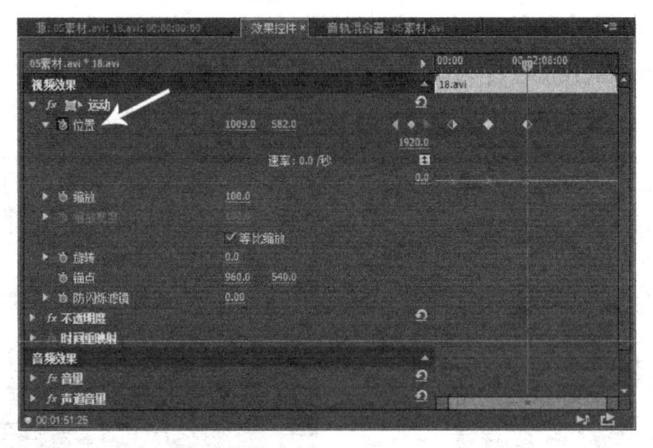
图 10-15 选择所有关键帧

然后将时间线移动到想要添加关键帧的位置，单击鼠标右键，从弹出的右键快捷菜单中选择“粘贴”，如图 10-16 所示。

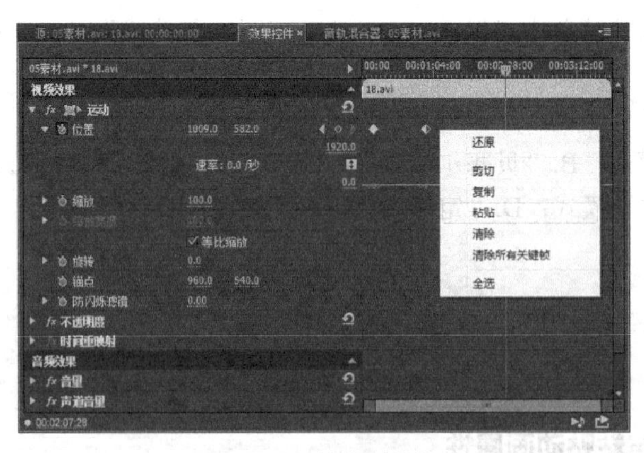
图 10-16 粘贴运动属性

也可以选择一个已经存在的关键帧，在其上单击鼠标右键，从弹出的右键快捷菜单中选择“粘贴”，将复制的运动关键帧属性粘贴到该关键帧上。

要想复制与粘贴素材片段的全部动画属性，在“时间线”命令面板中选择一个素材片段后，在“效果控件”命令面板的“运动”区域中单击鼠标右键，从弹出的右键快捷菜单中选择“复制”。

在“时间线”命令面板中选择另一个素材片段后，在“效果控件”命令面板的“运动”区域中单击鼠标右键，从弹出的右键快捷菜单中选择“粘贴”，如图 10-17 所示。

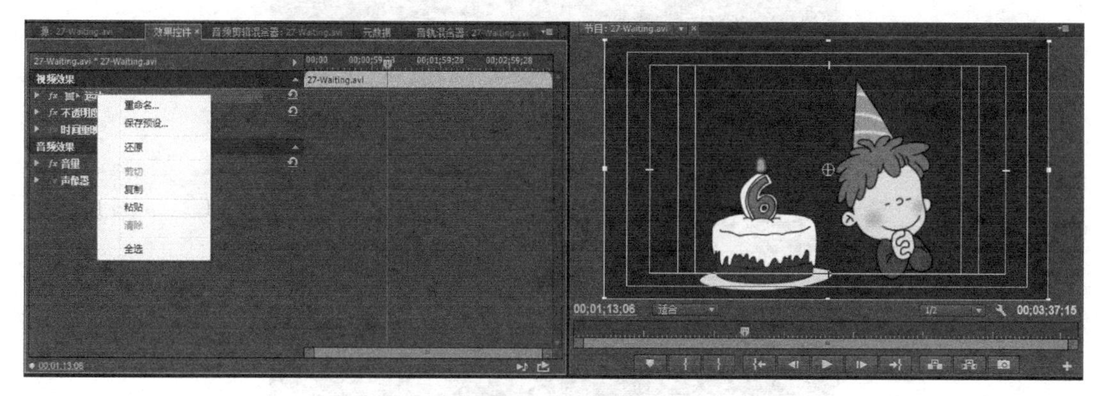

图 10-17　粘贴运动属性

如果想对一个素材片段指定多重动画效果，可以为已经包含了运动设置的序列片段指定新的运动效果，实现运动的多重嵌套。

10.3.3　动画效果实例

本节通过创建一部动画片的预告片头，详细讲述如何利用“效果控件”命令面板创建、编辑动画效果。

（1）启动 Premiere CC，弹出“欢迎”对话窗口。单击“新建项目”按钮，弹出“新建项目”对话窗口，设定项目名称以后，单击“确定”按钮。再在“项目”命令面板中，单击鼠标右键，在弹出的快捷菜单中选择“新建序列”，再在打开的“新建序列”对话窗口中选择一个文件预设，如图 10-18 所示。

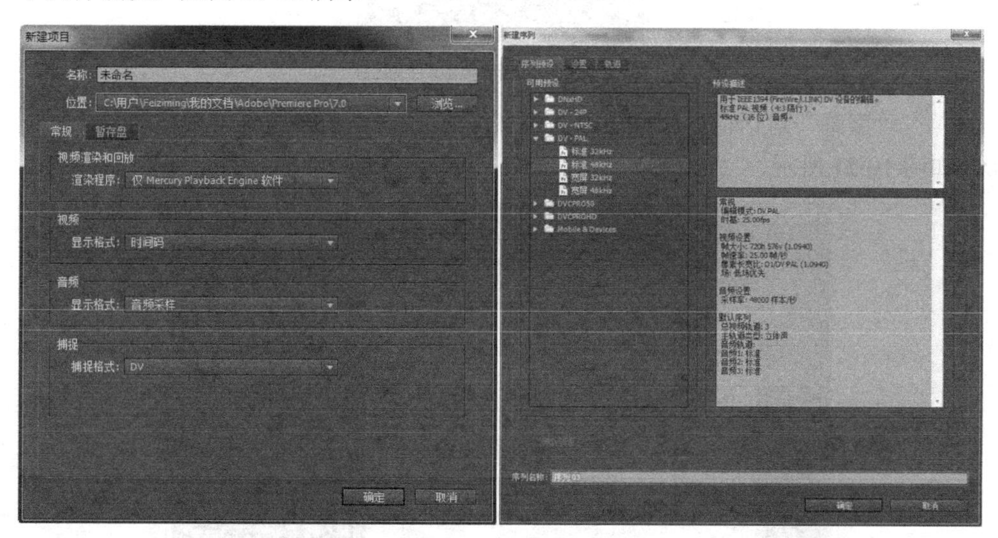

图 10-18　新建项目和序列

（2）在“新建序列”对话窗口中，单击“设置”选项卡，如图 10-19 所示，在预设的基础上对新项目文件的创建参数进行一些调整，单击“确定”按钮创建一个新的项目文件。

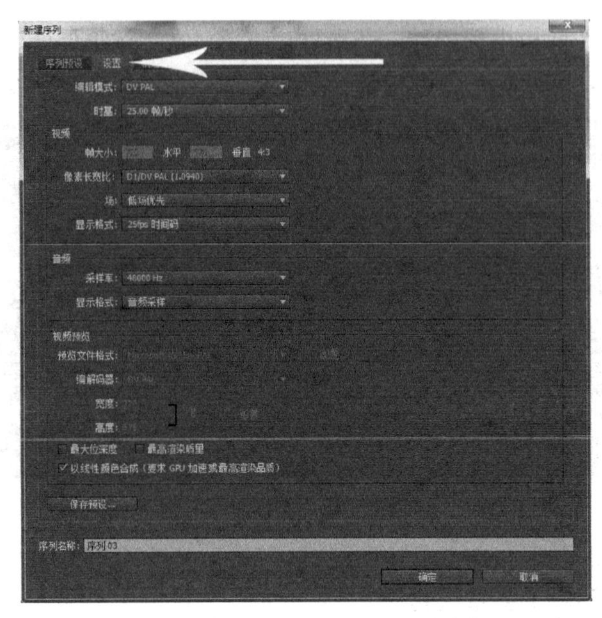

图 10-19　在预设的基础上对新项目文件的创建参数进行一些调整

（3）选择菜单命令“文件>新建>字幕”，弹出如图 10-20 所示的“新建字幕”对话窗口，在其中指定新建字幕文件的名称后单击“确定”按钮。

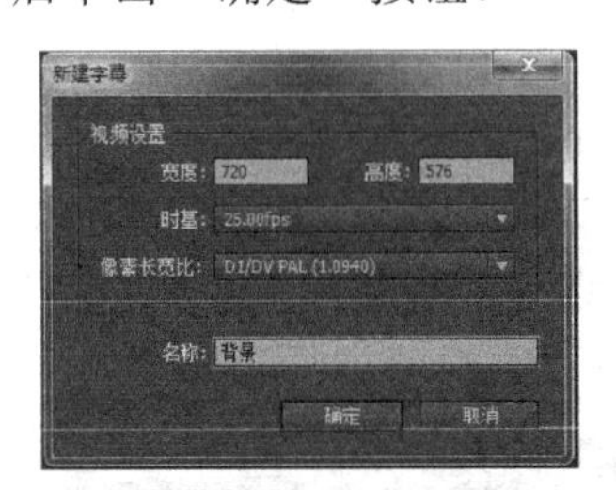

图 10-20　指定新建字幕文件的名称

（4）在“字幕”对话窗口中单击“矩形”工具，在窗口中单击并拖动鼠标创建一个矩形，如图 10-21 所示。

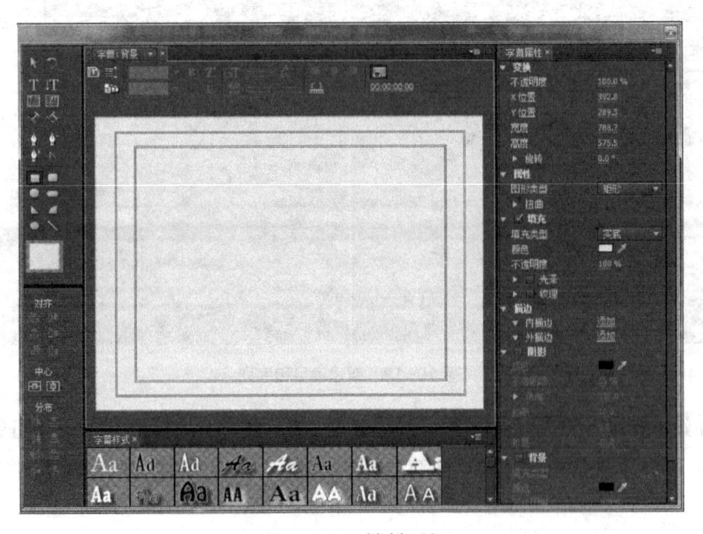

图 10-21　创建矩形

（5）在“填充”项目的“填充类型”下拉列表中指定为“径向渐变”填充类型，如图 10-22 所示，分别单击渐变填充开始色和结束色的色彩样本，在弹出的“拾色器”对话窗口中，将开始色设置为 R:244、G:149、B:0，结束色设置为 R:88、G:8、B:1。

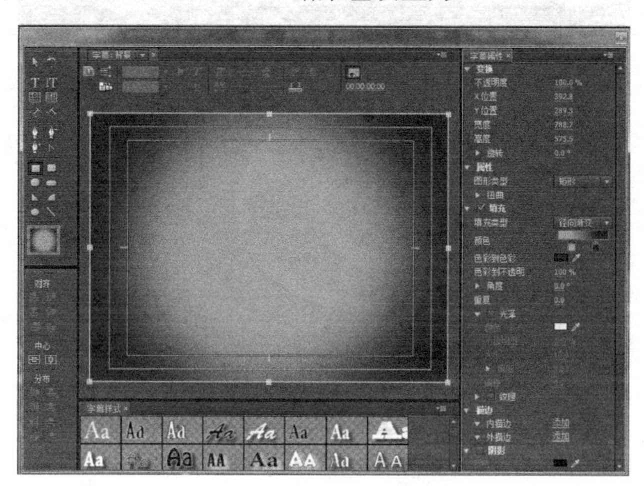

图 10-22 设置渐变填充的属性

（6）在“字幕”对话窗口中单击“新建字幕”按钮，弹出如图 10-23 所示的“新建字幕”对话窗口，在其中输入新字幕文件的名称。

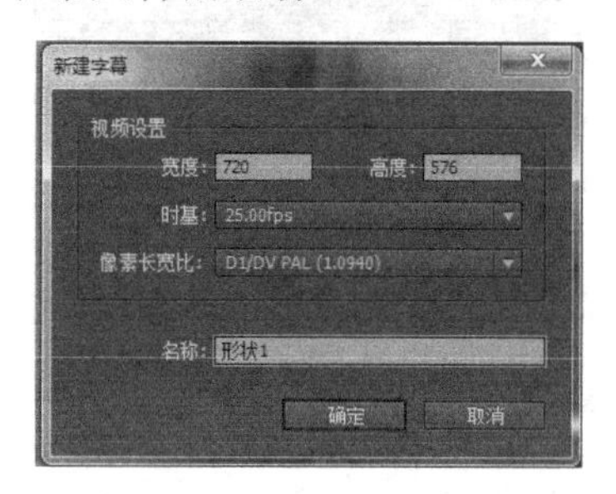

图 10-23 输入新字幕文件的名称

（7）在弹出的“字幕”对话窗口中单击“椭圆形”工具，在对话窗口中单击并拖动鼠标创建一个椭圆形，取消勾选“填充”选项，“内描边”和“外描边”的参数设置如图 10-24 所示。

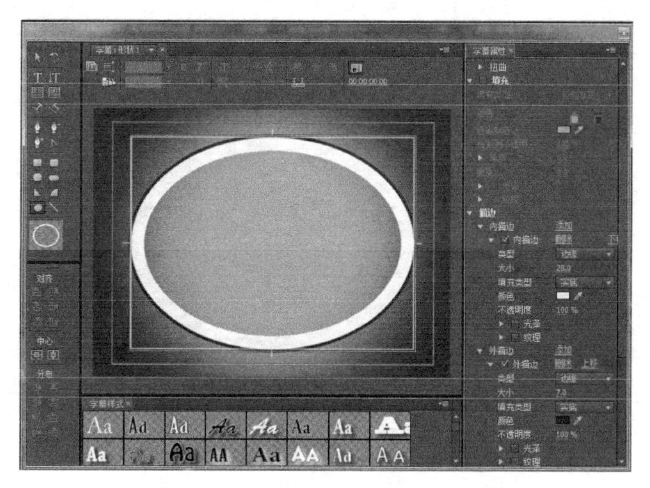

图 10-24 创建椭圆形，并设置其描边属性

（8）再次单击“椭圆形”工具，在对话窗口中单击并拖动鼠标创建一个椭圆形，“内描边”参数设置如图 10-25 所示。

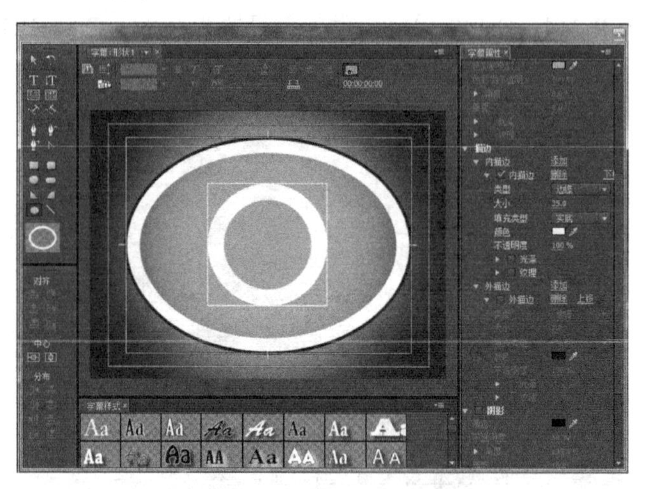

图 10-25　再创建一个椭圆形

（9）在“字幕”对话窗口中单击“新建字幕”按钮，弹出如图 10-26 所示的“新建字幕”对话窗口，在其中输入新字幕文件的名称。

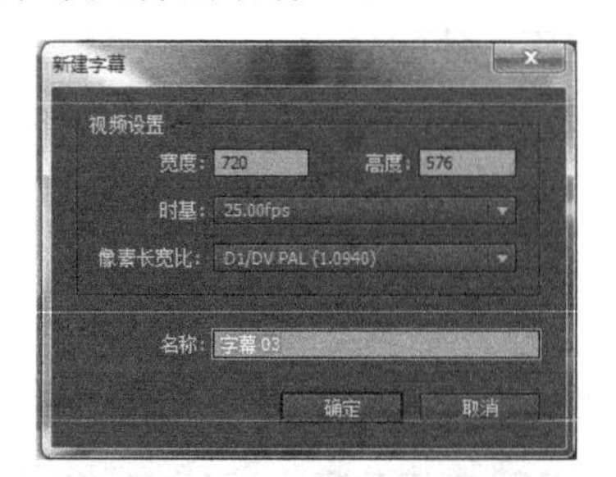

图 10-26　输入新字幕文件的名称

（10）在“字幕”对话窗口中单击“矩形”工具，在窗口中单击并拖动鼠标创建一个矩形，如图 10-27 所示。指定为“径向渐变”填充类型，渐变填充开始色的色彩参数为 R:250、G:225、B:5；结束色的色彩参数为 R:217、G:130、B:9。

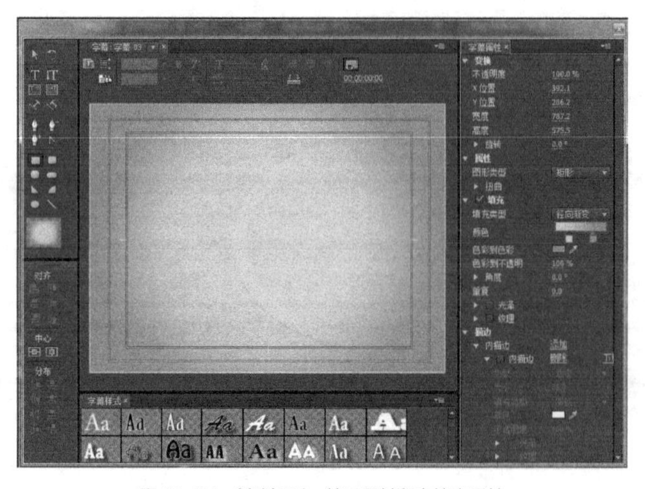

图 10-27　创建矩形，并设置其渐变填充属性

（11）在“字幕”对话窗口中单击“新建字幕”按钮，弹出如图 10-28 所示的“新建字幕”对话窗口，在其中输入新字幕文件的名称。

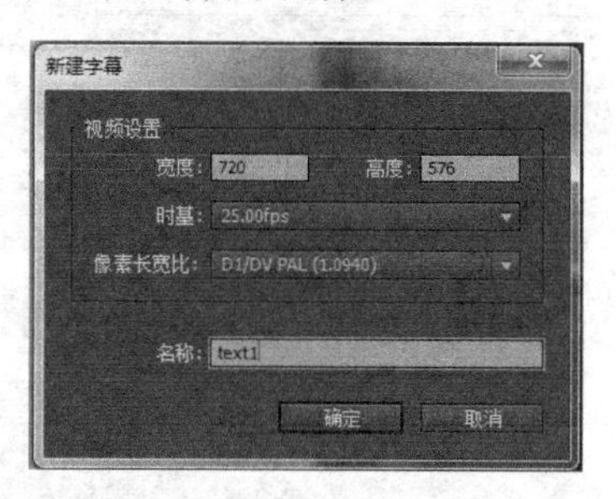

图 10-28 输入新字幕文件的名称

（12）单击“椭圆形”工具，依据前面讲述的操作步骤，再创建两个如图 10-29 所示的椭圆形，大椭圆形的描边色彩设置为 R:250、G:225、B:5；小椭圆形的描边色彩设置为 R:250、G:225、B:200。

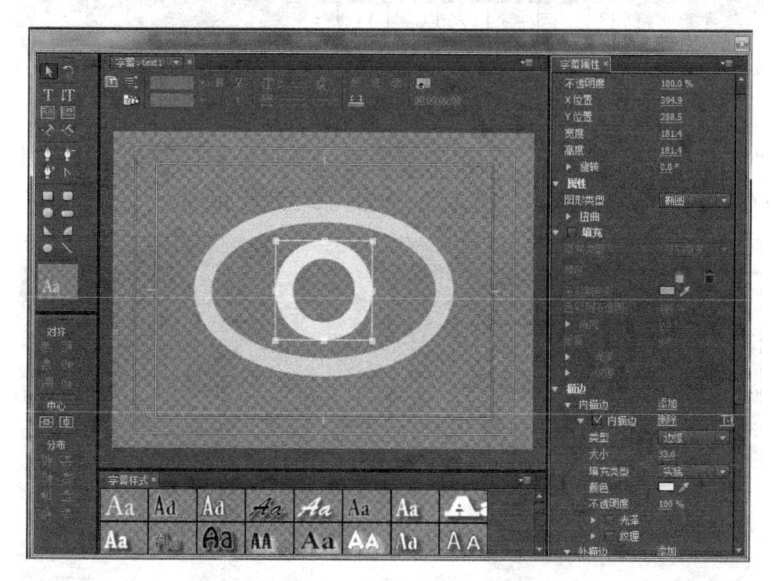

图 10-29 创建两个描边椭圆形

（13）在“字幕”对话窗口中单击“新建字幕”按钮，弹出如图 10-30 所示的“新建字幕”对话窗口，在其中指定新建字幕文件的名称后单击 OK 按钮。

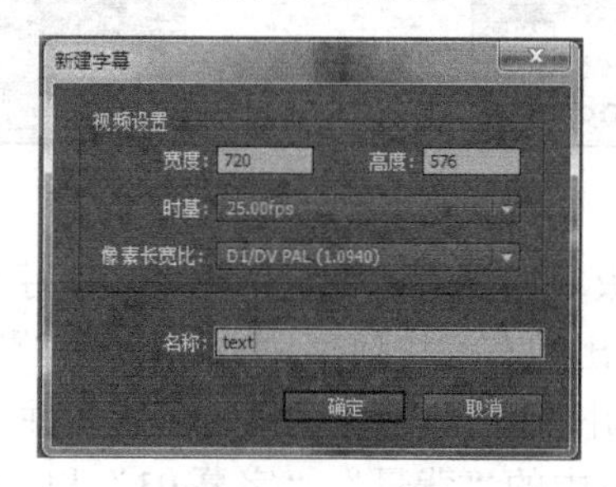

图 10-30 输入新字幕文件的名称

（14）单击“文字”工具，在“字幕”对话窗口中输入“CARTOON”后，如图 10-31 所示为文字指定适当的字体、字号、填充和描边色。填充色指定为白色；描边色指定为紫色，色彩参数为 R:68、G:6、B:87。

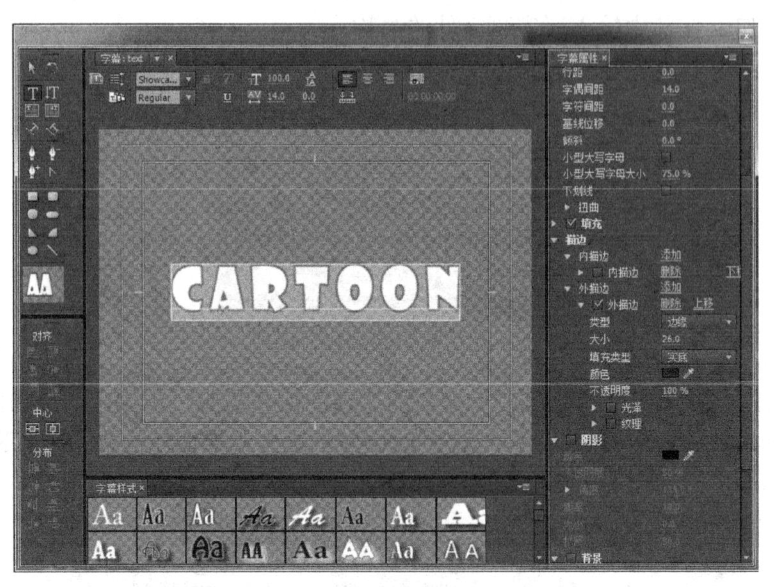

图 10-31　创建文字并适当设置文字的属性

（15）在“字幕”对话窗口中，确定刚刚创建的文字处于选取状态，在其上单击鼠标右键，从弹出的右键快捷菜单中选择“复制”，如图 10-32 所示。

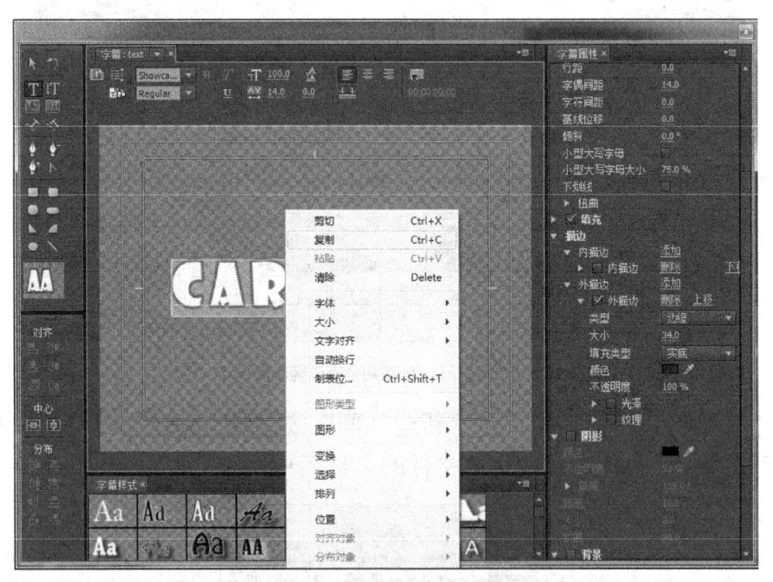

图 10-32　复制文字

（16）在“项目”命令面板中双击刚刚创建的“text1”字幕素材，在打开的“字幕”对话窗口中单击鼠标右键，从弹出的右键快捷菜单中选择“粘贴”，如图 10-33 所示。

（17）如图 10-34 所示，为刚刚粘贴的文字指定阴影属性。

（18）将“项目”命令面板中的“背景”、“字幕 03”和“text1”三个字幕素材，拖动指定到“时间线”命令面板的视频轨道中，如图 10-35 所示。

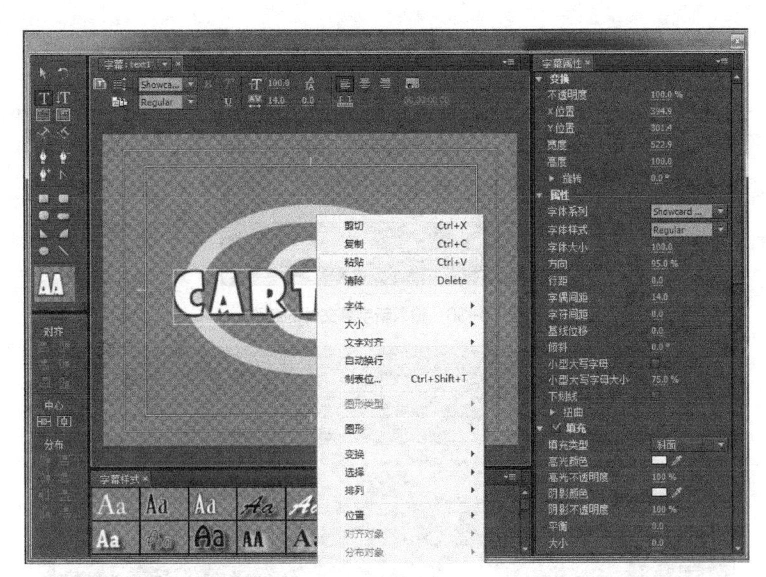

图 10-33　粘贴文字

图 10-34　为文字指定阴影属性

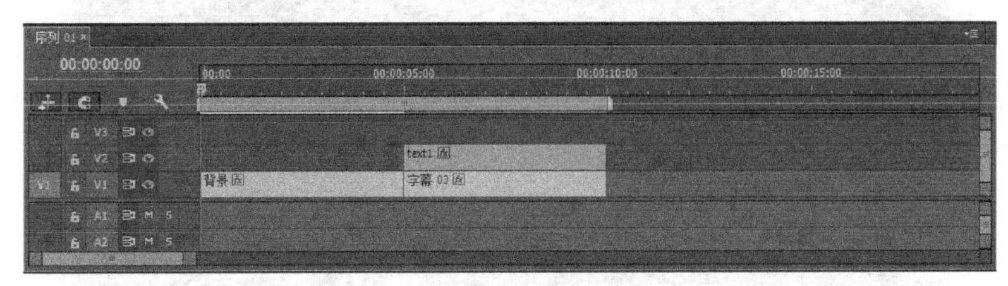

图 10-35　将字幕素材指定到视频轨道中

（19）选择菜单命令“文件>新建>字幕”，弹出如图 10-36 所示的“新建字幕”对话窗口，在其中指定新建字幕文件的名称后单击“确定”按钮。

（20）单击“椭圆形”工具，在按住键盘中“Shift”键的同时，单击并拖动鼠标创建一个圆形，如图 10-37 所示。

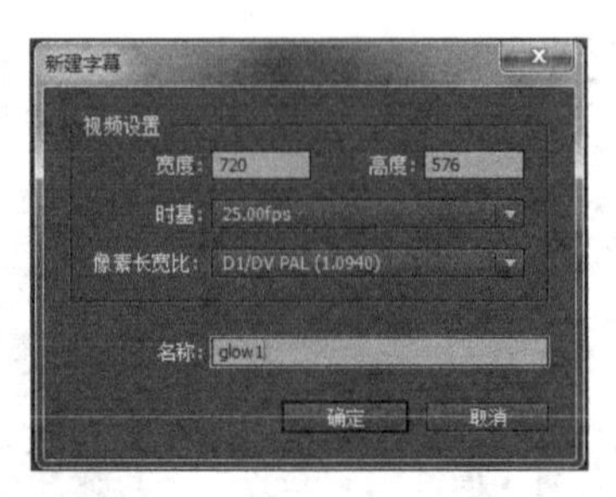

图 10-36 输入新字幕文件的名称

图 10-37 创建一个圆形

（21）在“字幕”对话窗口“填充类型”项目右侧的下拉列表中选择“径向渐变”填充类型，再选择渐变结束色，并将“色彩到不透明”参数设置为 22%，如图 10-38 所示。

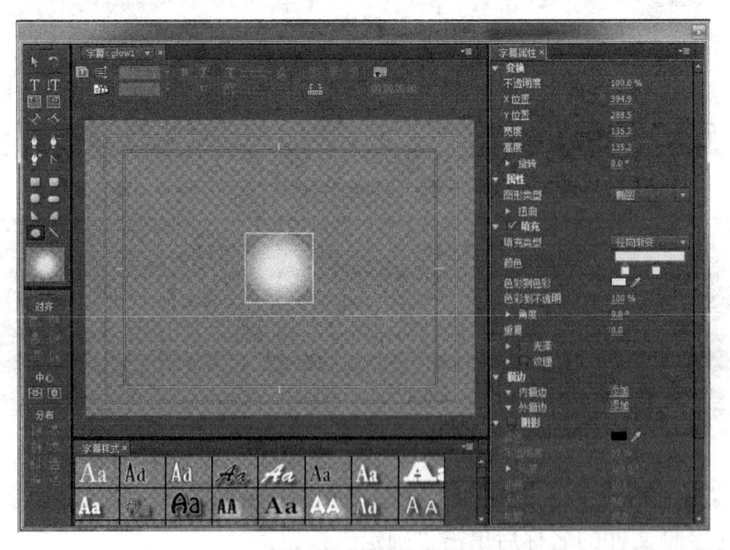

图 10-38 设置圆形的填充属性

（22）将“项目”命令面板中的“glow1”字幕素材拖动指定到“时间线”命令面板的视频轨道中，如图 10-39 所示。

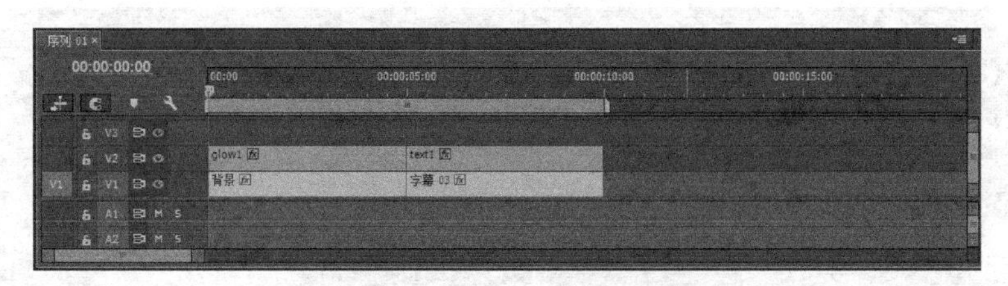

图 10-39　将字幕素材指定到视频轨道中

（23）选择视频轨道中的“glow1”字幕素材，在如图 10-40 所示的时间点，单击“不透明度”参数前的“关键帧设置”标记，并适当设置这个参数。

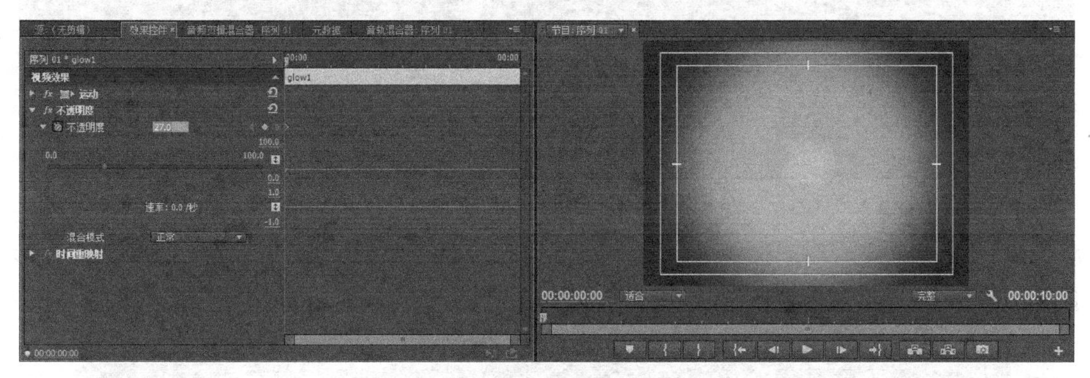

图 10-40　设置不透明度动画关键帧

（24）在如图 10-41 所示的时间点，单击“不透明度”参数后的“关键帧”标记，并适当设置这个参数。

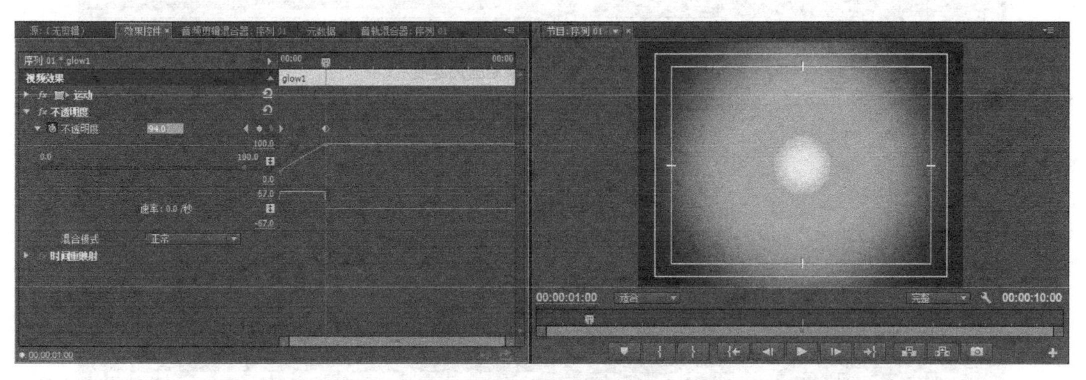

图 10-41　设置动画关键帧

（25）将“效果”命令面板中的“通道模糊”视频效果，拖动指定到“时间线”命令面板的“glow1”字幕素材上，如图 10-42 所示。

（26）在如图 10-43 所示的时间点，单击“红色模糊度”、“绿色模糊度”和“蓝色模糊度”参数前的“关键帧设置”标记，并适当设置这 3 个参数。

（27）在如图 10-44 所示的时间点，单击“红色模糊度”、“绿色模糊度”和“蓝色模糊度”参数后的“关键帧”标记，并适当设置这 3 个参数。

（28）在如图 10-45 所示的时间点，单击“绿色模糊度”和“蓝色模糊度”参数后的“关键帧”标记，并适当设置这两个参数。

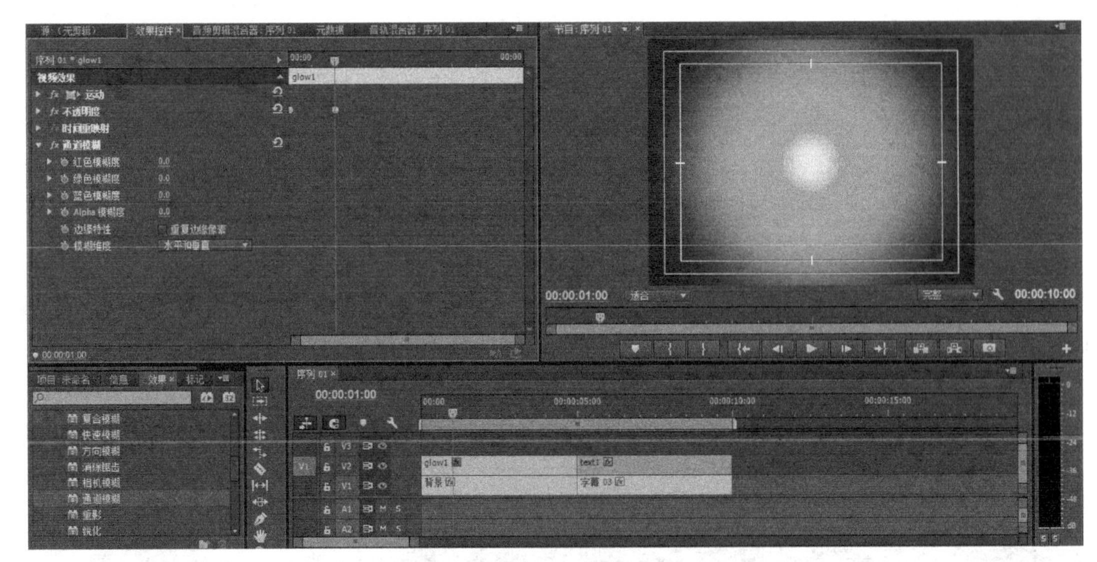

图 10-42　指定“通道模糊”效果

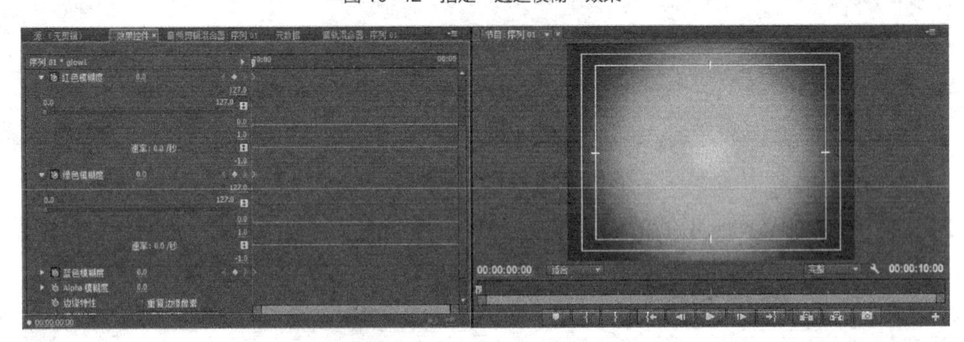

图 10-43　设置效果动画关键帧

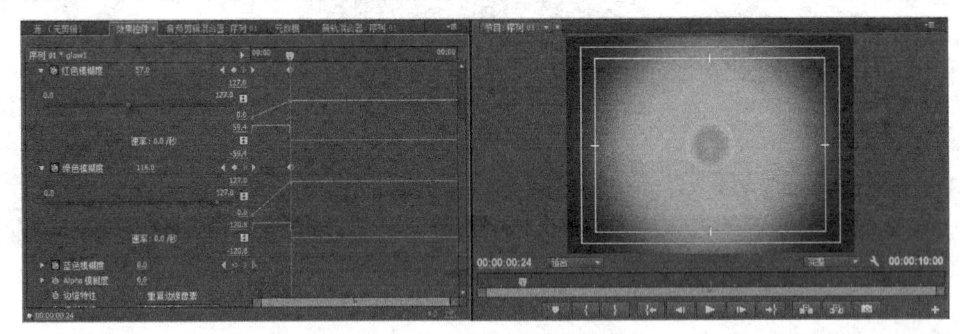

图 10-44　设置效果动画关键帧

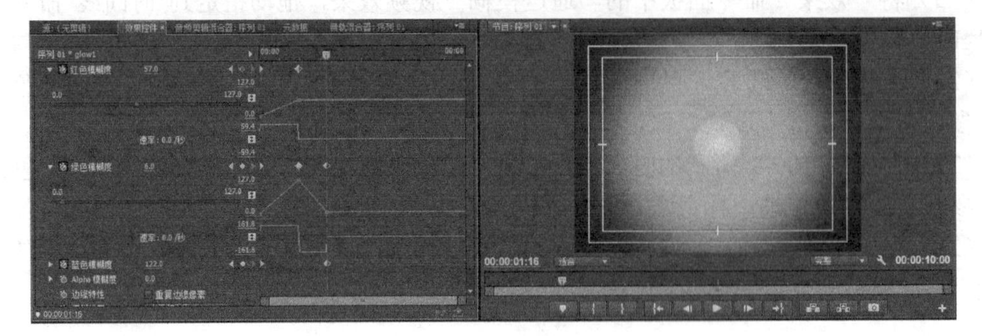

图 10-45　设置效果动画关键帧

（29）在如图 10-46 所示的时间点，单击“蓝色模糊度”参数后的“关键帧”标记，并适当设置这个参数。

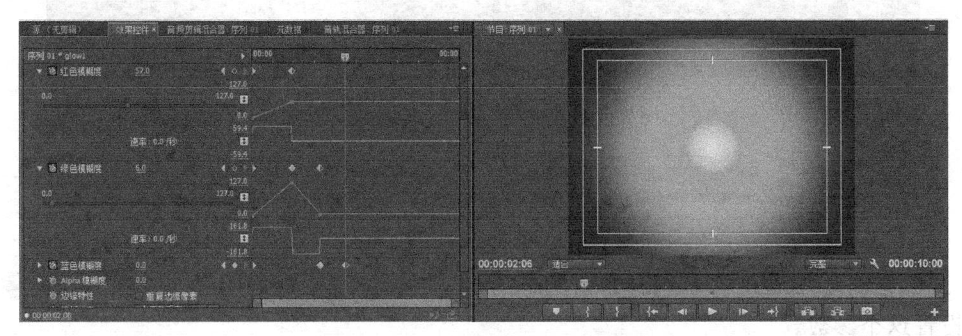

图 10-46　设置效果动画关键帧

（30）在如图 10-47 所示的时间点，单击“红色模糊度”参数后的“关键帧”标记，并适当设置这个参数。

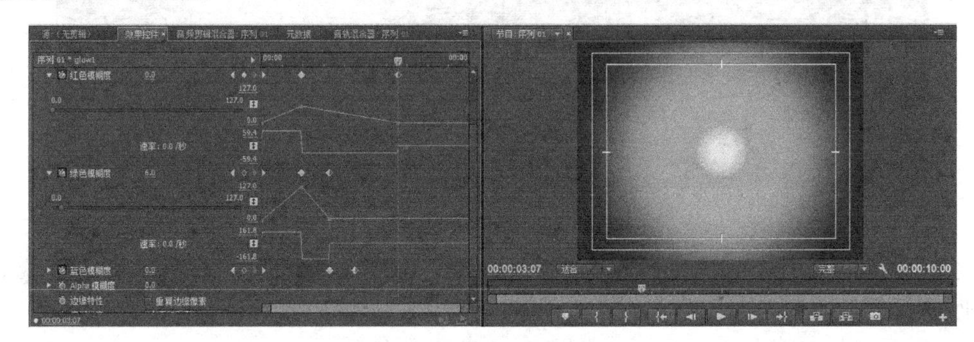

图 10-47　设置效果动画关键帧

（31）将“效果”命令面板中的“复合模糊”视频效果，拖动指定到“时间线”命令面板的“glow1”字幕素材上，如图 10-48 所示。

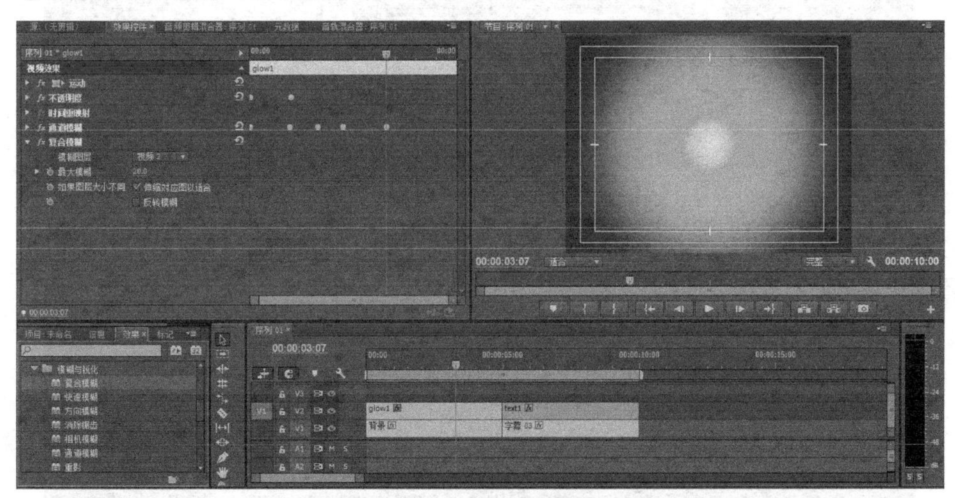

图 10-48　指定“复合模糊”效果

（32）在如图 10-49 所示的时间点，单击“最大模糊”参数前的“关键帧设置”标记，并适当设置这个参数。

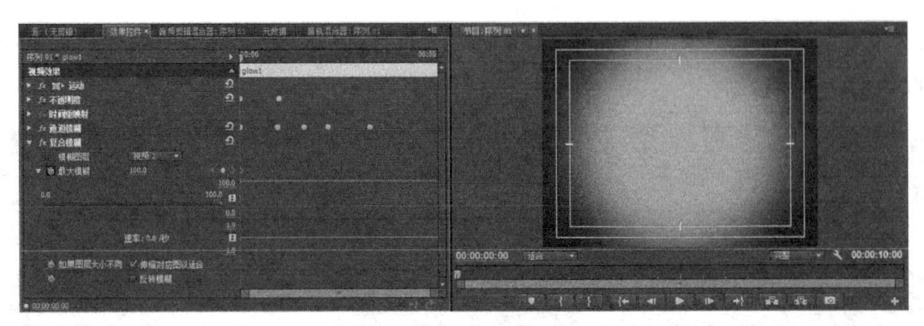

图 10-49　设置效果关键帧

（33）在如图 10-50 所示的时间点，单击“最大模糊”参数后的“关键帧”标记，并适当设置这个参数。

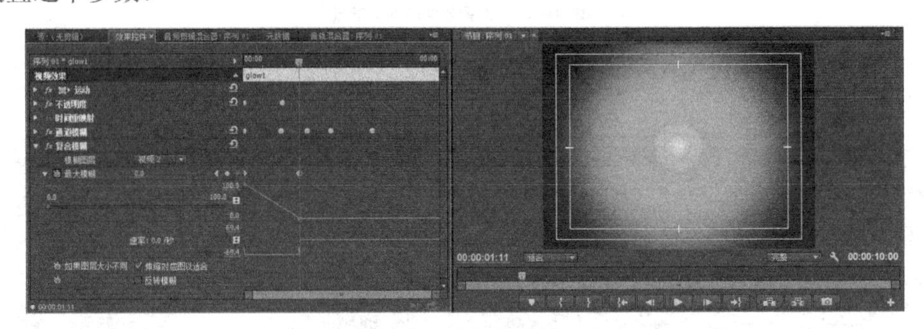

图 10-50　设置效果关键帧

（34）在如图 10-51 所示的时间点，单击“最大模糊”参数后的“关键帧”标记，并适当设置这个参数。

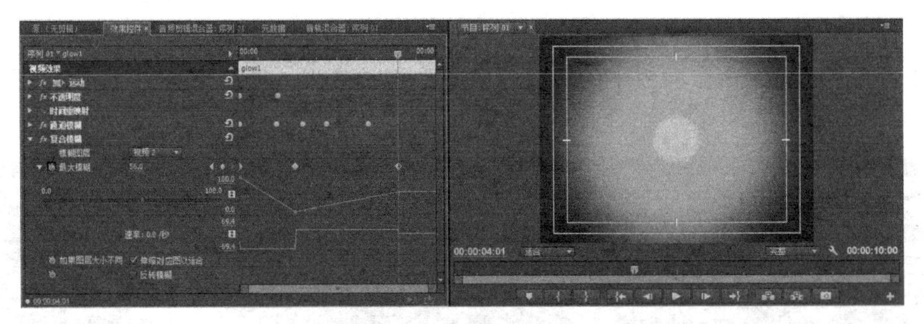

图 10-51　设置效果关键帧

（35）在如图 10-52 所示的时间点，单击“缩放”参数前的“关键帧设置”标记，并适当设置这个参数。

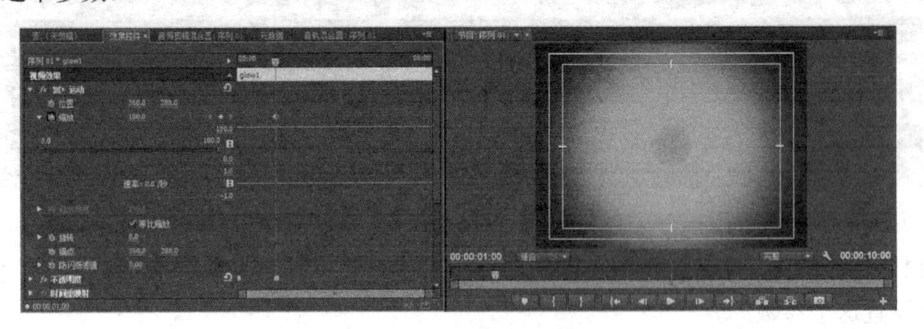

图 10-52　设置缩放动画关键帧

（36）在如图 10-53 所示的时间点，单击“缩放”参数后的“关键帧”标记◆，并适当设置这个参数。

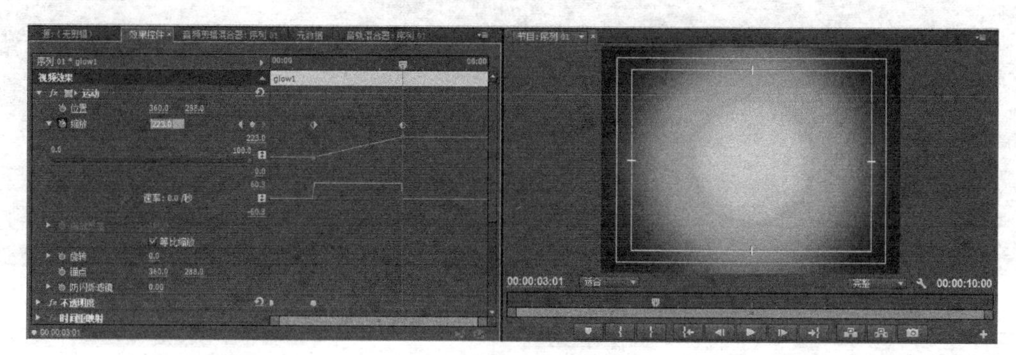

图 10-53　设置缩放动画关键帧

（37）在如图 10-54 所示的时间点，单击“缩放”参数后的“关键帧”标记◆，并适当设置这个参数。

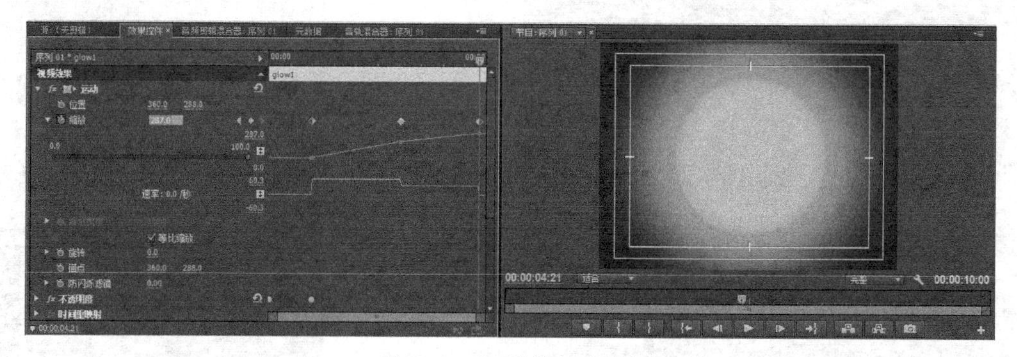

图 10-54　设置缩放动画关键帧

（38）在如图 10-55 所示的时间点，单击“不透明度”参数后的“关键帧标记”◆，并适当设置这个参数。

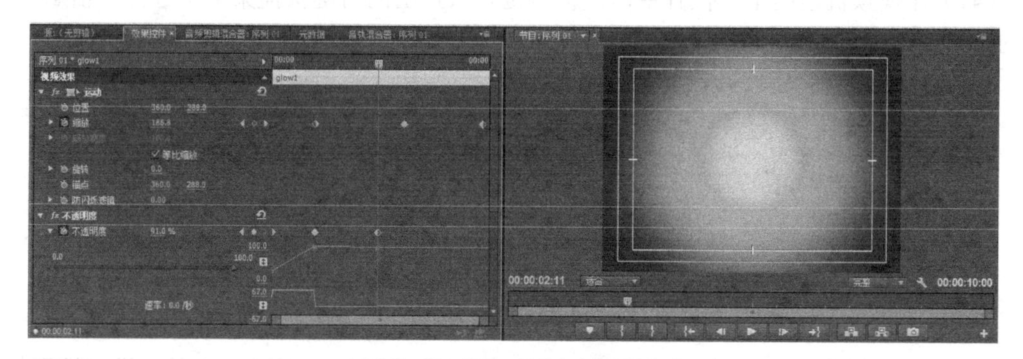

图 10-55　设置不透明度动画关键帧

（39）在如图 10-56 所示的时间点，单击“不透明度”参数后的“关键帧”标记◆，并适当设置这个参数。

（40）在“时间线”命令面板中的“glow1”素材上单击鼠标右键，从弹出的右键快捷菜单中选择“复制”，如图 10-57 所示。

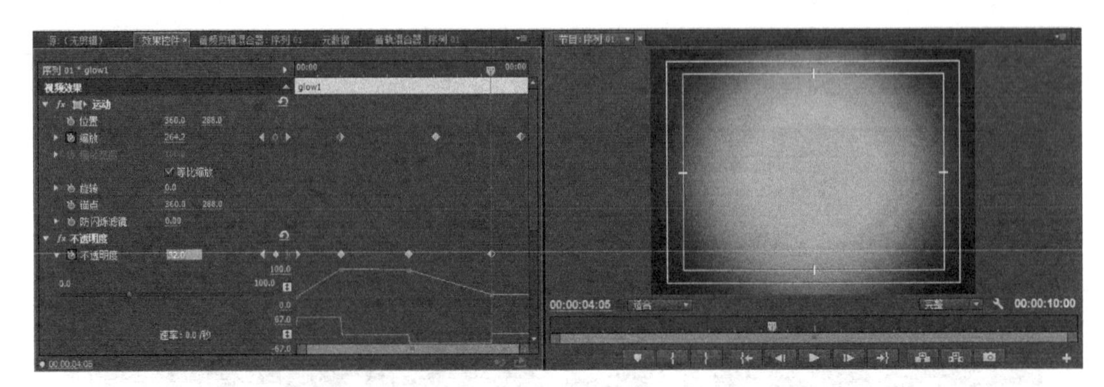

图 10-56　设置不透明度动画关键帧

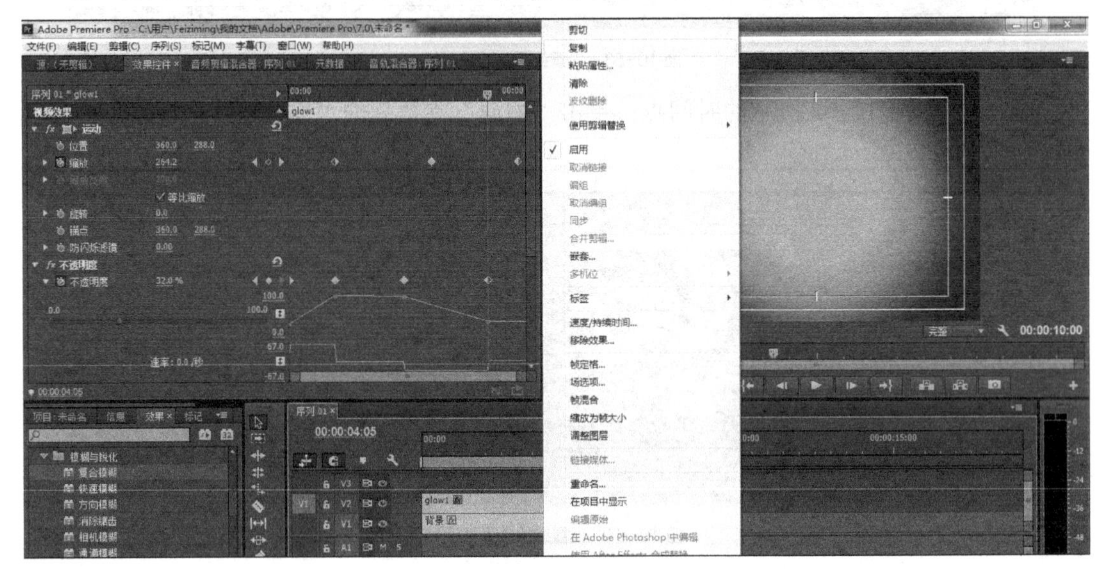

图 10-57　复制素材片段

（41）在视频轨道的空白位置单击鼠标右键，从弹出的右键快捷菜单中选择“粘贴”，粘贴的结果如图 10-58 所示。

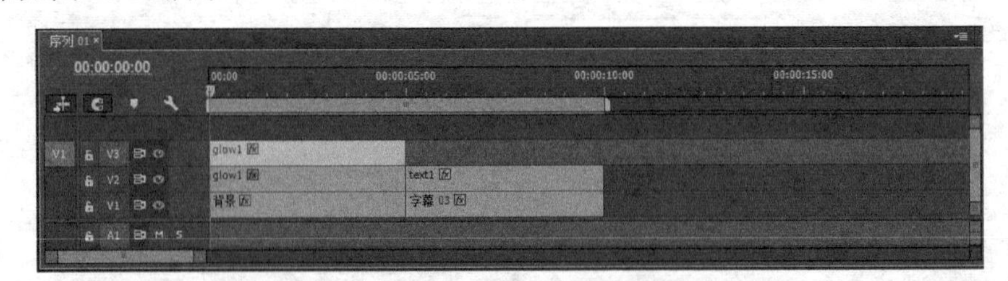

图 10-58　粘贴素材片段

（42）向右拖动 V3 视频轨道上素材片段入点位置，同时，如图 10-59 所示设置该素材片段的“位置”参数。

（43）再按照相同的操作步骤，在另外两条视频轨道上复制并粘贴素材，同时调整片段的位置参数，如图 10-60 所示。

（44）选择菜单命令“文件>新建>字幕”，弹出如图 10-61 所示的“新建字幕”对话窗口，在其中指定新建字幕文件的名称后单击“确定”按钮。

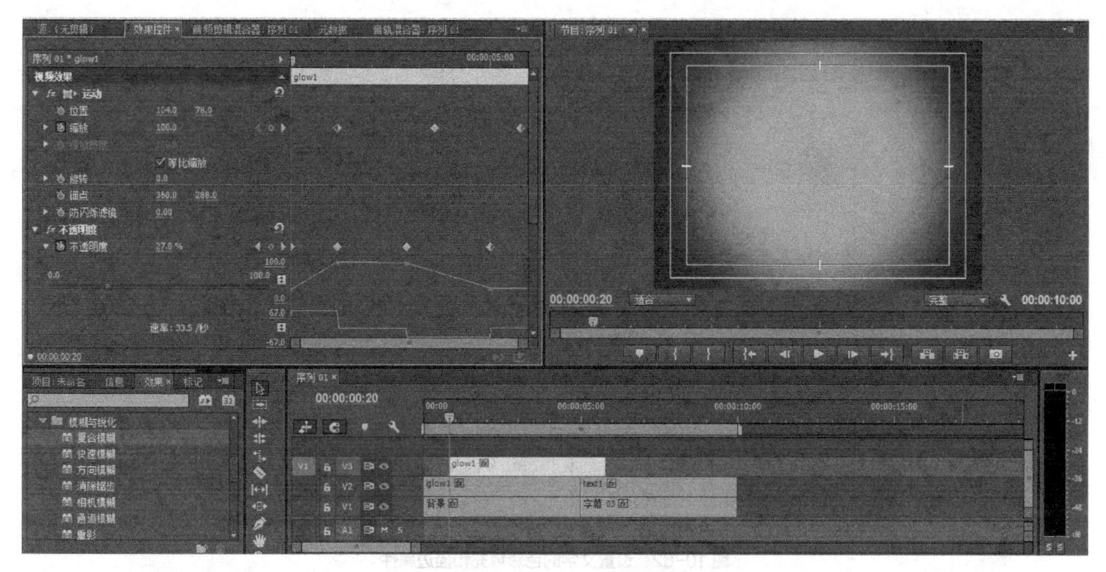

图 10-59　设置素材片段的入点和位置坐标

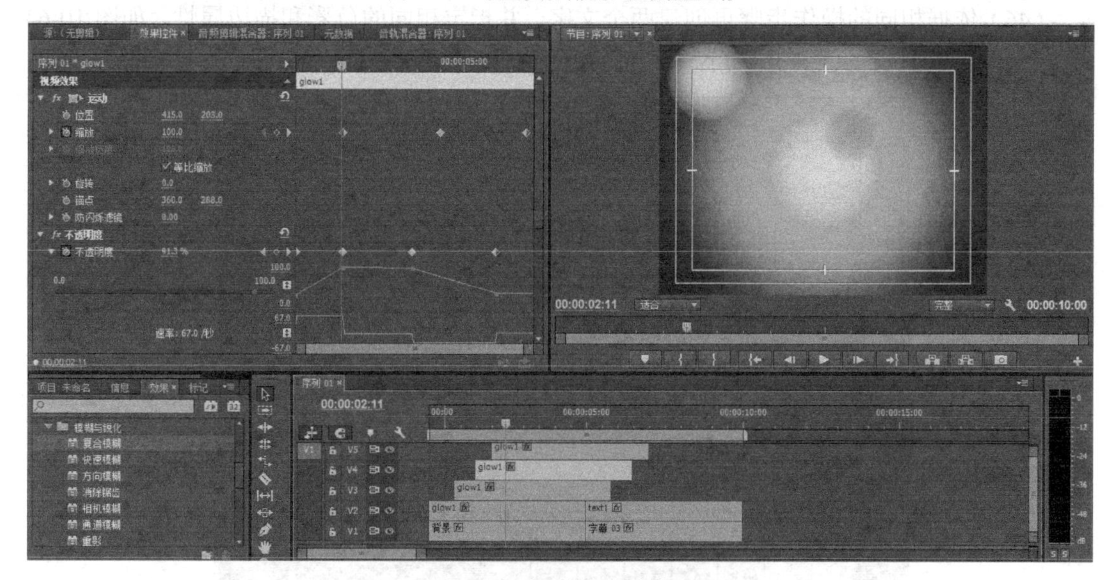

图 10-60　复制并粘贴素材片段

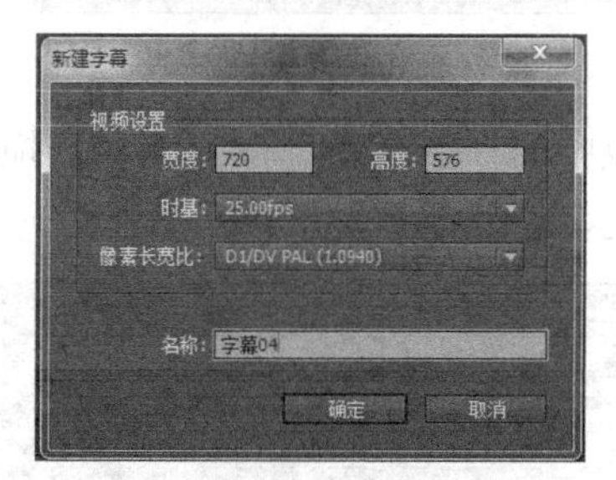

图 10-61　指定新建字幕文件的名称

（45）单击“文字”工具T，在“字幕”对话窗口中输入“FOR”，如图 10-62 所示为文字指定适当的字体、字号，将文字填充色指定为橙色，色彩参数为 R:245、G:166、B:10；描边色指定为黑色；将文字外描边色指定为绿色，色彩参数为 R:208、G:255、B:20。

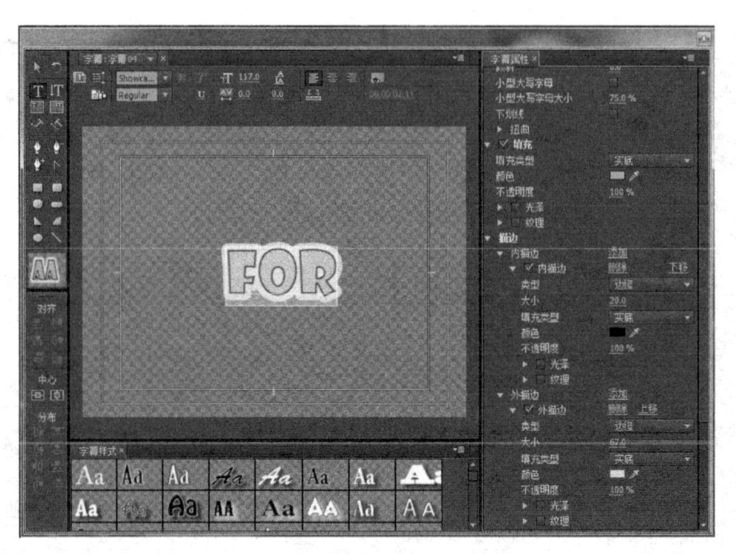

图 10-62　设置文字的色彩填充和描边属性

（46）依据相同的操作步骤再创建两个文字，并指定相同的色彩和描边属性，如图 10-63 所示，同时适当设置文字的“位置”、“旋转”、“缩放”属性。

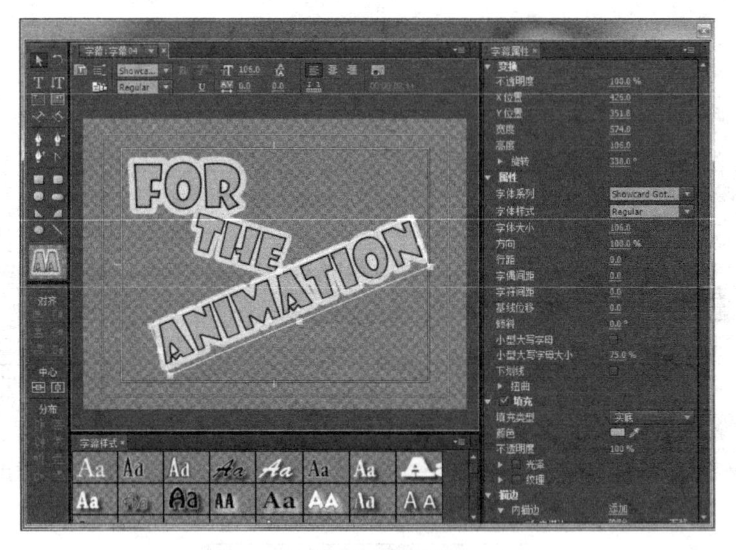

图 10-63　编辑字幕

（47）将“项目”命令面板中的“字幕 04”字幕素材，拖动指定到“时间线”命令面板的视频轨道中，如图 10-64 所示。

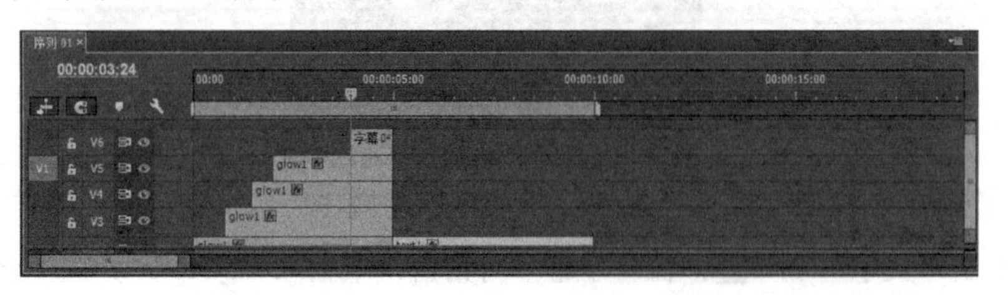

图 10-64　将字幕素材放置到视频轨道中

（48）在如图 10-65 所示的时间点，单击“缩放”参数前的“关键帧设置”标记，并适当设置这个参数。

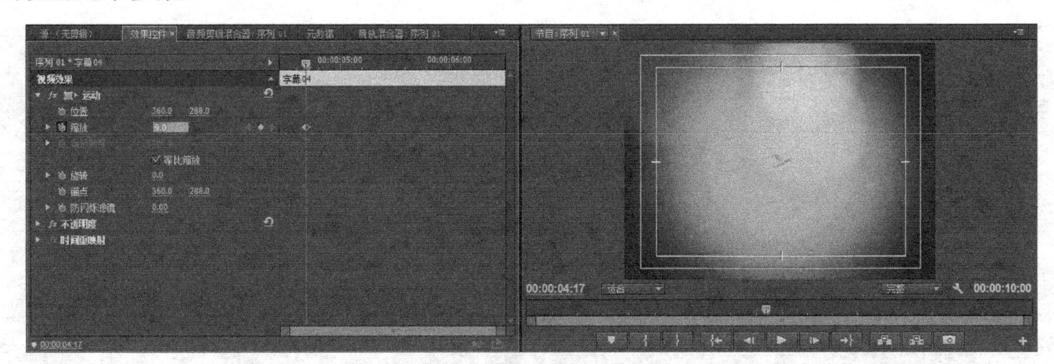

图 10-65　设置缩放动画关键帧

（49）在如图 10-66 所示的时间点，单击“缩放”参数后的“关键帧”标记，并适当设置这个参数。

图 10-66　设置缩放动画关键帧

（50）将“效果”命令面板中的“基本 3D”视频效果，拖动指定到“时间线”命令面板的“字幕 04”字幕素材上，如图 10-67 所示。

图 10-67　为素材片段指定“基本 3D”视频效果

（51）在如图 10-68 所示的时间点，单击“旋转”和“倾斜”参数前的“关键帧设置”

标记，并适当设置这两个参数。

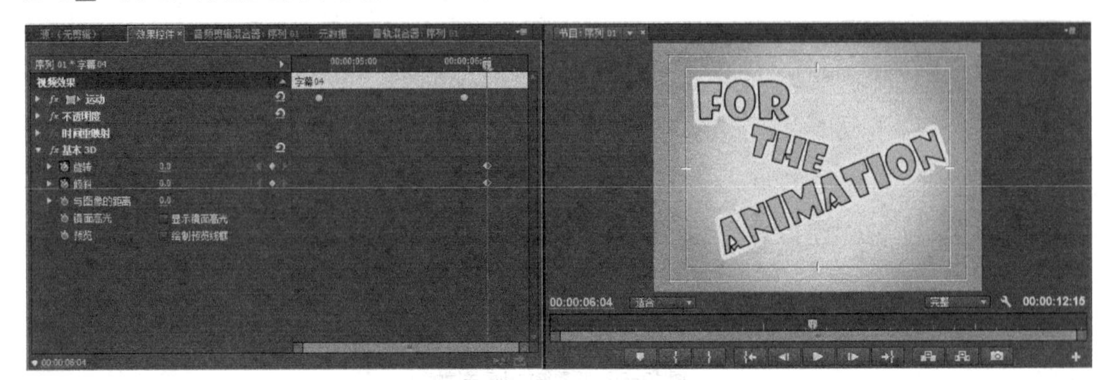

图 10-68 设置视频效果关键帧

(52) 在如图 10-69 所示的时间点，单击“旋转”参数后的“关键帧”标记，并适当设置这个参数。

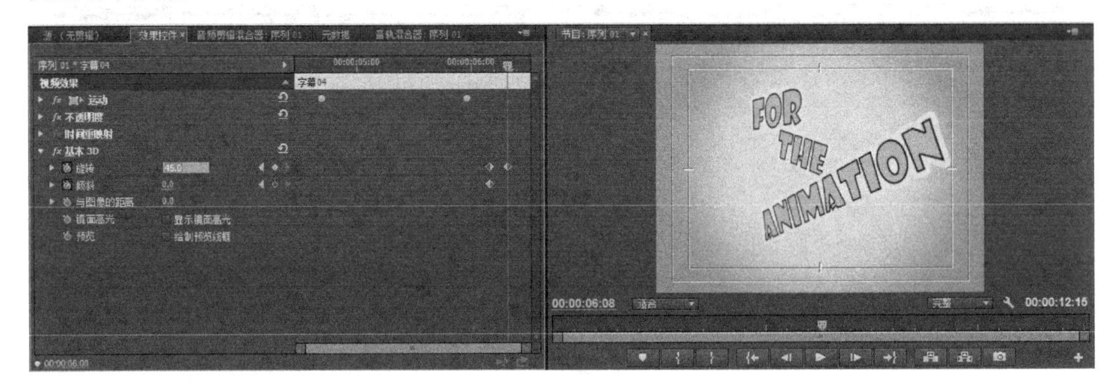

图 10-69 设置视频效果关键帧

(53) 在如图 10-70 所示的时间点，单击“与图像的距离”参数前的“关键帧设置”标记，并适当设置这个参数。

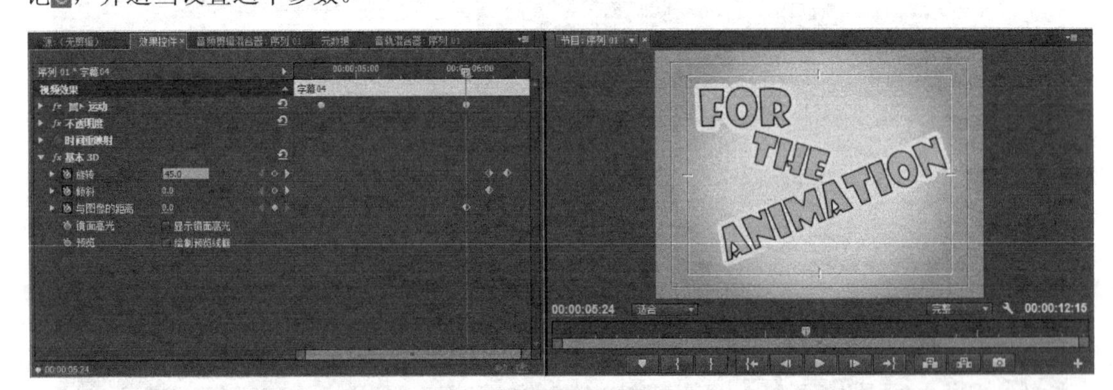

图 10-70 设置视频效果关键帧

(54) 在如图 10-71 所示的时间点，单击“与图像的距离”参数后的“关键帧”标记，并适当设置这个参数。

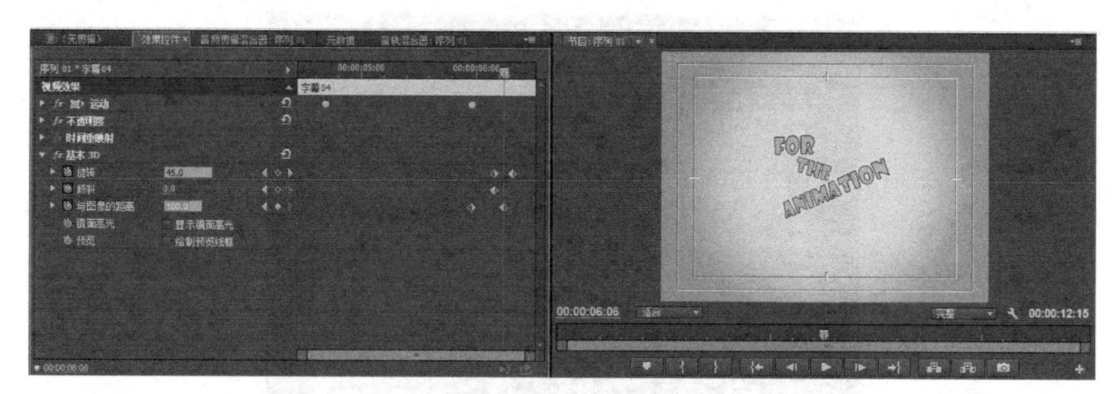

图 10-71　设置视频效果关键帧

（55）在如图 10-72 所示的时间点，单击“旋转”参数后的“关键帧”标记，并适当设置这个参数。

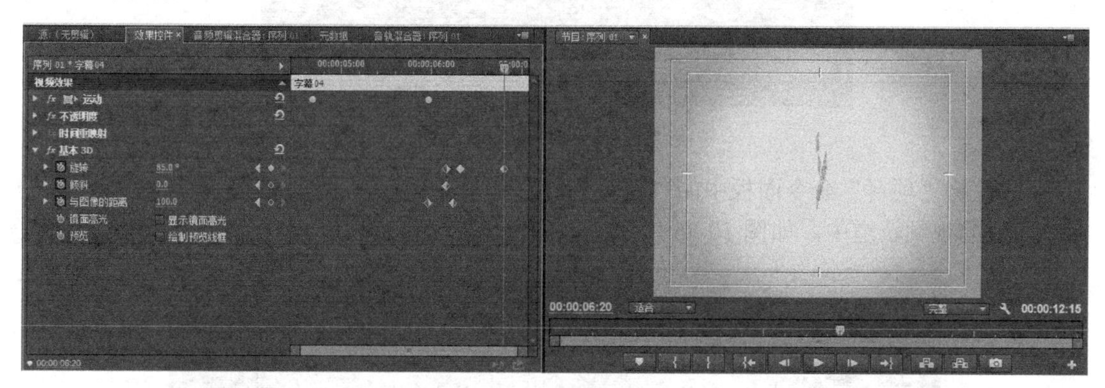

图 10-72　设置视频效果关键帧

（56）在如图 10-73 所示的时间点，单击“缩放”参数后的“关键帧”标记，并适当设置这个参数。

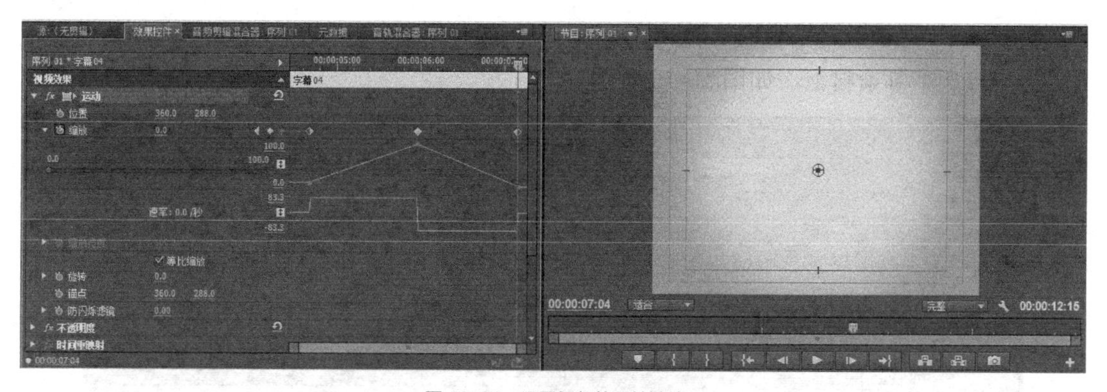

图 10-73　设置视频效果关键帧

（57）选择菜单命令“文件>新建>序列”，弹出如图 10-74 所示的“新建序列”对话窗口，在其中为新创建的序列指定名称，并适当设置音频、视频轨道的属性。

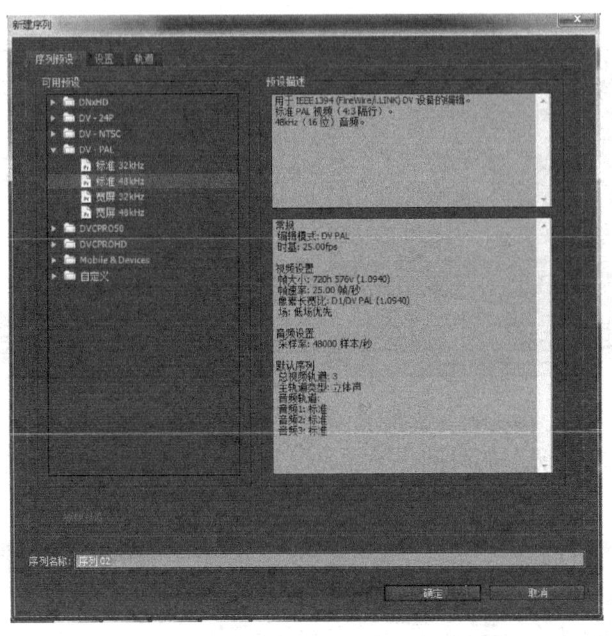

图 10-74　设置新建序列的属性

（58）将“项目”命令面板中的“背景”和“形状 1”字幕素材，拖动指定到“时间线”命令面板的视频轨道中，如图 10-75 所示。

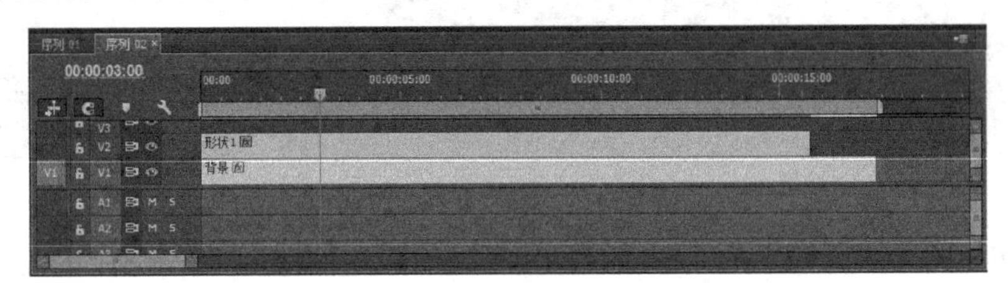

图 10-75　将字幕素材放置到视频轨道中

（59）将“效果”命令面板中的“基本 3D”视频效果，拖动指定到“时间线”命令面板的“形状 1”字幕素材上，如图 10-76 所示。

图 10-76　为素材片段指定“基本 3D”视频效果

（60）在如图 10-77 所示的时间点，单击“旋转”、“与图像的距离”和“倾斜”参数前的“关键帧设置”标记，并适当设置这 3 个参数。

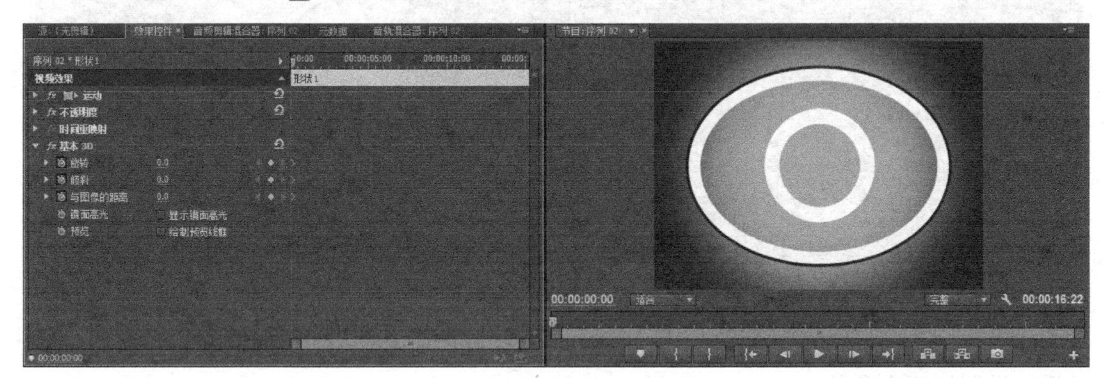

图 10-77　设置效果参数关键帧

（61）在如图 10-78 所示的时间点，单击“缩放”参数前的“关键帧设置”标记，并适当设置这个参数。

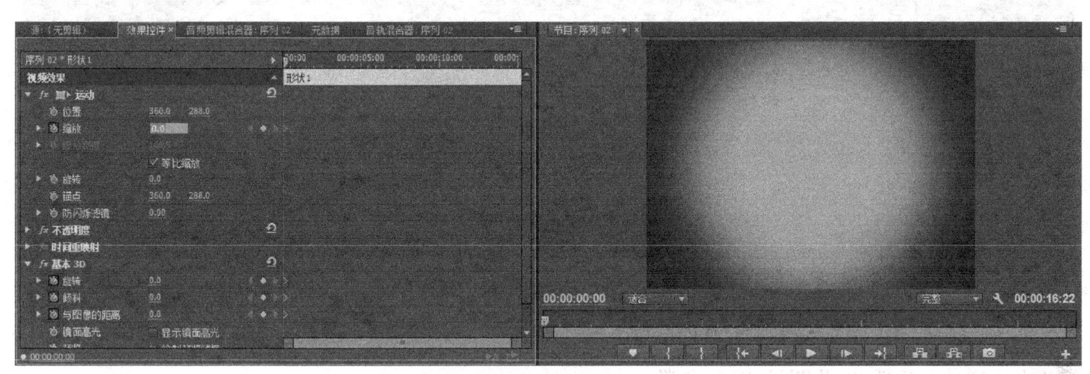

图 10-78　设置缩放动画关键帧

（62）在如图 10-79 所示的时间点，单击“缩放”参数后的“关键帧”标记，并适当设置这个参数，创建图形由小变大的动画效果。

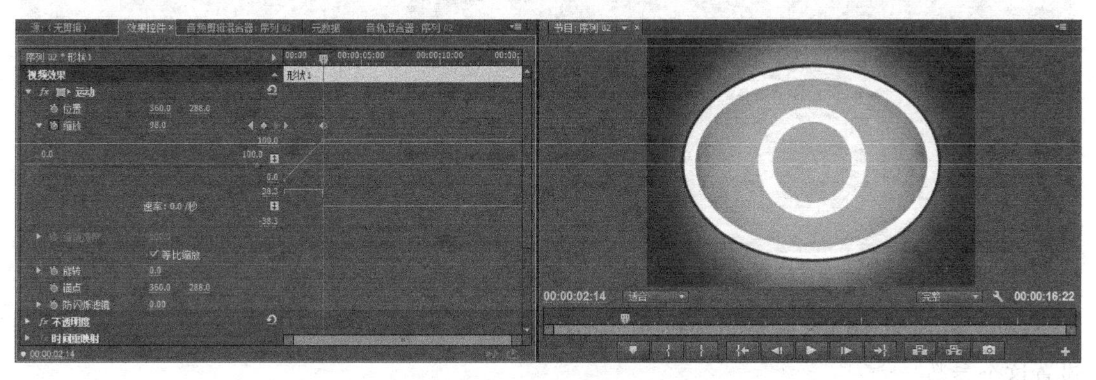

图 10-79　设置缩放动画关键帧

（63）在如图 10-80 所示的时间点，单击“旋转”和“倾斜”参数后的“关键帧”标记，并适当设置这两个参数。

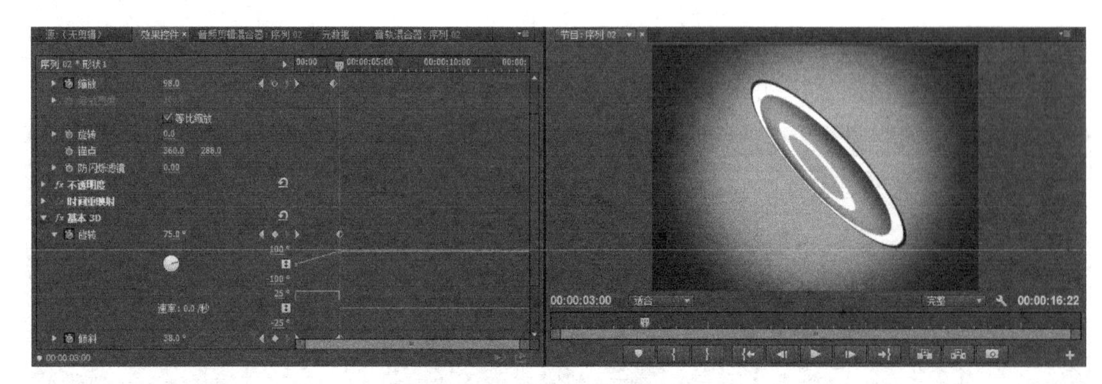

图 10-80　设置效果动画关键帧

（64）在如图 10-81 所示的时间点，单击“旋转”和“倾斜”参数后的“关键帧”标记，并适当设置这两个参数。

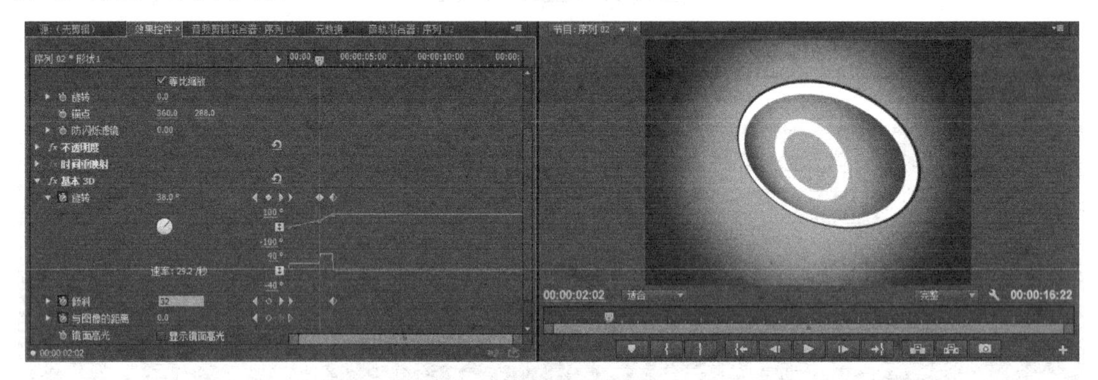

图 10-81　设置效果动画关键帧

（65）在如图 10-82 所示的时间点，单击“与图像的距离”和“倾斜”参数后的“关键帧”标记，并适当设置这两个参数。

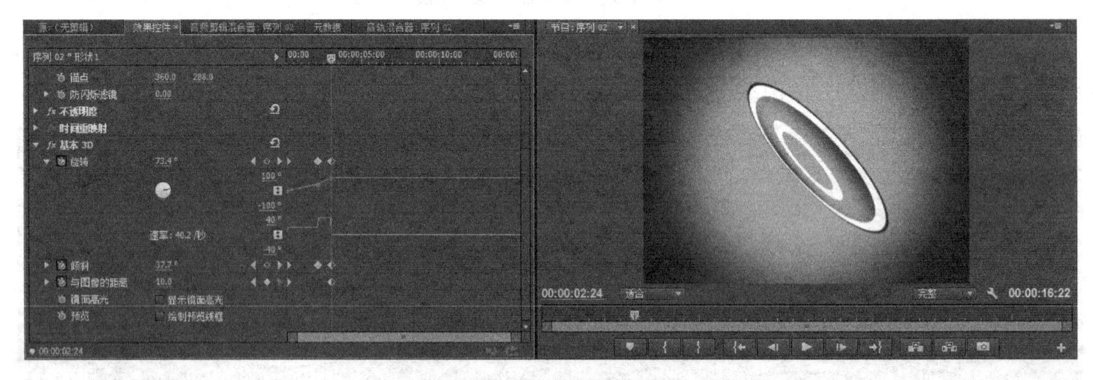

图 10-82　设置效果动画关键帧

（66）在如图 10-83 所示的时间点，单击“旋转”参数后的“关键帧”标记，并适当设置这个参数。

（67）将“项目”命令面板中的“text”字幕素材，拖动指定到“时间线”命令面板的视频轨道中，如图 10-84 所示。

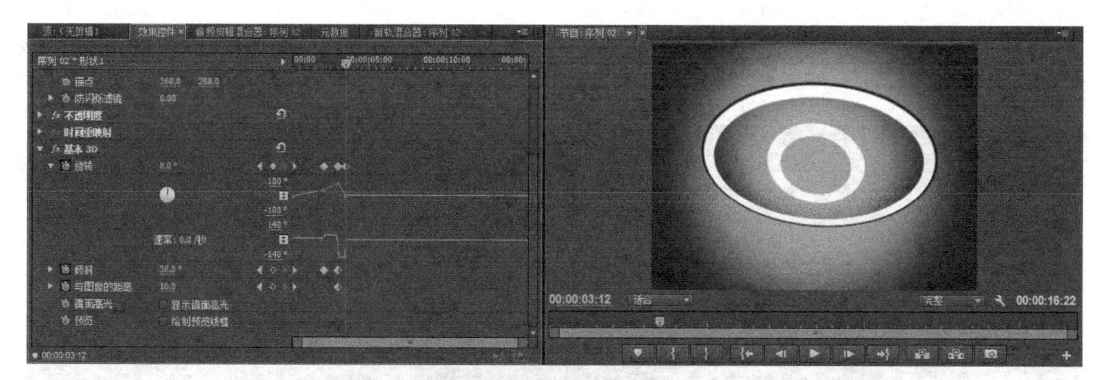

图10-83 设置效果动画关键帧

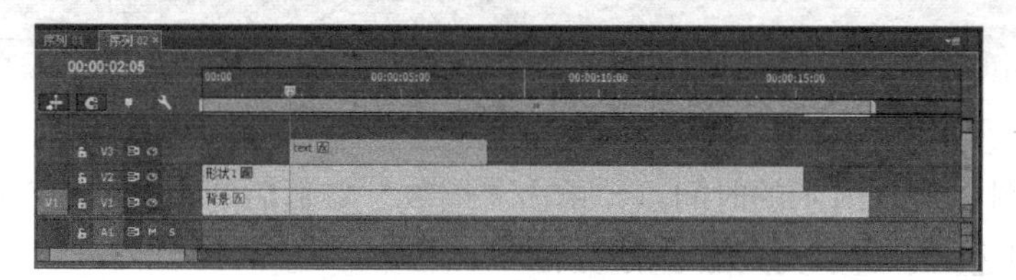

图10-84 指定“text”字幕素材

（68）在“时间线”命令面板中选择“text”字幕素材，激活“效果控件”命令面板，单击“不透明度”参数前的“关键帧设置”标记，在如图10-85所示的时间点设置该参数。

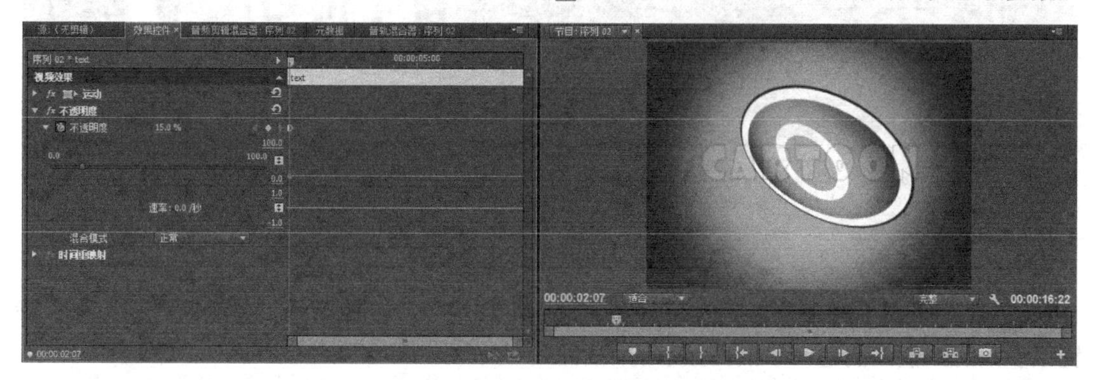

图10-85 设置不透明度动画关键帧

（69）在如图10-86所示的时间点，单击“不透明度”参数后的“关键帧”标记，设置该参数的数值，创建文字淡入显示的效果。

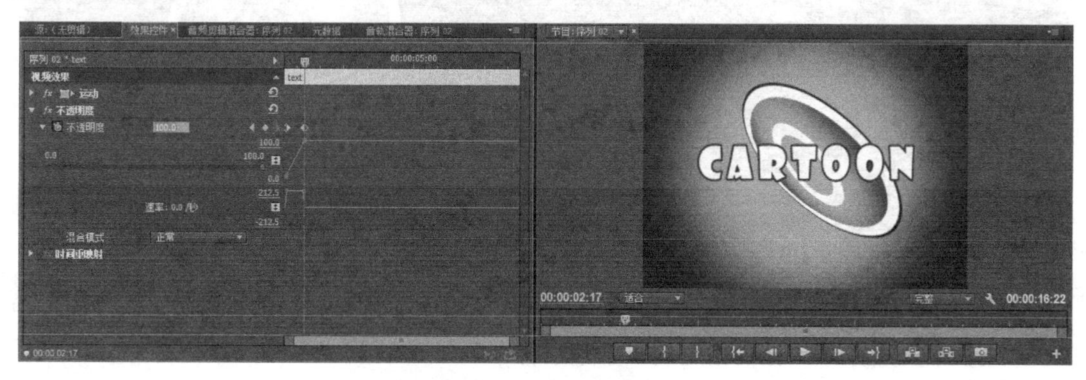

图10-86 设置动画关键帧

（70）单击“缩放”参数前的“关键帧设置”标记，在如图 10-87 所示的时间点设置该参数。

图 10-87　创建缩放动画关键帧

（71）在如图 10-88 所示的时间点，单击“缩放”参数后的“关键帧”标记，设置该参数的数值，创建文字由小变大显示的效果。

图 10-88　创建缩放动画关键帧

（72）在如图 10-89 所示的时间点，单击“不透明度”参数后的“关键帧”标记，设置该参数的数值，创建文字淡出显示的效果。

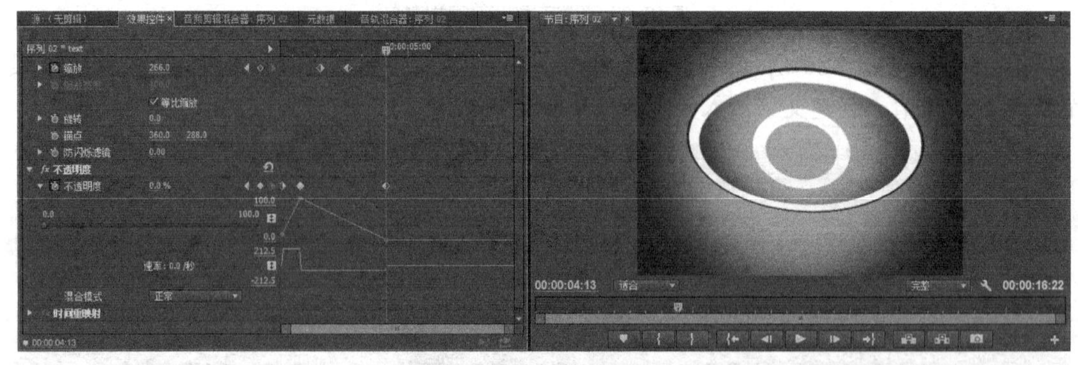

图 10-89　创建不透明度动画关键帧

（73）选择视频轨道中的“形状 1”字幕素材，如图 10-90 所示，将“效果”命令面板中的“放射阴影”视频效果拖动指定到该字幕素材上。

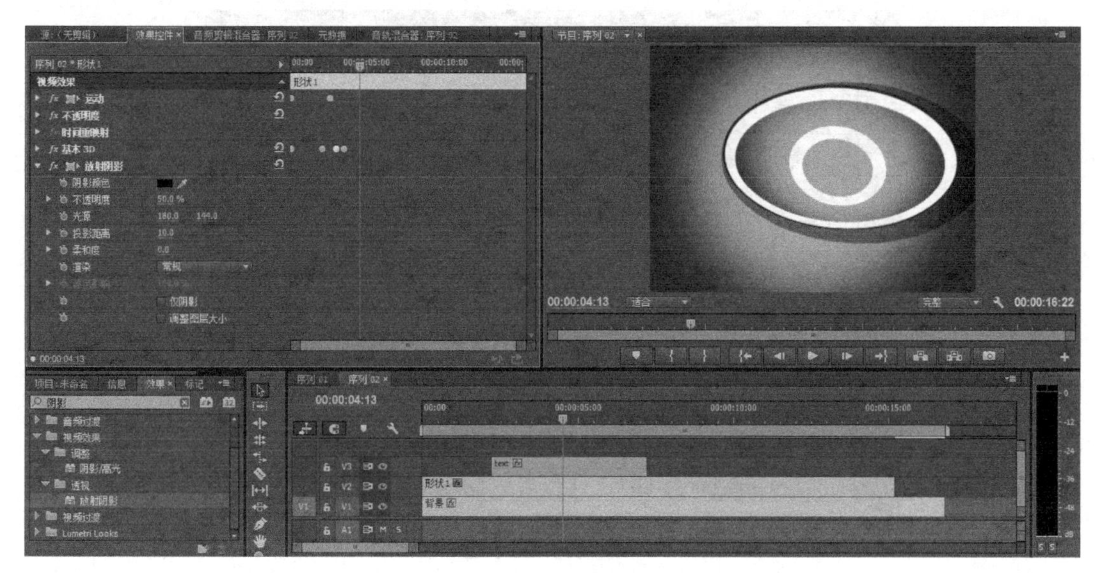

图 10-90　指定视频效果

（74）“放射阴影”视频效果的参数设置如图 10-91 所示。

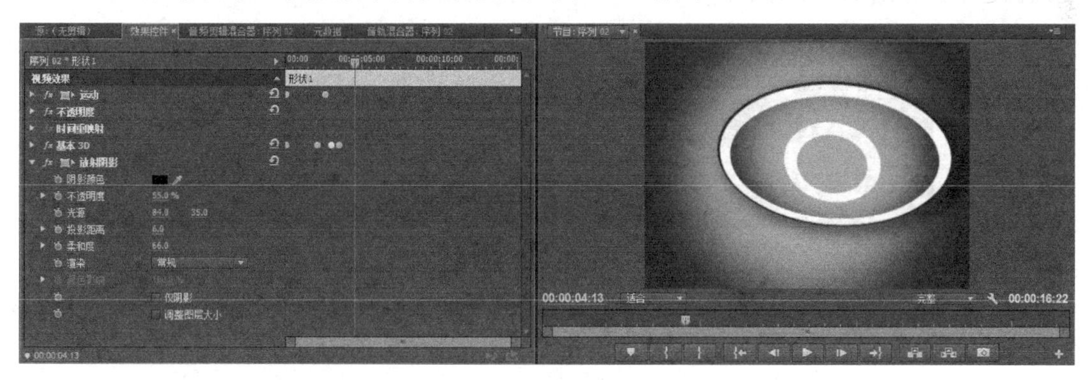

图 10-91　设置视频效果参数

（75）选择菜单命令“文件>新建>字幕”，弹出如图 10-92 所示的“新建字幕”对话窗口，在其中指定新建字幕文件的名称后单击确定按钮。

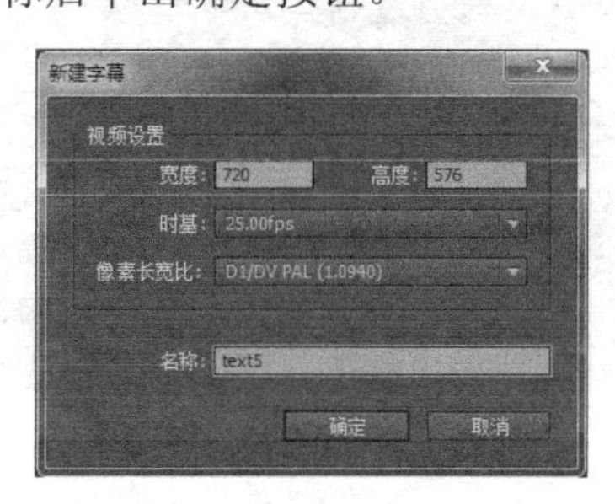

图 10-92　指定新建字幕文件的名称

（76）单击“文字”工具T，在“字幕”对话窗口中输入“new story”后，如图 10-93 所示为文字指定适当的字体、字号、填充和描边色。填充色指定为白色；描边色指定为蓝色，色彩参数为 R:0、G:111、B:254。

图 10-93　创建文字并适当设置文字的属性

（77）将“项目”命令面板中的“text5”字幕素材，拖动指定到“时间线”命令面板的视频轨道中，如图 10-94 所示。

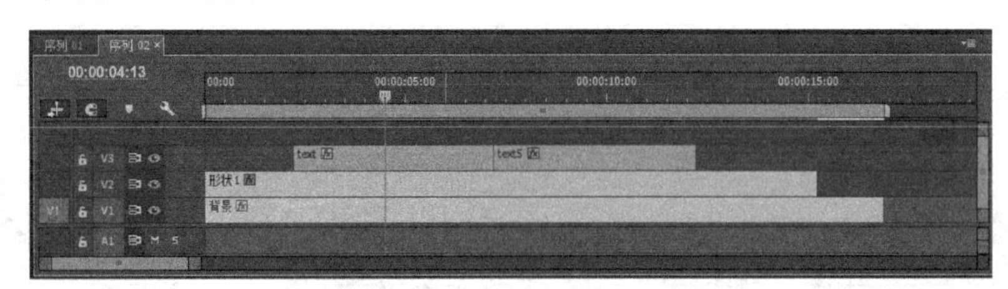

图 10-94　将字幕素材指定到视频轨道中

（78）单击“缩放”参数前的“关键帧设置”标记，在如图 10-95 所示的时间点设置该参数。

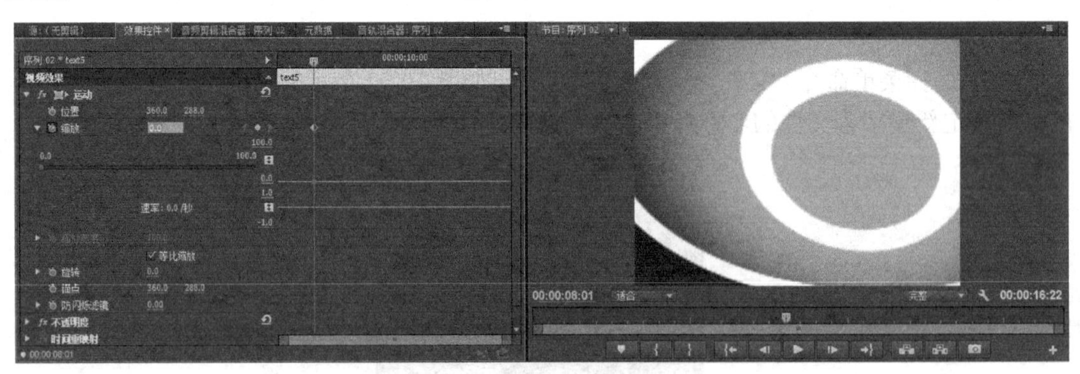

图 10-95　创建缩放动画关键帧

（79）在如图 10-96 所示的时间点，单击“缩放”参数后的“关键帧”标记，设置该参数的数值，创建文字由小变大显示的效果。

（80）单击“旋转”参数前的“关键帧设置”标记，在如图 10-97 所示的时间点设置该参数。

图 10-96 创建缩放动画关键帧

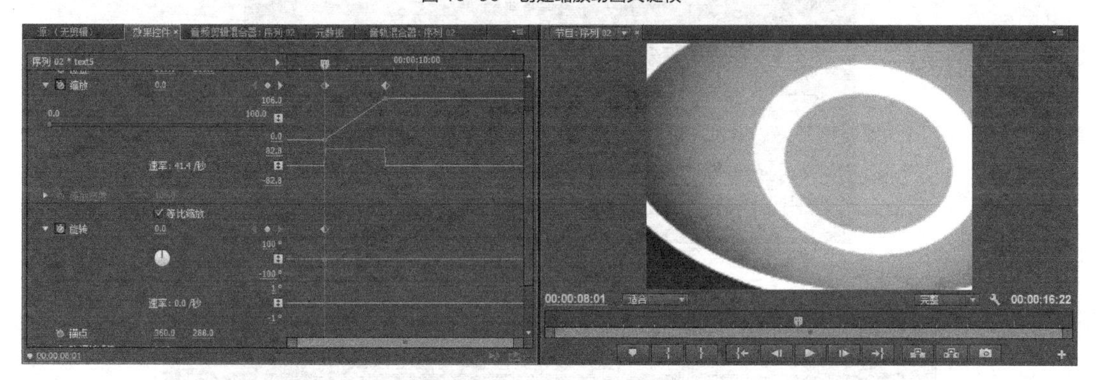

图 10-97 创建旋转动画关键帧

（81）在如图 10-98 所示的时间点，单击“旋转”参数后的“关键帧”标记，设置该参数的数值，创建最终文字旋转落版的动画效果。

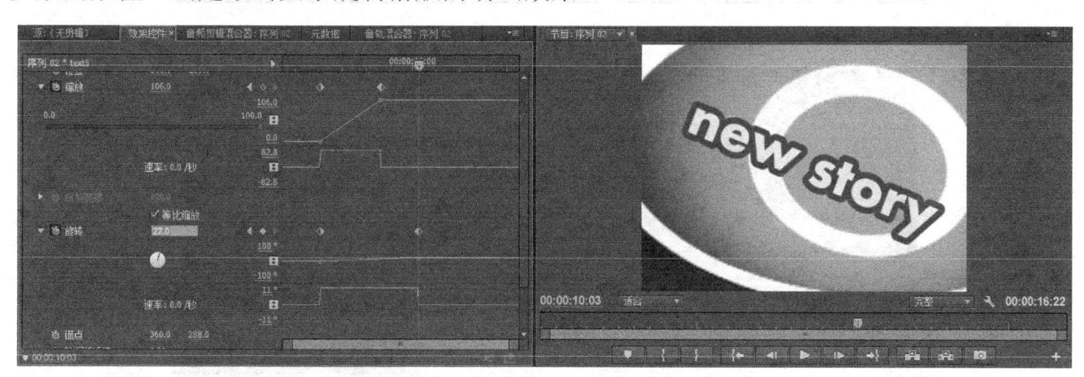

图 10-98 创建旋转动画关键帧

（82）选择菜单命令“文件>新建>序列”，弹出如图 10-99 所示的“新建序列”对话窗口，在其中为新创建的序列指定名称，并适当设置音频、视频轨道的属性。

（83）将“项目”命令面板中刚刚编辑好的两个动画序列拖动指定到新序列的“时间线”命令面板中，将两段序列合成为一个完整的动画序列，如图 10-100 所示。

（84）选择菜单命令“文件>导出>媒体”，弹出如图 10-101 所示的“导出设置”对话窗口，在其中单击“输出名称”选项，在弹出的“另存为”对话窗口中指定输出影片的名称及存储地址。

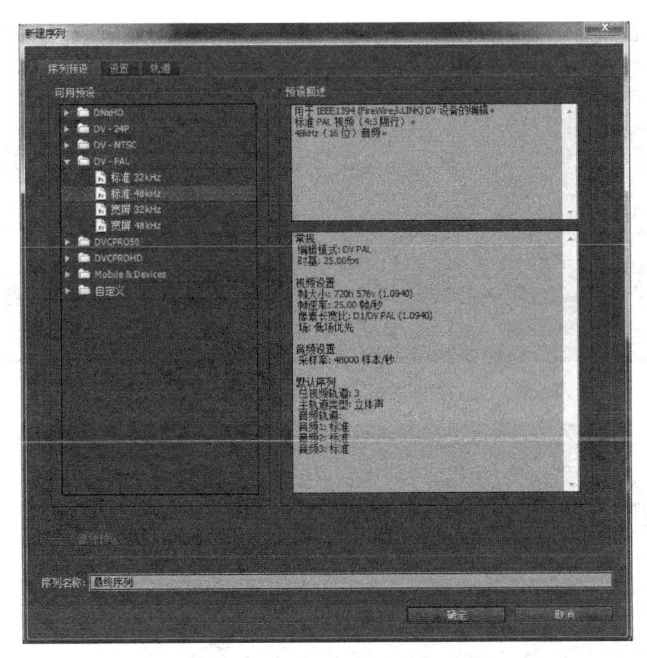

图 10-99　设置新建序列的属性

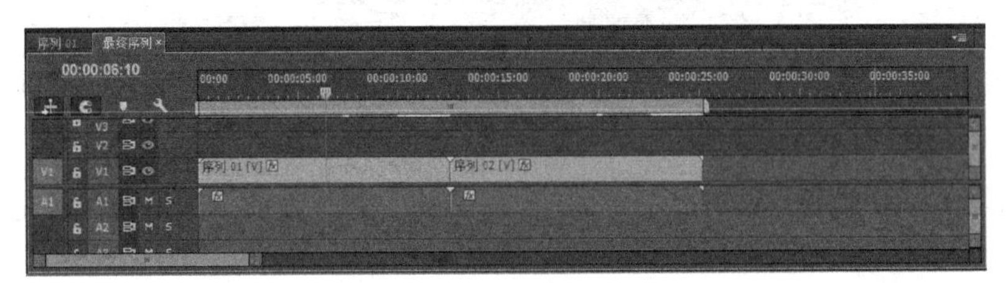

图 10-100　合成两段动画序列

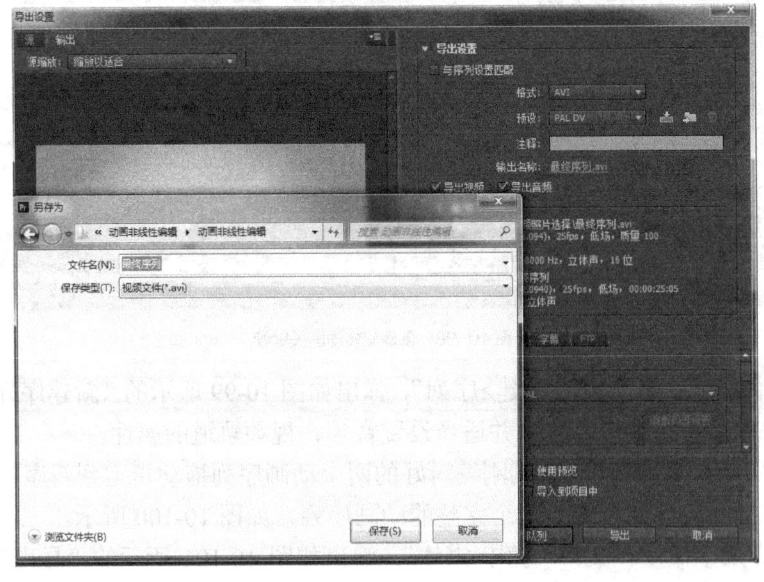

图 10-101　“导出设置”对话窗口

（85）在“导出设置”对话窗口中单击“格式”选项右侧按钮，在其下拉菜单中选择“AVI”格式，其他输出影片的通用参数设置如图 10-102 所示。

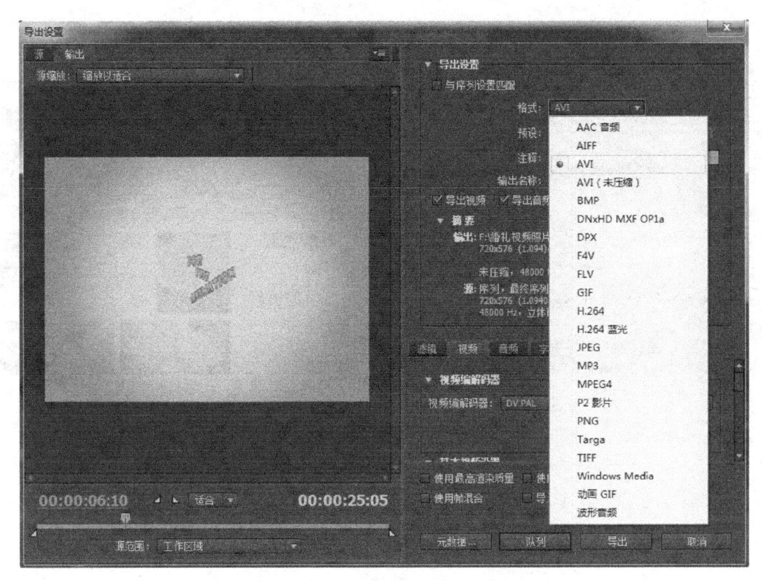

图 10-102　设置影片的导出参数

（86）最后，在“导出设置”对话窗口中单击“导出”按钮，开始渲染输出影片，如图 10-103 所示。

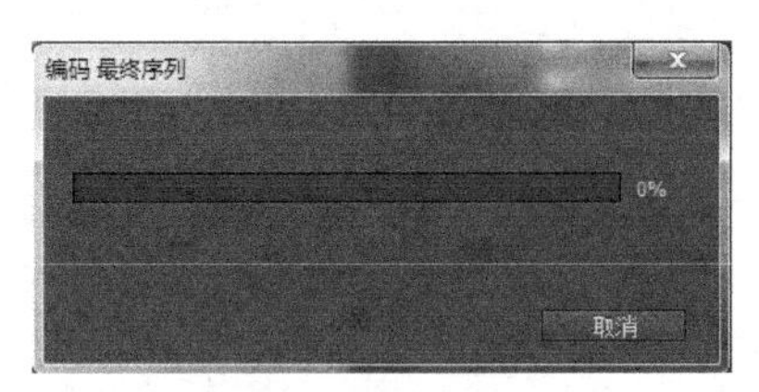

图 10-103　渲染输出影片

习题

1．创建位置动画的过程中，运动路径是否可以在影片的可视范围之外？
2．可以为素材片段指定哪些动画类型？
3．利用“效果”命令面板中的哪个效果，可以创建一些其他类型的变换运动效果？
4．素材片段的运动速度由哪两个属性共同决定？
5．如何在关键帧之间复制与粘贴动画属性？

课后操作题

目标：利用提供的平面素材，创建动画效果，制作美食类节目片头。

要求：①利用“创建关键帧”按钮，在时间线上创建运动关键帧。

②在“效果空间”命令面板中，修改动画参数，使运动更加流畅。

③学会使用“贝塞尔曲线”模式，丰富运动效果。

效果：

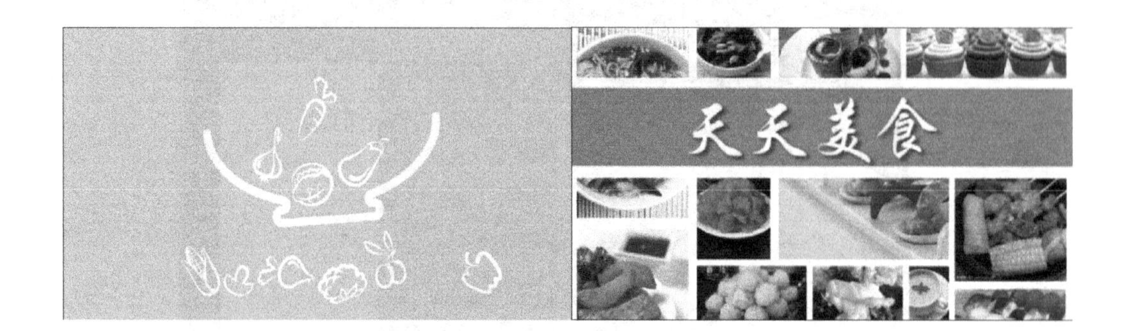
天天美食

Premiere Pro CC

11 Chapter

第 11 章 预演与输出

本章讲述影片的预演与输出，介绍了预演影片的方法，及影片输出中的压缩、输出媒介的技术指标、网络流媒体、输出影片步骤、输出设置、输出静止图像序列等问题。

11.1 预演影片

利用预演可以快速查看动画的部分或全部编辑效果，在预演过程中要生成一个临时文件。允许指定预演特定区域，还可以指定比较低的预演质量以提高生成预演的速度。在预演文件中包含所有的视频、音频素材、淡化处理效果、转场效果、运动设置效果、叠加设置效果等。

预演影片要依据以下操作步骤。

首先指定预演文件的存储位置。

（1）选择菜单命令“文件>项目设置>暂存盘”。

（2）打开如图 11-1 所示的“项目设置”对话窗口，在该对话窗口“暂存盘”设置中“视频预览”项目用于指定预演过程中生成的视频临时文件的存储位置；“音频预览”项目用于指定预演过程中生成的音频临时文件的存储位置。

图 11-1 “暂存盘”设置

注意

如果选择“与项目相同”，则生成的视频、音频预演临时文件，保存在当前项目文件所在的文件目录下。

（3）在“时间线”命令面板中拖动时间标尺上部的工作区域滑块，指定项目预演的范围，如图 11-2 所示。既可以将鼠标放置在滑块中间部分，拖动改变滑块的位置，也可以拖动滑块两端的标记，改变滑块的长度。在工作区域滑块上的任意一点双击鼠标，则工作区域充满“时间线”命令面板的可见部分。

注意

按住键盘中的“Alt”键，在工作区域滑块上的任意一点双击鼠标，则工作区域包含“时间线”命令面板中的所有素材片段。

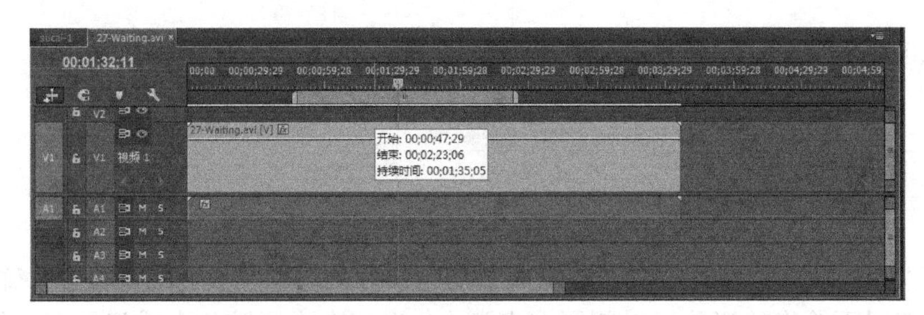

图 11-2　指定影片预演的范围

（4）激活“时间线”命令面板，再选择菜单命令“序列>渲染完整工作区域”，或者直接单击键盘中的“Enter”键就可以生成预演文件，弹出生成预演文件进程窗口，如图 11-3 所示。

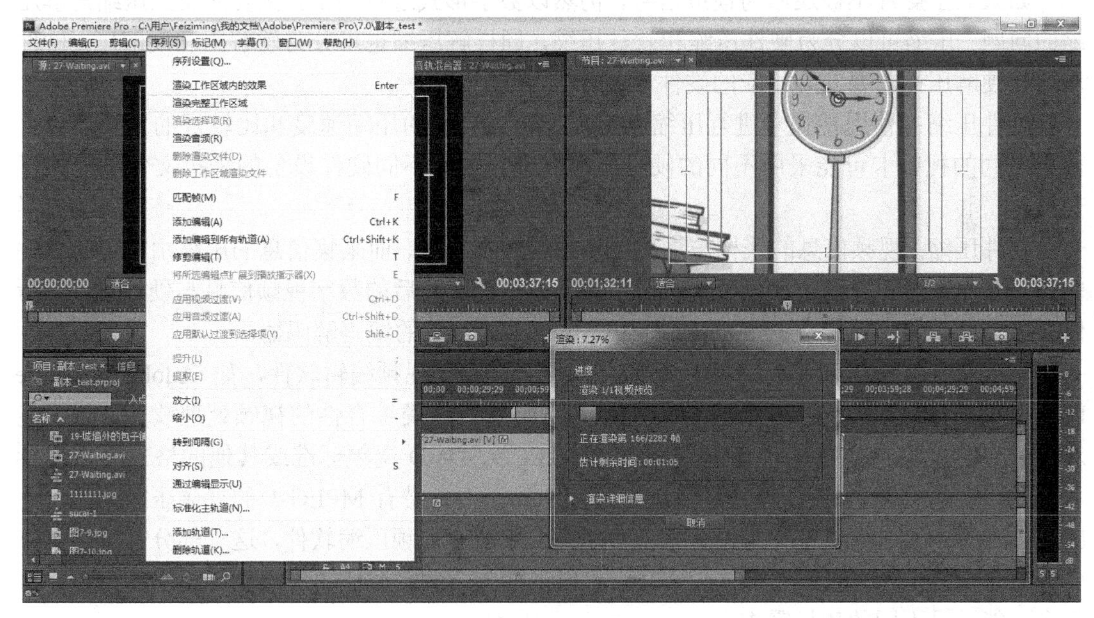

图 11-3　生成预演文件进程窗口

预演进程结束后，就可以在“监视器”命令面板的“节目监视器”中播放预演的结果。

生成预演文件后，在“时间线”命令面板的时间标尺下方，该预演过的时间段显示为一条绿色的标记线，未预演过的时间段显示一条黄色的标记线，如图 11-4 所示。

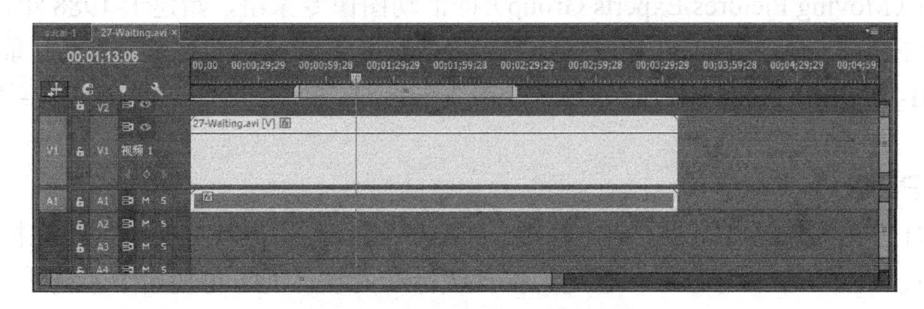

图 11-4　“时间线”命令面板

生成预演文件后，如果未对预演过的时间段进行修改编辑，再次预演该时间段时，可以直接调用预演过的临时文件，不需要再进行预演计算，可以即时播放。

如果预演设置选项与影片最终输出时的设置选项相同，输出影片过程中可以直接调用已经存在的预演临时文件，节省影片输出计算的时间。

11.2 输出影片

如果在“时间线”命令面板中已经完成了动画影片的编辑工作，就要将影片输出、保存、传播。一般情况下输出的影片可以刻录在光盘上、洗印在电影胶片上或记录在录像带上。输出后的影片可以在其他播放软件、视频编辑软件或不同操作平台中回放。

11.2.1 压缩

如果数字影片不被还原为模拟信号，仍然以数字形式进行传播，就要涉及到压缩与解压缩的问题。压缩可以分为硬件压缩和软件压缩，同样解压缩也可分为软解压和硬解压，硬件压缩和硬解压都需要安装相应的硬件设备才可以进行。

硬件压缩：使用视频卡进行压缩，可以获得比较快的压缩速度和比较好的压缩质量。由于不同的视频卡可能采用不同的硬件压缩标准，因此不同硬件设备的采集文件不能相互交换。

软件压缩：视频信息的采样与量化工作由视频卡完成，而采集信息的压缩由特定的软件完成。软件压缩的特点是速度慢、质量不高，但由于压缩后的数字视频信息与硬件无关，所以有比较好的兼容性，在 Premiere CC 中提供了一些常见的编码解码器。

可以将视频压缩软件粗略地分为三类：第一类属于视频编辑软件，如 Adobe Premiere Pro、Ulead VideoStudio 和 Ulead MediaStudio Pro 等。这类综合性的视频处理软件，除了能对视频进行采集、编辑外，还可以按 VCD、SVCD、DVD 视频标准或其他的格式要求进行压缩输出；第二类为刻录软件，比如 Ahead Nero，本身带有 MPEG-1 的视频压缩功能，而 MPEG-2 的补丁则需要另外购买；第三类则属于专门的视频压缩软件，这一部分软件历来广受爱好者重视，因为它们大都比较小巧，可以从网上下载，这样的压缩软件给出的可控参数很多，能满足不同的质量需求。

一般采用软件压缩的动画电影，一种是针对于 PC 机的 Video for Windows 格式，另一种是针对 Macintosh 机的 Quick Time 格式，在每一种压缩格式下还可以选择不同的编码解码器。下面就介绍几种常见的 MPEG 压缩格式。

MPEG（Moving Pictures Experts Group）即活动图像专家组，始建于 1988 年，专门负责为 CD 建立视频和音频标准，其成员均为视频、音频及系统领域的技术专家。目前 MPEG 已完成 MPEG-1、MPEG-2 和 MPEG-4 等三个版本的制订，适用于不同带宽和数字影像质量的要求。

1. MPEG-1

在 1991 年 11 月提出的 ISO/IEC II 172 标准草案，通称 MPEG-1 标准。该标准于 1992 年 11 月通过，1993 年 8 月公布。它是为工业级标准而设计的，可适用于不同带宽的设备，如 CD-ROM、Video-CD、CD-I 等。MPEG-1 直接针对 1.2MB/s 的标准数据流压缩率，编码速率最高可达 4～5MB/s，其基本算法对于每秒 24～30 逐行描帧，分辨率为 360×280 的运动图像有很好的压缩效果。

MP3 音频压缩格式是 MPEG1 压缩格式的 Layer 3（第三层），以 1:24 到 1:5 的压缩率压缩音频文件，在比较高的压缩率下，MP3 可以创建比其他压缩格式更高的音频质量。

2. MPEG-2

1995 年出台的 MPEG-2（ISO/IEC 13818），追求的是 CCIR601 建议的图像质量，即为 DVB、HDTV 和 DVD 等制定的 3～10MB/s 的运动图像及其伴音的编码标准。

MPEG-2 在 NTSC 制式下的分辨率可达 720×486，MPEG-2 还可提供广播级的视频和 CD 级的音质。MPEG-2 的音频编码可提供左右中及两个环绕声道，以及一个重低音声道，和多达 7 个伴音声道（DVD 可有 8 种语言配音的原因）。同时，由于 MPEG-2 的出色性能表现，已能适用于 HDTV，使得原打算为 HDTV 设计的 MPEG-3，还没出世就被抛弃了。

3. MPEG-4

MPEG 专家组继成功定义了 MPEG-1 和 MPEG-2 之后，于 1994 年开始制定全新的 MPEG-4 标准。MPEG-4 标准利用 ACE（高级译码效率）技术，将众多的多媒体应用集成于一个完整的框架内，旨在为多媒体通信及应用环境提供标准的算法及工具，用于实现音视频数据的有效编码及更为灵活的存取。MPEG-4 引入了 AV（Audio/Visaul Objects）对象，使得更多的交互操作成为可能。700MB 的容量对多数 110 分钟的电影来说绰绰有余了，而 MPEG-2 格式的电影在相同的分辨率下需要约 11 倍以上的储存空间。

11.2.2 常见输出媒介的技术指标

下面介绍 4 种常见输出媒介的技术指标。

1. VCD

一张光盘上可写入 74 分钟（标准的 650MB）的影片长度，采用 MPEG-1 压缩格式，视频品质约与 VHS 视频相同。

帧大小：352×240（NTSC）或 352×288（PAL）

帧速率：29.97 帧/秒（NTSC）或 25 帧/秒（PAL）

视频数据速率：1152kB/s

音频设定：立体声、44.1kHz 和 224kB/s 音频位速率

播放设备：所有带光驱的 P100 以上电脑或带解压卡的 386 以上电脑，所有的 VCD、SVCD、DVD 播放机

2. SVCD

SVCD 采用了 DVD 的视频技术，接近 DVD 的质量，可容纳约 35～45 分钟（650MB）的视频与立体声品质的音频，最大的音频和视频合并数据速率不能超过 2750kB/s。

帧大小：480×480（NTSC）或 480×576（PAL）

帧速率：29.97 帧/秒（NTSC）或 25 帧/秒（PAL）

视频数据速率：可高达 2600kB/s 的变动位速率

音频设定：32～384kB/s，44.1kHz，MPEG-1/2，layer 2，立体声/双声道/多声道

播放设备：具备 CD-R 或 CD-RW 播放功能的 DVD 播放机，带 DVD 或 CD-ROM 光驱 PⅡ以上的电脑

3. DVD

DVD 光碟具有目前最好的视频（MPEG-2）和音频效果（如流行的 5.1 声道），有几种规格的容量，如单面的 9GB，普通影片一张光碟即可放下。

帧大小：720×480（NTSC）或 720×576（PAL）

帧速率：29.97 帧/秒（NTSC）或 25 帧/秒（PAL）

视频数据速率：4～8MB/s CBR 或 VBR　固定/变动位速率

音频设定：立体声、48kHz 和 192～384kB/s MPEG 音频

播放设备：DVD 播放机或 CPU 主频 500 以上带 DVD 光驱的电脑

4. Blu-ray

目前主流的最新一代数字高清影像光盘是 Blu-ray（蓝光）光盘，可以承载高质量的高清影片，并使用新的 Dolby Digital Plus、Dolby TrueHD 或 DTS HD 音频解码，进一步提高了用户的视听感受。由于效果提升后，数据传输速率要求比较高，所以需要使用 HDMI 作为高清影片的传输线路标准。

帧大小：1920×1080 或 1280×720

帧速率：29.97 帧/秒（NTSC）或 25 帧/秒（PAL）

视频数据速率：36MB/s

单层存储容量：25GB（双层 50GB，四层 100GB）

播放设备：蓝光播放机、分辨率达到 1080p 的高清电视或高清投影仪、HDMI 数字影音数据线、多声道环绕立体声音响，也可以使用配置蓝光光驱的电脑进行播放

11.2.3 网络流媒体

在网络上传输音频、视频等多媒体信息目前主要有下载和流式传输两种方案。A/V 文件一般都较大，所以需要的存储容量也较大；同时由于网络带宽的限制，下载常常要花数分钟甚至数小时，所以这种处理方法延迟也很大。而流式传输时，声音、影像或动画等时基媒体由音视频服务器向用户计算机连续、实时传送，用户不必等到整个文件全部下载完毕，而只需经过几秒或十数秒的启动延时即可进行观看。当时基媒体在客户机上播放时，文件的剩余部分将在后台从服务器内继续下载。流式不仅使启动延时成十分之一、百分之一地缩短，而且不需要太大的缓存容量。流式传输避免了用户必须等待整个文件全部从 Internet 上下载后才能观看的缺点。

实现流式传输有两种方法：实时流式传输（Realtime streaming）和顺序流式传输（progressive streaming）。

在 Premiere CC 中网络流媒体输出又被称为步进下载的影片，步进下载的影片（progressive download movie）有时又可以称为 hinted movie。可以在其未完全下载到当地硬盘之前就开始播放，影片的播放器（如 QuickTime、MediaPlayer 或 RealPlayer 等）自动计算在部分下载的信息回放过程中，是否有充足的时间将剩余的信息同时下载完毕，以保证能一边下载一边播放，并在回放过程中不出现中断。

在 Premiere CC 中允许输出以下的步进下载影片格式：QuickTime、Windows Media、Real Media 和 Macromedia Flash Video（FLV）等。

11.2.4 输出影片步骤

在输出之前首先要检查“时间线”命令面板是否已经准备好，例如，要用高质量的素材片段替换离线文件等。可以将数字影片直接输出到数字录像带，或者输出为各种音频、视频或静止图像文件格式。

注意下面的一些输出文件格式，有些是 Premiere CC 直接提供的，有些是一些视频采集

卡或 plug-in 插件提供的。

视频文件格式：Microsoft AVI、Animated GIF、QuickTime、Windows Bitmap、Filmstrip、Targa、TIFF、Uncompressed Microsoft AVI、Microsoft DV AVI、Windows Waveform。

音频文件格式：QuickTime、Windows Waveform、Microsoft AVI。

静止图像或图像序列文件：GIF、Targa、TIFF、Windows Bitmap。

可以将影片输出为不同的版本，以适应不同的使用目的。例如可以将影片同时输出为高质量版本和低质量版本，以使用于广播电视、CD-ROM、网络视频等不同领域。

输出影片可以依据以下操作步骤。

（1）激活“时间线”命令面板，要确保“时间线”命令面板中的工作区域包含需要输出的影片部分。

（2）选择菜单命令“文件>输出导出>媒体”，弹出如图 11-5 所示的“导出设置”对话窗口。

图 11-5 指定输出设置

在“导出设置”对话窗口的“视频”、“音频”等选项卡内，进行适当的输出参数设置，指定输出文件的名称及地址后单击“保存”按钮，再单击“导出”按钮并弹出导出进程对话窗口，如图 11-6 所示。在输出过程中单击“取消”按钮或单击键盘中的“Esc”键，可以中断输出的进程。

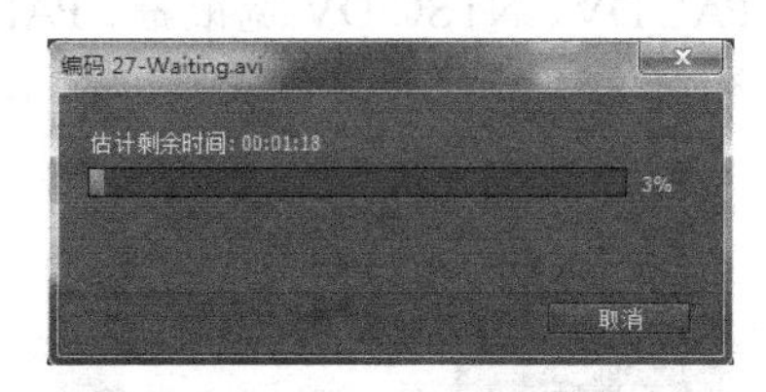

图 11-6 导出进程对话窗口

注意

在输出数字影片之前应当首先替换 Offline（离线）文件。

11.2.5 输出设置

在 Premiere CC 中进行输出操作时，设置依赖于影片的输出目的。在“导出设置”对话窗口中包含以下项目。

注意

利用“保存预设”按钮和“导入预设”按钮，可以将参数设置结果保存在一个预设文件中，下次输出影片时就可以直接导入设置的结果。

1. 导出设置

在“导出设置”设置项目中，包含数字影片输出的一般设置选项。

格式：从下拉列表中可以选择输出文件的类型，在 Premiere CC 中默认可以输出的文件类型包括：Microsoft AVI、Animated GIF、DPX、GIF、JPEG、MP3、P2 Movie、PNG、FLV、MPEG2、MPEG4、MPEG2-DVD、MPEG2 Blu-ray、Windows Media、H.264、QuickTime、Windows Bitmap、Filmstrip、Targa、TIFF、Uncompressed Microsoft AVI、Windows Waveform 等，如图 11-7 所示。

图 11-7 输出设置项目

预设：从下拉列表中可以选择输出设置的某种预设，不同的输出格式将对应各自不同的预设。如果之前在“格式”下拉列表中选择 Microsoft AVI，在 Premiere CC 中默认可以应用的输出预设包括：NTSC DV、PAL DV、NTSC DV 宽银幕、PAL DV 宽银幕、NTSC DV 24p、NTSC DV 宽银幕 24p 等，如图 11-8 所示。

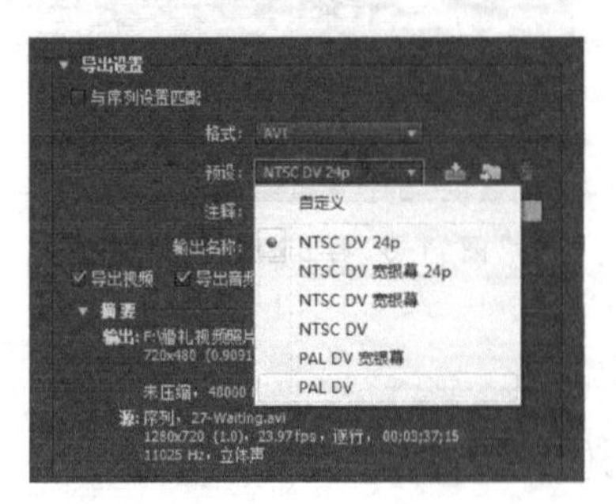

图 11-8 预设设置项目

输出名称：单击其后面的路径，可以设置输出文件的名字及存储位置。

导出视频：勾选该选项后，输出数字影片中的所有视频轨道。

导出音频：勾选该选项后，输出数字影片中的所有音频轨道。

2. 视频设置选项卡

在“视频”设置选项卡中，包含数字影片输出的视频设置选项，如图 11-9 所示。

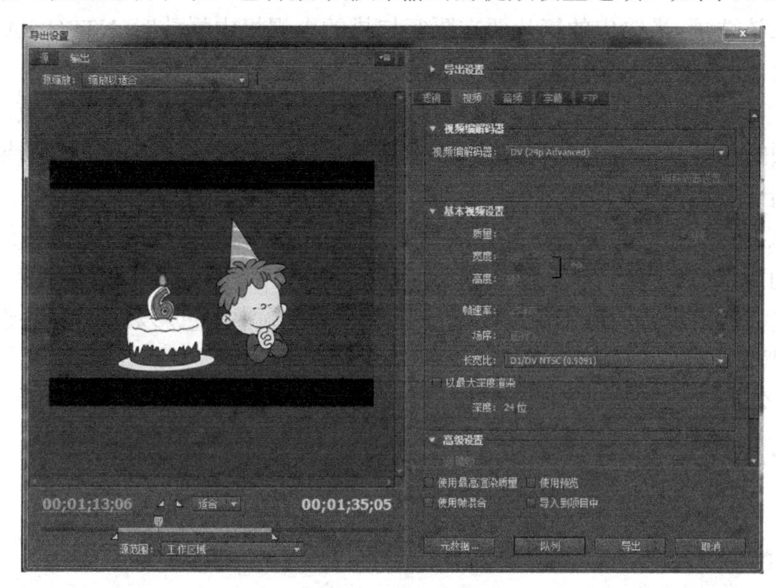

图 11-9 视频设置选项卡

视频编码器：当选择输出一种文件类型的影片后，在下拉列表中可以选择一种 codec（多媒体数字信号编码/解码器），随着在“导出设置”项目中指定的不同文件输出类型，可以从下拉列表中选择不同的“数字信号编码/解码器”。当选择某些“数字信号编码/解码器”后，“编解码器设置”按钮被激活，单击该按钮可以在弹出的对话窗口中，对选定的“数字信号编码/解码器”参数进行详细设置。

注意

一些视频采集卡中包含制造商提供的“数字信号编码/解码器”，可以在该硬件提供的对话窗口中进行“数字信号编码/解码器”的参数设置。

质量：可以拖动滑块或直接输入质量百分比参数确定输出影片的画面质量和磁盘存储空间。如果使用相同的“数字信号编码/解码器”进行素材采集和影片输出，并且在“时间线”命令面板中渲染生成了预演文件，将影片的输出质量与素材的采集质量相匹配可以节省渲染输出的时间。例如：以 50%的质量采集素材片段，也要将影片的输出质量设置为 50%，Premiere 会在任何时刻直接复制素材的采集数据，而不是逐帧地重新压缩数据。如果输出质量的设置高于素材片段的采集质量，不会增加输出影片的质量，只会增加渲染输出的时间。

宽度/高度：指定输出影片每帧画面宽度和高度的像素尺寸，选择 4∶3 的约束比后，可以将输出影片每帧画面的长宽比例约束为一般电视的 4∶3 模式。一些“数字信号编码/解码器”支持特殊的帧尺寸，不过增加帧尺寸虽然可以增加画面显示的细节，但同时会耗费更多的磁盘存储空间，在回放过程中也需要更多的处理时间。

帧速率：选择输出影片每秒回放的帧数，一些“数字信号编码/解码器”支持特殊的帧速率，增加帧速率可以创建更为平滑的回放效果（同时还受原始素材片段帧速率的影响），但会耗费更多的磁盘存储空间。

场序：依据影片最终输出到的媒体类型，可以指定输出影片的不同扫描场属性。在下拉列表中选择“逐行”后，采用逐行扫描的方式，当输出的影片在计算机中播放或输出动画影片时就要勾选该选项。当输出的影片要在隔行扫描的电视机中播放时（NTSC、PAL 或 SECAM 制式的电视机），就要在下拉列表中选“低场优先”或者“高场优先”。

长宽比：可以依据素材片段的拍摄来源，从下拉列表中指定一种像素约束比例。在世界范围内，视频的标准并不统一，不同的制式有着不同的分辨率和像素比例，如果像素比例设置不当，会造成画面变形。

以最大深度渲染：勾选该选项后将以最大限度的颜色深度进行渲染输出，进一步提高输出文件的画面质量。

深度：选择输出影片的色彩深度，或包含在输出视频中的色彩数量，如果选择的数字信号编码/解码器只支持一种颜色深度，该项目不被激活。

关键帧：勾选该选项并输入一个间隔时间后，“数字信号编码/解码器”在输出的影片中，每隔指定的时间创建一个关键帧。

优化静止图像：勾选该选项，将优化输出过程中的静止画面。

注意

有一些“数字信号编码/解码器”，不支持关键帧的控制，所以上面关于关键帧设置的项目不被激活。

3. 音频设置选项卡

在“视频”设置选项卡右侧单击选择“音频”设置选项卡后，可以对输出影片的音频质量进行设置，如图 11-10 所示。

图 11-10 音频设置选项卡

音频编解码器：指定 Premiere CC 压缩音频过程中的“数字信号编码/解码器”，在下拉列表中可以选择的“数字信号编码/解码器”类型，受到“导出设置”项目中选定文件格式的控制，一些文件格式和采集卡只支持不压缩的音频，虽然可以获得较高的音频输出质量，但同时会占用更多的磁盘存储空间。

采样率：在该项目中选择较高的采样频率，可以获得比较好的音频输出质量；选择较低的采样频率，虽然会降低音频的输出质量，但可以减少处理的时间和磁盘的存储空间。CD 质量的音频要选择 44.1kHz。重新采样或设置一个不同于原始音频素材的采样频率，会增加处理的时间。

声道：右侧共有两个关于音频通道的设置选项，“立体声”提供两个音频通道；“单声道”提供一个音频通道。

样本大小：选择高一些的 bit 深度和“立体声”，可以获得比较高的音频质量，选择比较低的 bit 深度和“单声道”虽然会降低音频的输出质量，但可以减少处理的时间和磁盘的存储空间。CD 质量的音频要选择 16 位立体声。

音频交错：指定在输出的影片文件中，音频数据信息如何插入到视频帧中。指定的“音频交错”数值越小，计算机就越频繁地加载音频数据；增加“音频交错”数值可以让 Premiere CC 预先为以后的处理过程存储较长音频片段，但是“音频交错”数值越高需要的内存量越大，一般可以将该数值指定为 1/2～1 秒。

4. 滤镜设置选项卡

在“视频”选项卡左侧单击选择“滤镜”选项卡，可以对输出影片视频过滤器（如“高斯模糊”等）的选项进行设置，如图 11-11 所示。

图 11-11　“滤镜”选项卡

11.2.6　输出静止图像序列

可以将影片或素材片段输出为静止图像序列文件，影片中的每一帧都被保存为静止图像，在输出过程中 Premiere CC 自动为每一帧进行编号处理。在 Photoshop 中可以对输出的静止图像序列文件进行逐帧润色编辑。

一些三维动画制作软件不能直接导入视频文件，但可以导入静止图像序列文件作为动画背景图像。

输出静止图像序列文件可以依据以下操作步骤。

（1）选择菜单命令“文件>导出>媒体”。在弹出的“导出设置”对话窗口中展开右侧的“导出设置”项目。

（2）在“格式”项目中选择静止图像序列文件格式 Targa，如图 11-12 所示。

图 11-12 “导出设置”对话窗口

（3）进入“视频”选项卡，指定“帧速率”和帧的尺寸等参数。

（4）为所有的静止图像指定存储位置，最好为静止图像序列文件指定一个单独的文件夹，以避免图像与其他文件混在一起。如果需要可以输入一个文件名编码数值，例如要输出 20 帧，并想文件名中包含五位数字，可以为第一个文件指定文件名为 Car000，则在自动起名过程中，将图像文件编码为 Car00001、Car00002、......、Car00020。

（5）单击“导出”按钮输出静帧图像序列。

在 Photoshop 等图像编辑软件中，可以利用自动批处理功能，逐帧批处理输出的静帧图像序列。

11.2.7 创建动画影片

如果想将影片输出为运动画面影片（motion-picture film），可以首先在 Premiere CC 中将影片输出为一个高质量的视频文件。创建视频文件之后，可以使用运动画面影片记录器创建动画影片。该记录器是一种特殊的硬件设备，可以将影片中的每一帧都打印为运动画面影片中的一张画面。

运动画面影片记录器是一种非常有用的影视后期制作设备，该影片比其他的视频文件格式可以显示更多的画面细节，所以原始影片就需要一个较大的帧尺寸设置，具体要使用多大的帧尺寸设置，要看运动画面影片记录器的打印输出能力。

数码转胶的基本类型有三种。

（1）最低价格也是画质最差的方法是使用老一代的映像管（Kinescope），会留下录影带的解析线，这很容易让观众看出来。

（2）使用 EBR（Electron Beam Recorder）来消除解析线。

（3）更高一级的转拷要使用 CRT 或是用激光胶片记录器（Laser film recorder）。

由于 NTSC 视频格式使用两个交错场的扫描线进行显示，而运动画面影片中的一帧要同时包含这两个扫描场，如果素材片段在进行数字化过程中使用了交错场设置，在输出时就要对“时间线”命令面板中的所有素材片段进行扫描场设置。

习题

1．在预演文件中是否包含音频素材设置的效果？

2．如何指定预演过程中生成的视频临时文件的存储位置？

3．如何指定项目预演的范围？

4．生成预演文件后，如果未对预演过的时间段进行修改编辑，再次预演该时间段时，是否需要再进行预演计算？

5．如果预演设置选项与影片最终输出时的设置选项相同，输出影片过程中是否可以直接调用已经存在的预演临时文件？

6．压缩可以分为硬件压缩和软件压缩，这两种压缩模式之间有哪些区别？

7．实现网络流式传输有哪两种方法？

8．如何依据影片最终输出到的媒体类型，指定输出影片的不同扫描场属性？